高含水油藏及含水构造改建储气库渗流机理研究

郭　平　杜玉洪　杜建芬　主编

石油工业出版社

内 容 提 要

　　本书结合国内外储气库技术的发展现状和趋势,对高含水后期油藏及含水构造改建储气库进行了分析,并在实验基础上分别对多次注采循环渗流特征、注采能力气藏工程方法、注采物质平衡方法、油藏改建储气库过程天然气扩散机理、裂缝性高含水潜山油藏改建储气库等渗流机理等进行了研究,还对我国储气库的建设提出了建议。

　　本书可供油气田从事储气库工作的技术人员、科研院所研究人员以及高校从事储气库研究的技术人员和研究生参考使用。

图书在版编目(CIP)数据

　　高含水油藏及含水构造改建储气库渗流机理研究/郭平,杜玉洪,杜建芬主编. —北京:石油工业出版社,2012.6
　　ISBN 978 - 7 -5021 -9002 -6

　　Ⅰ. 高…
　　Ⅱ. ①郭…②杜…③杜…
　　Ⅲ. 高含水 - 油气藏 - 地下储气库 - 渗流 - 研究
　　Ⅳ. TE972

　　中国版本图书馆 CIP 数据核字(2012)第 058742 号

出版发行:石油工业出版社
　　　　　(北京安定门外安华里2区1号　100011)
　　　　　网　址:http://www.petropub.com.cn
　　　　　编辑部:(010)64523738　发行部:(010)64523620
经　销:全国新华书店
排　版:北京乘设伟业科技有限公司
印　刷:北京中石油彩色印刷有限责任公司
2012年6月第1版　2012年6月第1次印刷
787×1092毫米　开本:1/16　印张:16.5
字数:390千字
定价:65.00元

《高含水油藏及含水构造改建储气库渗流机理研究》

编 委 会

前　言

　　我国天然气已进入快速发展时期,和国外相比储气库发展相对较为滞后,近年来在盐穴储气库、气藏改建储气库方面已有一些尝试,虽然在大多数需建储气库的地区没有气田,但有高含水油田或含水构造,由于油藏前期基础工作较为扎实,需重新评价工作量小,构造和储层等情况较落实,是较为理想的储气库备选,含水构造由于没有油的影响,相对高含水油藏在库容及注采能力上更有优势,也是储气库重点选区。

　　目前已有一些盐穴和气藏改建储气库方面的专著,但关于高含水后期油藏及含水构造改建储气库方面著作较少,笔者长期从事气田开发和油藏注气提高采收率研究,在注气和采气方面已开展过几十个区块的机理与方案研究,在大量调研工作的基础上,加入近几年有关高含水后期油藏及含水构造改建储气库的研究成果和发表论文共同组成了本书的主要内容。

　　全书共分十一章,第一章介绍了储气库的发展现状和方向;第二章介绍了不同类型储气库的特点;第三章介绍了高含水后期油藏改建储气库,包括油藏特点、改建条件及可行性分析;第四章介绍了油藏改建储气库注气基础实验;第五章主要介绍了大水体气水循环互驱、多次注采应力敏感、注采微观可视化研究;第六章介绍了描述储气库多次注采运行过程的实验方法、剖面计算及指标模拟方法;第七章主要介绍了高含水后期油藏及含水构造改建储气库注采能力气藏工程方法;第八章介绍了不同类型油藏、含水构造注气物质平衡方法;第九章介绍了油藏改建储气库过程天然气扩散机理,结合“973”计划研究的最新成果,论述了注入烃气与原油的非平衡扩散过程;第十章介绍了一个裂缝性高含水潜山油藏改建储气库机理研究实例,可供类似油藏改建储气库借鉴;第十一章根据调查、研究等分析,对我国储气库建设提出了建议。全书以储气库渗流机理为主线,较为全面地分析了注采过程中的渗流机理问题。

　　全书由多人合作编写完成,第一、第二章由周道勇、朱忠谦编写,第三、第十章由杜玉洪、杜建芬编写,第四、第五、第六、第十一章由郭平编写,第七、第八章由杜建芬、朱忠谦编写,第九章由汪周华、郭平编写,全书由郭平教授统稿。王皆明、郭肖、付玉、曾顺鹏、马小明、张茂林、舒萍、易敏、车继明、夏海容、何睿、黄琴、李苗等参加了部分研究工作,为本书成果形成付出了心血,霍丽君、李家燕对本书编写和编辑做了大量工作,在此深表感谢。

　　油藏和含水构造改建储气库的渗流机理方面目前还未形成标准,本书所建立和推荐的方法还需在大量应用过程中进行验证,敬请各位读者批评指正。

编者

2011 年 9 月

目　　录

第一章 绪 论

随着经济和科学技术的发展,特别是人类对生活质量和生存环境的要求日益提高,天然气作为优质、洁净的燃料和原料,越来越引起人们的重视。根据国家发改委能源研究所的预测,1997—2020年,发电用天然气需求增幅将达17%,民用增幅达14.7%,工业用增幅8%,化工用增幅6%。在天然气消费中,居民用气特别是取暖用气所占的比例很大,由于长距离天然气管道的输量变化范围非常有限,仅靠管道输量的调节很难满足用户的用气要求。而且大部分消费中心距气源较远,许多天然气消费国必须从遥远的天然气生产国进口天然气,且随着天然气进口量的增加,因紧急事故和国际风波引起的管道停输的风险加大。同时,随着边远气田的开发,输气距离和运时相应增加,天然气供给的不均衡性矛盾呈加剧趋势。几十年来,国外解决这一问题的主要措施是实施天然气储备,即用储气设施将低峰时期输气系统中的富余气量储存起来,在用气高峰时抽出来以补充供气量,或在因输气系统或气源故障使输气中断时抽出来以保证连续供气。通常采用的储气设施是地面各类高低压储存球罐和地下储气库。前一种方式只能在小范围内解决用气不均的情况,而地下储气库则能满足各类用气不均衡、意外事故及战略储备等状况的要求。

地下储气库是利用压缩机将天然气注入地下高孔隙度、高渗透率的地层中,在气源中断、输气系统发生故障时采出来,从而保证连续供气的天然气地下储存场所。建造天然气地下储气库能从根本上解决城市的季节性调峰问题,是平抑供气峰值波动最合理有效的途径之一。地下储气库具有储气容量大、节省地面储罐投资、不受气候影响、维护管理方便、安全可靠、不污染环境等优点。同时,建造地下储气库可以达到以下目的:

(1)调节用气不均匀性,缓解季节性耗气量和昼夜耗气量的不均衡性,减少因用气量波动给经济和居民生活带来的不利影响。

(2)提高供气的可靠性和连续性。

(3)优化供气系统,减少输气干线和压气站的投资,一般可节约投资20%~30%。

(4)获取天然气价格差。

(5)使输配气公司能够充分利用输配设施的能力,提高管线的利用系数和输气效率,保证输配气系统正常运转,降低输气成本和输气系统的投资费用。

(6)在必要地区为国家和石化公司建立和提供原料及燃料储备。

(7)在新的石油和凝析油开采区,能保存暂时不可能利用的石油气;对于采油区,有助于提高原油采收率。

自"九五"以来,随着国民经济的迅速发展,国家对天然气的开发提出了更高的要求,尤其是国家制定了西部开发和西气东输的宏伟规划后,天然气的需求量出现大幅增长。表1-1对我国各地区的天然气储量、产量及需求量进行了预测。

表 1-1 中国近期天然气储量、产量及需求量预测

项目 \ 年份		1997	2010	2020
累计天然气探明地质储量,$10^{12}m^3$		3.11	5.0935~5.6035	7.4175~8.1485
生产量预测,10^8m^3	气层气	—	590~690	895~1115
	溶解气	—	70~80	75~85
	总计	—	660~770	970~1200
天然气需求量,10^8m^3			900~1000	1800~2000
年均新探明地质储量,10^8m^3		2500~3000(2004~2010 年) 1500~2500(2011~2020 年)		
累计新增探明地质储量,$10^{12}m^3$		3.5~4.6,1.68~2.0(目前未动用)		
储采比		14:1(1990 年)	41:1(1995 年)	77:1(气层气,2000 年)

根据我国天然气工业的发展目标,要在未来 10 年内形成完善的天然气管网,实现能源的转型,缓解因经济快速发展带来的能源紧张状况。同时,我国川气、西气东输、俄气北进的能源战略规划要求在沿海及内地的多个地方建设一定规模、一定数量的储气库,以调节天然气供给的失衡状况,保证集输系统安全运行,保证我国经济高速发展的能源需求。

第一节 储气库常用基本术语

国内的储气库起步较晚,与北美及欧洲有较大差距。因此,对储气库基本术语的了解有利于国内储气库的原理与方法阐述。

一、地下储气库

地下储气库是利用压缩机将天然气注入地下高孔隙度、高渗透率的地层中,在气源中断、输气系统发生故障时采出来,从而保证连续供气的天然气地下储存场所。地下储气库能从根本上解决城市的季节性调峰问题,是平抑供气峰值波动最合理有效的途径。

二、调峰

天然气的消费具有随时、日、月、季节变化的不均衡性,解决这一问题的主要措施是实施天然气储备,即用储气设施将低峰时期输气系统中的富余气量储存起来,在用气高峰时抽出来用以补充供气量。

三、季节储备

季节储备是为缓解天然气消费的季节性波动而储备的气量(冬季取暖和动力消耗大)。

四、高峰储备

高峰储备是为补偿小时和昼夜用气"高峰"中增高的用气量而储备的气量。

五、最大允许压力

储气库的最大允许压力决定了天然气地下储气库的建造期限和速度。俄罗斯确定最大容

许压力的理论依据是,当岩层压力达到出现张开的细裂缝和气体向上一层水平岩层移动的迹象时,应用水力压裂理论确定此时的压力即为最大容许压力。这个压力可能会超过最初的静水压力 60% ~ 70%。

六、最大库容量

最大库容量反映了储气库的储气规模,它指当气库地层压力等于原始地层压力时的库容量。

七、气垫气

地下储气库的气垫气也称垫底气、缓冲气,是指采气后剩余在储气库内的气体,它是储气库气体构成中必要的组成部分之一。气垫气在采气季节并不被采出,其作用是给储层提供能量,使储气库在采气末期保持一定压力,保证调峰季节从气库中采出所储存的气量,而且存在一定量的气垫气有利于减缓储气库内水的锥进。据调查,世界上现有地下储气库的气垫气量占总储气量的 15% ~ 75%,可见垫底气是地下储气库建造和动态运行的一个重要组成部分。

八、基础垫气量

气库压力降到无法开采时气库内残存气量称为基础垫气量。

九、附加垫气量

在基础垫气量的基础上,为保证气井能达到最低设计产量所需增加的垫气量称为附加垫气量。

十、总垫气量

总垫气量为基础垫气量与附加垫气量之和。

十一、有效工作气量

有效工作气量是储气库单独一个采气期内总的采气量。它反映储气库的实际调峰能力。

十二、突发事故应急储备气量

为保证供气的安全性及可靠性,必须考虑突发事故,如设备大修、系统故障、突增大型用户等所增加的储备气量为突发事故应急储备气量。储备气量与干线输气管道的长度、条数、备用输气机组的类型和数目等因素有关。根据经验,有效的事故应急储备气量约为补偿季节用气不均衡性所需气量的 10% 左右。

十三、库容利用率

即工作气比例,取决于储气库的最大储气压力和气垫气比例的大小。储气库的最大储气压力越高,气垫气比例越小,则库容利用率越大。

十四、盐穴储气库

将天然气注入地下含盐岩层内,在短期内实现提高天然气容量的设施。

十五、盐穴储气库的收敛性

盐穴储气库的收敛性是指盐穴储气库在运行过程中地质洞穴体积的减少。影响收敛的最大因素是盐穴高度与盐穴直径的比值,其他因素还包括盐穴深度、储库运行的操作条件、盐穴内温度、盐穴的几何尺寸和覆盖层结构等。

十六、含水层储气库

含水层储气库就是人为地用压缩机将天然气注入地下合适的含水层中,利用高压气体将含水层中的水驱出而形成的人工气藏。

十七、基地型储气库

主要用来调节和缓解大型消费中心天然气需求量的季节不均衡性,因此又叫做季节性储气库。这种储气库的容量比较大,按日最大抽气量计,其有效气量可供抽气 50 ~ 100 天。

十八、调峰型储气库

主要用做昼夜、小时等短期高峰耗气调峰和输气系统事故期间的短期应急供气。主要特点是采气效率高,单井产量高于其他储气库 2 ~ 4 倍。这种储气库的容量相对较小,按昼夜最大抽气量计,其有效气量可供抽气 10 ~ 30 天。

十九、储气型储气库

主要用做战略储备,做机动的备用气源。这种储气库对主要依靠进口天然气的国家具有特殊意义。

第二节 国内外储气库的发展现状

自从 1915 年加拿大利用枯竭气藏建成世界上第一个地下储气库以来,地下储气库经历了一个世纪的发展历程。在过去的 20 多年间,天然气在世界能源中所占的比例从 17% 增长到 23%,消费量增长了一倍,1994 年的总消耗量达到 $2171 \times 10^9 m^3$。天然气工业的发展促进了地下储气库的发展。在气库的建设和运行管理上一般采用四种方式:第一种是由天然气供应商承建和管理;第二种是由城市燃气分销商建设和管理;第三种是由独立的第三方以赢利为目的进行建设和管理;第四种是由多方合资建设。主要方式是前两种,第三种是对前两种的补充。

截至 2003 年,世界上有 634 个储气库投入运行,总的工作气量达 $340087 \times 10^6 m^3$(表 1 - 2)。

表 1 - 2 世界各国地下储气库概况

国　　名	工作气容量,$10^6 m^3$	储气库数目
美国	110485	417
俄罗斯	90045	23
乌克兰	34065	13
德国	19772	41
意大利	17300	10
加拿大	14070	42
法国	11633	15
荷兰	4750	3
乌兹别克斯坦	4600	3

国 名	工作气容量,$10^6 m^3$	储气库数目
哈萨克斯坦	4203	3
匈牙利	3610	5
英国	3267	4
捷克	2801	8
奥地利	2647	4
斯洛文尼亚	2341	4
拉脱维亚	2105	1
西班牙	1990	2
波兰	1572	6
罗马尼亚	1470	5
日本	1143	6
阿尔巴尼亚	1080	2
澳大利亚	934	4
丹麦	815	2
贝劳	750	2
比利时	650	2
中国	600	1
保加利亚	500	1
克罗地亚	500	1
亚美尼亚	150	1
爱尔兰	100	1
阿根廷	80	1
吉尔吉斯斯坦	60	1
合计	340087	634

一、国外发展状况

（一）北美地区

北美作为世界地下储气库开发的先驱,其储气库数量占世界储气库的 2/3 以上。民用气占总消耗量的比例在加拿大达 44%,在美国也达 38%,因此,取暖季节从储气库中抽取气成为总供气的主要气源。美国现有储气库 417 座,工作气容量达到 $1104 \times 10^8 m^3$,其工作气容量占美国全年消费量的 17.2%。储气库的灵活性在 1998 年得到了充分利用,由于气候条件压制了天然气需求,储气库吸纳了市场上不需要的剩余产量。美国天然气研究所(GRI)研究报告预测,到 2015 年,工作气储存容量将增至约 $1130 \times 10^8 m^3$,约 75% 的扩容将在 2005 年以后完成。加拿大 1993 年天然气市场销售量总计为 $139 \times 10^9 m^3$,而其年耗气量总计为 $76 \times 10^9 m^3$,剩余的 $63 \times 10^9 m^3$ 天然气出口到美国。加拿大开发地下储气库的两个主要原因是:加拿大的天然气产于西部几个省,而主要用气地区分布在东部,温差变化相当大,从而加大了原本就高度不均的季节耗气量变化。加拿大共有 42 座地下储气库,工作气容量为 $140 \times 10^8 m^3$,储气库类型主要为枯竭油气田。

(二)西欧地区

西欧是世界第三大的天然气市场,天然气贸易居世界第一,但仅占一次能源需求量的 17%,低于世界平均水平。由于西欧的天然气消费大多集中在民用和第三产业,而这两个产业的需求波动较大,因此西欧也开发了许多储气设施,以满足高峰需求并确保供给安全。但是西欧各国的储气库数量相差悬殊,大多数储气库分布在意大利、法国和德国。储气库的发展受到若干因素的影响,包括国内有无生产油气田、取暖用气在用气量中所占的比例、进口气的内在风险以及有无适当的地层。而且,西欧未开发的天然气资源日益减少,高度依赖外界供气。西欧的进口气源为中东地区,距离远,政治风险又高,因此导致了新建储气库设施并扩建现有设施的需求。目前西欧的新储气库建设项目有 30 个左右,这些工程在 2005—2010 年可增加工作气量约 $30 \times 10^9 m^3$。

(三)东欧地区

东欧的情况与西欧不同,东欧的天然气主要用于工业性消费,其次是用于发电,住宅与商业部分的消费量很低,且用气量的季节性变化小于西欧。目前在东欧地区建设地下储气库的国家有罗马尼亚、保加利亚、捷克、斯洛伐克、前南斯拉夫、波兰、匈牙利等。东欧国家的大部分天然气从俄罗斯进口,存在供气中断的风险,因此急需建设一套储气设施。但是,财政资金的缺乏妨碍了新储气库的建设。此外,国内市场的气体价格也不利于新储气库的开发,东欧国内的气体价格太低,不能补偿输气、配气和储气的费用。尽管如此,目前也有 12 个新工程正在建设之中,2005—2010 年工作气量将增加 $9 \times 10^9 m^3$。

(四)前苏联地区

俄罗斯和中亚地区蕴藏丰富的天然气资源,每年向东欧地区出口相当数量的天然气。天然气在该地区的一次能源消费中约占 20%,在俄罗斯更是高达 50% 以上,巨大的天然气消费量要求其具备完善的地下储气库系统予以保障。前苏联地区的地下储气库主要分布在俄罗斯、乌克兰、哈萨克斯坦和阿塞拜疆等地区。

俄罗斯是世界上最大的产气国,2002 年的天然气产量达到 $5120 \times 10^8 m^3$。俄罗斯天然气产量的月变化率为 1% ~ 1.5%,但这还不足以满足季节性变化的需求。整个前苏联境内的 46 座储气库设施中,现有 23 座位于俄罗斯境内,总工作气容量约为 $900 \times 10^8 m^3$,现有储气库开发井 2300 多口。虽然俄罗斯的储气库数量较少,但其气库容量很大。世界上最大的废弃气藏地下储气库和含水层地下储气库都在俄罗斯,其气库容量分别达到 $400 \times 10^8 m^3$ 和 $190 \times 10^8 m^3$。俄罗斯地下储气库的日产气量平均为 $4 \times 10^8 m^3$,2005 年气库的日产量达 $5.5 \times 10^8 m^3$,到 2010 年气库的日产量将达 $7.0 \times 10^8 m^3$。

乌克兰是前苏联诸多共和国中储气量仅次于俄罗斯的国家,目前该市场是俄罗斯向西欧出口气体的唯一通道。乌克兰拥有 13 座储气库,工作气容量达 $340 \times 10^8 m^3$。乌克兰的地理环境特别适合发展储气库,其境内有大量的气田、凝析气田和油田,并且它们中的大多数实际上已趋于枯竭,从而为储气库的建立提供了良好的条件。

(五)其他地区

随着天然气市场和天然气国际贸易的扩大,不少国家都对开发天然气储气库显示出浓厚的兴趣。阿根廷为了满足天然气需求量的增长需求,正在研究把 Campo Duran 的气田和凝析油气田(Salta 省东北部)转换成储气库。墨西哥决定对私营企业开放天然气运输、储存和配气业务,以加速储气库项目的实施。而在中东,伊朗国家石油公司与法国的 Sofregsz 公司签署了一份合同,把 Qom 附近的 Saradjeh 气田改建为储气库,工作气容量达 $10 \times 10^8 m^3$。

二、国内发展状况

我国地下储气库建设起步较晚,在 20 世纪 70 年代以前,我国天然气的主产区在四川,由于四川天然气供应方式所具有的特点,在四川修建地下储气库的问题始终是议而不决。我国20 世纪 70 年代在大庆油田进行过利用气藏建设气库的尝试,而真正开始研究地下储气库是在 90 年代初,随着陕甘宁大气田的发现和陕京天然气输气管线的建设,才开始研究建设地下储气库以确保北京和天津两大城市的安全供气。

1969 年由萨零组北块气藏转建而成的萨尔图 1 号地下储气库,其年注气量不到库容的1/2,主要用于萨尔图市区民用气的季节性调峰,后因安全距离问题而被拆除。喇嘛甸北块地下储气库是大庆合成氨的原料工程之一,建在喇嘛甸油田顶部,2000 年进行了扩建,目前年注气量为 $1 \times 10^8 m^3$。

到目前为止,为保证北京和天津两大城市的调峰供气,在天津市附近的大港油田利用枯竭凝析气藏建成了两个地下储气库,即大张坨地下储气库和板 876 地下储气库。这两个储气库的总调峰气量为 $8 \times 10^8 m^3$,即每年可以通过这两个储气库储存和采出 $8 \times 10^8 m^3$ 的天然气来平衡京津地区用气的变化。由于北京用气市场变化剧烈,冬天用气量是夏天用气量的 7 ~ 10倍,在目前北京市场用气量为 $14 \times 10^8 m^3$ 的情况下,这两个储气库已经是满负荷运行。随着京津地区用气量的不断扩大,需要建设新的储气库来保证调峰需要,目前第三个地下储气库已着手建设。

为确保西气东输工程的实施,保证西气东输管线沿线和下游长江三角洲地区用户的正常用气,现在长江三角洲地区选择了江苏省金坛市的金坛盐矿和安徽省定远市的定远盐矿建设盐穴地下储气库,设计总调峰气量为 $8 \times 10^8 m^3$,已投入使用。同时,为配合四川天然气东输"两湖"地区,还将在长江中游地区建设地下储气库,来保证该地区的用气安全。

鉴于建设地下储气库对于长输管线的重要性,今后将会在我国东部地区包括东北、华北、长江中下游地区及西气东输沿线建设一批地下储气库,以保障这些地区的用气需要。

我国从北向南分布着众多油气田,大量的含油气构造为改建地下储气库提供了良好的地质基础,在有条件的地区应尽量开发枯竭油气田型储气库。根据输气管道的走向,我国将建库8 座,有效工作气量将达到 $98 \times 10^8 m^3$,如表 1 - 3 所示。

表1-3 与管道配套的各油(气)田地下储气库有效工作气量预测

输气管道	地下储气库有效工作气量预测,$10^8 m^3$							
	大庆	辽河	华北	大港	胜利	江苏	河南	江汉
陕甘宁—北京	—	—	4	—	—	—	—	—
靖边—上海	—	—	—	—	—	6	—	—
靖边—上海	—	—	—	—	—	6	6	—
忠县—武汉	—	—	—	—	—	—	—	4
萨哈林	10	8	—	—	—	—	—	—
伊尔库茨克	—	5	4	5	5	—	—	—
西西伯利亚	—	—	—	—	—	15	15	5

三、我国地下储气库的发展方向

随着我国国民经济的高速发展,优质、高效、清洁能源的需求量相应增大。为了促进我国天然气工业的大规模发展,实现经济的持续增长,国家已确定把开发利用天然气作为优化能源消费结构、改善大气环境的一项重要措施,并将天然气长输管道列入国家重点基础设施建设项目。随着"西部大开发"战略的全面实施和引进俄罗斯及中亚国家天然气改善我国能源结构战略的实施,天然气大规模利用的时代已经到来。鉴于建设地下储气库对长输管线的重要性,今后将会在我国东部地区包括东北、华北、长江中下游地区及西气东输沿线建设一批地下储气库,以保障这些地区的用气需要。我国今后的储气库建设重点将是与长输管网配套的地下储气库群和满足未来储备需要的大中型储气库系统。大型储气库建成后将大大提高用户用气的可靠性和天然气调配的灵活性。

第三节 储气库技术发展趋势

地下储气库的发展与科技进步有着密切的关系,科技进步能缩短地下储气库的建设周期,节约地下储气库的投资费用,改善地下储气库的技术经济指标。

一、国内储气库研究情况

国内学者针对建库区域相继开展了储气库建设库址筛选及评价方法研究。2000年王皆明提出了北京建造储气库的库址筛选标准及评价方法,对京58气顶油藏的储气可行性进行了评价;舒萍于2001年建立了大庆油田储气库库址筛选标准,提出了筛选库址评价方法,预测并筛选出多个适宜建库的构造;2002年王红艳等提出了江汉油田改建储气库四种不同类型库址的综合地质评价方法,对江汉油田的32个构造进行了初选,结果表明多个断块及开发单元具备储气库建造条件;2003年赵颖根据世界各国建设储气库的经验提出了我国建设储气库选址的五个基本要素和相关参数;陈家新和谭羽非等提出了不同类型储气库库址筛选的基本方法和标准。

尽管我国对储气库技术的研究相对较晚,但近几年由于加快了储气库的建设,大大推动了储气库技术的研究与进展。2000年方亮提出应用节点分析方法对储气库的注气系统进行设计;2001 年谭羽非提出了水驱气藏储气库注采井动态运行分析方法,建立了储库调峰优化运行的储气库工程预测模型,又在 2003 年提出了计算储气库渗漏量的方法;陈家新在 2002 年根据储气库储量影响因素的灰色特性及不相容性,应用灰色物元分析法确定储气库的储量,同时提出了储气库注气过程的优化设计方法;2003 年杨广荣应用物质平衡法对天然气储气库的库容量进行了计算。2003 年赵志成根据物质平衡原理和 Fick 扩散定律,建立了溶蚀物理模型。

储气库动态预测技术的研究也取得了许多进展。2001 年展长虹等开发了含水层天然气地下储气库的有限元数值模拟技术;谭羽非、陈家新等先后提出了枯竭气藏、水驱气藏储气库的数值模拟方法,并应用数值模拟方法对天然气地下储气库的设计参数进行了计算;2003 年崔立宏等应用最新的数值模拟技术评价了大张坨储气库的建设方案。

我国从大庆设计建造储气库开始,不断深入地研究国外建造储气库的先进技术及管理经验,特别是在建造天津大张坨天然气地下储气库的过程中,我国专家对储气库选址标准及条件、储气库设计技术、储气库建造工艺、注采工艺与动态监测技术等方面进行了系统研究,同时提出了适合我国储气库建造的一系列技术规范和方法,保证我国能自行设计、建造、运行管理储气库,并缩短了我国储气库建造技术与国际前沿技术的差距。

二、国外储气库研究情况

国外对储气库设计动态运行规律的研究比较成熟。H. Glen van Horn 将储气库的投资需求表示为四个系统变量的函数:气垫气、井、净化设备及压缩机功率,以投资最少的一套最优设计方案开发了储气库系统优化设计方法;Robert A. Wattenbarger 应用有限差分原理建立了需求旺季从储气库最大限度地采出天然气的设计方法;P. Persoff 等提出了含水泡沫对水储气库中气体运移和水锥进的控制方法;R. P. Anderson 应用示踪剂研究了储气库气体的运移特性;E. Unegbunam 提出了地下储气库气水界面判断的新方法;Sc. Jakub 等从储气库注采系统对地下储气库的要求,提出了优化设计方法及计算机程序;最近,I. Lakatos 阐述了储气库中压力和温度的波动对气体渗透率的影响,提出了同时控制水的渗入和改善生产井及注入井周围岩石稳定性的方法。

在使用其他气体代替天然气作为垫底气方面,国外的研究也相对较多。B. R. Misra 研究了利用惰性气体代替天然气作为垫底气及其注意事项;H. de Moegen 对用惰性气体作为垫底气进行了长期研究;丹麦的 H. 奥布罗对利用氮气作为天然气地下储气库垫层气进行了研究。所有的研究结果均表明,利用惰性气体作为地下储气库的垫层气是可行的。利用三维气混合模型来分析混气现象,很好地控制了混气,保证了天然气的质量,从而节省了大量的建设投资。

三、储气库技术发展趋势

国外储气库经历了将近一个世纪的发展历程,其储气库研究也处于领先水平。当前国外在地下储气库研究方面呈现出以下几种主要的研究与发展方向。

(一)用惰性气体及 CO_2 代替天然气作储气库的垫层气

根据前苏联的经验,储气库中工作气与垫层气的最佳比值为 1:1。垫层气的主要作用是使储气库在一次抽气末期保持一定压力、提高气井产能、抑制地层水流动等。早期建设的储气库都是用天然气作为垫层气,这使储气库初期投资相应增加。以美国为例,1987 年美国地下储气库的总垫层气量达 $1080 \times 10^8 \text{m}^3$,按平均每千立方米天然气为 60 美元计,当年垫层气相当于长期沉积资金达 64 亿美元。因此多年来一些地下储气库技术比较发达的国家对这一问题给予了极大的关注,一直在研究减少垫层气增大有效气的可能性以及利用惰性气体替换天然气作地下储气库垫层气的可能性。美国从 20 世纪 70 年代开始对在油田利用氮和烟气置换石油的问题进行实验室和工业性试验研究。研究表明,部分利用氮或压缩机站的废气替换天然气的研究具有可观的前景,用液态空气或天然气工业规模制氮已是一种成熟的技术。美国有一批利用空气制氮的工厂,其生产能力为 $(3 \sim 30) \times 10^4 m^3/d$。一些地下储气库正在采取注氮方法来提高地层压力,从而达到增加有效气气量、相应减少垫层气气量和提高气井抽气量的目的。

俄罗斯的专家们在衰竭气田或凝析气田地下储气库上也进行了这种试验。用惰性气体、氮或压缩机组的废气等替换垫层天然气,可节约储气库的建设费用。他们认为,用惰性气体代替垫层天然气经济上较为有利。二氧化碳便是一种理想的气体,在抽气期间,随着地层压力的下降,CO_2 会膨胀充填垫层容积;而在注气时,随着储气库压力的升高,其压缩紧密度超过天然气。全苏天然气科学研究所用 CO_2 部分代替垫层天然气的试验研究表明,地下储气库总储气量中有效气的气体量可达 70%,在这种情况下,抽出气体中 CO_2 的分子组成不超过 0.59%,用 CO_2 作垫层气,能大大降低用做垫层气的天然气气量,其经济效益是非常可观的。根据全苏天然气科学研究所的研究结果不难算出:按系数等于有效气(设气量 $Q = 40 \times 10^8 m^3$)与垫层气和剩余气量之比,即 0.7 计算(设剩余气量 $Q = 17.2 \times 10^8 m^3$),则垫层气为 $39.8 \times 10^8 m^3$。按习惯的每千立方米垫层气 8 卢布估价,用 CO_2 代替天然气所获得的直接经济效益为 3184 万卢布(未扣除注 CO_2 的有关费用)。

法国燃气公司的试验也表明,用 CO_2 可以替代约 20% 的垫层气。法国的解决办法是在储气层外侧注入惰性气,而不是在整个储气库均匀注入,这样惰性气体滞留在外侧,可实现惰性气体作为垫层气维持储库容积和压力的功能。丹麦的研究结果表明:含水层中 20% 以内的垫层气可以由氮气组成,并且每年只循环少于 60% 的天然气,天然气与氮气不会产生严重的混合问题。

相对惰性气体而言,由于 CO_2 具有较大的压缩特性,从而能起到压力缓冲的作用,因此 CO_2 能使储气库在注入和采出期间有更多的工作气注入和采出。同时,CO_2 的黏度较大,能阻碍 CH_4 的流动,从而也在一定程度上抑制了界面的不稳定性,阻止了 CO_2 与 CH_4 的混合。但是在工作气的采出过程中,在 CO_2 与 CH_4 的界面上会出现气体的分子扩散和弥散作用。因此控制两种气体分子的扩散和弥散作用,研究两种气体地下混合的不确定性将是今后这一方向研究的重点。

(二)实现地下储气库工艺设计统一化和标准化

尽管地下储气库按地质对象分为枯竭油气田型、含水层型和盐穴型等几种类型,且它们的地质物理参数各不相同,但是在储气库建设方面它们具有一些共同的特性。如为了制定建库方案,都必须掌握一些原始资料:如储气库的矿藏类型、生产井和注气井的数量和产量、昼夜抽气量和注气量、抽出气体的温度和压力、注气压力、储气库地质层数、抽出气体的组分等,它们都以某种方式影响着技术方案的确定。对各种地下储气库而言,天然气采集、分配和处理工艺设计上的区别并不在原理上,而在具体构成和设备上,这就为地下储气库的建设从工艺流程设计到设备选择实现技术方案的统一化、标准化提供了可能性。

前苏联在这方面取得了大量的研究成果,先后为地下储气库的地面配气、气体收集与处理、气井产量计量、气体干燥、低温分离等开发了标准化的工艺流程,并各自组成一个独立的模块,从而使储气库的建设从个别设计转到标准化设计上来,使设备由单个制造转为批量生产,最大限度地采用早先为气田建设开发的标准技术方案和工厂整体组装式设备。实现地下储气库工艺设计的统一化和标准化,可最大限度地减少部门之间的协调工作量。

在具体工艺方案上,专家们还提出许多建议。比如对于衰竭油气田储气库和矿化水含量高且到采气末期井口气压还很高的含水层储气库,气体处理建议采用低温分离工艺;在各种储气库上都建议采用低温分离工艺;在各种储气库上都建议采用乙二醇进行气体干燥;考虑到储气库的工作特点(油气期为 3~5 个月,最短抽气期为 1~2 个月,有时仅几天),对气体的初级分离、低温分离或干燥不考虑专门备用设备等。根据这些研究成果,对各种类型的储气库,按照其地质情况和矿藏类型,可开发出各自的统一化方案设计,将储气库建设从个别设计转到标准化设计上来,使设备由单个制造转为成批生产,最大限度地采用早先为气田建设所开发的标准技术方案和工厂整体组装设备。

在地下储气库建设的具体设计(如准备工作)中采用标准化的工艺设计,可最大限度地减少设计部门之间的协调工作量,简化工艺方案选择中一系列的工艺计算和订货清单编制等方面的许多工作,从而减少地下储气库地面站设计和建设的工作量。实现地下储气库工艺设计的统一化和标准化,是加快建库速度、缩短建库周期、提高建库质量的重要措施之一。

(三)建设生产效率高、可靠性好的气井

俄罗斯地下储气库气井在抽气季节中期的日平均生产能力不超过 $15 \times 10^4 \text{m}^3$。计算表明,许多储气库气井的潜在产能可以达到实际产量的 2~3 倍。制约气井产能的原因之一是采用了小直径的气举管子。有少数储气库的气井装备了直径为 168mm 的自喷管,其产量可比装备 114mm 直径油管的气井提高 1.5~2 倍。国外为建设高产能气井而取得的科技进步有:研究出了气井防砂滤网的制作工艺技术;开发出了能保持井底附近地带自然渗透性的低压地层钻井工艺;提出了恢复钻井时淤塞的气井生产能力的方法等。

建设高气密性气井的施工工艺是提高地下储气库生产能力的重要条件。围绕这一问题的研究课题有:采用由膨胀水泥制作的不缩水套管柱和生产套管;采用气密性好的管子和合理的气井结构;研究既能钻开储层又能避免井底地层钻井液伤害的新钻井工艺;改进井底施工工艺,采用不含黏土溶液扩大井底附近地带;研究向储气库下部地层夹层封气的技术工艺,防止气体渗漏到圈闭层外,增大工作气的体积等。

(四)水平钻井技术

储气库的供气能力是储气库建设能否成功的关键。为保持其供气能力,国外一些地下储气库采用水平钻井技术。水平钻井可以大大增加地层和井眼的接触面积,在较低的压降下增加产量。水平钻井的优点是占地面积小,地面设施开发费用少,可以高效利用储层。水平井的产量可比垂直井增加 5~10 倍,而费用只是垂直井的 2 倍。而且还可以分开作为注采井,降低井内压力梯度,减少水锥现象,提高井眼的稳定性。水平井作为提高供气能力的一项新技术有着十分广阔的发展前景,在欧美一些国家得到了很好的应用。

(五)研制开发新的工艺和设备

研究采用以可靠工艺设备和自动控制系统为基础的高效气体处理工艺。长期以来,地下储气库地面气体处理方法与气田气体处理方法没有什么区别,可是地下储气库的抽气制度是不固定的,其工艺指标在昼夜间会发生很大变化,由人工调整对其进行优化是不可能的。为了降低劳动强度,防止在内部和外部指标发生变化时气体采集和处理系统出现临界操作条件,需研究开发工艺过程的自动控制系统。在工艺设备方面的具体开发计划要研制以下装置:压力为 10MPa 和 20MPa 的新式压缩机组;气井成组连接情况下的输入管带模块;气流方向调节模块;昼夜生产能力为 $100 \times 10^4 m^3$ 和 $1000 \times 10^4 m^3$、操作压力为 16.0MPa 和 8.0MPa 的无分隔体的初级分离装置;在甲醇初始浓度为 20%、最终浓度为 90% 的条件下,甲醇产率为 lm^3/h 的甲醇再生装置等。

(六)高度的自动化管理

国外地下储气库自动化控制和管理水平在不断提高。在国外,集散控制系统(DCS)在储气设施中得到了十分广泛的应用,并对多个 DCS 系统的控制开展了研究;遥控和自动化技术的进步,使在一个控制中心同时控制几个远程储库设施成为可能。

在北亚得里亚海上气田,成功地采用了一种叫做 SIRIONE-2 的系统对各个地下储气库的生产实行集中管理,大大降低了作业成本,能迅速满足输气管网的要求。

意大利正在研究建立一个集散式的操作中心,以对 Po Valley 地区的所有储气设施实行集中遥控管理。其研究方向是,在 UNIX 环境下,采用 X-Window 作机器接口组成计算机网络,达到既能对所有储气设施的运行进行监视,又能通过每个 DCS 系统达到对各个储气设施的操作实行控制的目的。

美国旧金山以东 110km 处的麦克唐纳地下储气库采用了 SCADA 系统,实现了现代化管理。该储气库总储气能力约为 $24 \times 10^8 m^3$,最大抽气量约为 $34 \times 10^6 m^3/d$,有一个压气站和两个抽气站。对压气站的控制最初采用的是以继电器为主的机电式控制系统,1987 年首次进行改造时,更换成一台 GEF-6 的可编程序逻辑控制器(PLO);1992 年对该控制系统再次进行改造,采用了 GEF-90/70 PLC。经改造后,该控制系统只需要 3 台 PLC 便可控制 2 台压缩机,而且还能为压气站提供控制功能。对抽气站的控制,1988 年前主要采用数字设备公司(DEC)的 PDP Ⅱ/40 型计算机进行监控;1988 年改用 MPCO 公司的 352 型单回路数字控制器,安装了一套 AIMAX-Plus 操作员接口系统。该储气库安装了一套 SCADA 系统和一套冗杂的图形显示系统,实现了储气库的现代化运营控制与管理。

(七)气库圈闭有效性评价

地下储气库要求在较短时间内反复强注强采,对圈闭的封闭条件要求较高,同时为了增大库容和提高单井产能(国外有些地下储气库工作压力上限高于原始地层压力 40%),对气藏圈闭条件就提出了更高的要求。

1. 盖层宏观有效性评价

从宏观封闭能力来看,厚度对天然气的封闭能力有影响,其影响主要表现在厚度横向分布的稳定性上,也就是要求盖层必须有足够的分布面积作屏障,而薄盖层往往分布面积小,且极易被断层所切穿,厚层则不然。因此,从宏观封闭能力而言,要求盖层必须有足够大的厚度,以保障它横向分布的稳定性,由此可见,盖层的厚度越大越好。此外,对于泥岩盖层而言,单层厚度越大,反映当时的沉积环境越稳定,沉积物均质性越好,成分越纯,其排替压力值越大,封闭能力也就越强。

2. 盖层微观有效性评价

微观上直接反映封盖性能优劣的参数有孔隙度、渗透率、突破压力、微观孔隙结构、盖层厚度等,各项参数在分级评价中所起的作用通过权值而体现。根据天然气毛细封闭盖层评价标准,可评价封盖质量的好坏。

3. 断层封闭有效性评价

断层封闭性研究包括两个方面:(1)断层对盖层的穿透能力;(2)断层对稳定储层的侧向封堵能力。

断层的垂向封闭性就是盖层的有效性。断层的侧向封闭性则是依据断层面两侧岩性变化及油气水分布情况,确定断层的封闭性,防止由于断层附近的井强注强采而造成断层面活化而引起泄漏。

国外地下储气库建设方面的科技进步还有:采用模块化施工技术,加快施工进度,降低劳动强度;在气田建设时期研制成功的大量施工模块,其中一部分无须进行大的修改,就可用于地下储气库的建设;研究各种地下储气库生产过程集约化的理论基础,通过技术装置改造,实现生产过程集约化,改善技术经济指标。

第二章 不同类型储气库的特点

截至 2003 年,世界上投入使用的储气库数量达 634 个。根据采完工作气的时间可以将其分为两类,即工作调峰储气库和峰值调峰储气库,介于二者之间的为另一类。工作调峰储气库是冬季开始就使用的储气库,这种类型储气库的特点是维持时间长,以相对较大的工作气量和相对较低的采气速度为特征。峰值调峰储气库与工作调峰储气库正好相反,常常具有有限的工作气量和很高的采气能力,这种类型的储气库是"应急"型储气库。尽管有典型的储气库类型的划分,但在实际应用中可以灵活多变。

而根据地下储气库的地质条件或地层条件,可将其分为枯竭油气藏型、地下含水层型、盐穴型和废弃矿坑型。表 2-1 列出了各种类型储气库的特征。

表 2-1 不同类型地下储气库特征

类型	储存介质	储存方法	工作原理	优越性	缺点	用途
枯竭油气藏	原始饱和油气水的孔隙性渗透地层	由注入气体把原始液体加压并驱动	气体压缩膨胀及液体的可压缩性结合流动特点注入采出	储气量大,可以利用油气田原有设施	地面处理要求高,垫气量大,部分垫气无法回收	季节调峰与战略储备
含水层	原始饱和水的孔隙性渗透地层	由注入气体把原始液体加压并驱动	气体压缩膨胀及液体的可压缩性结合流动特点注入采出	储气量大	勘探风险大,垫气不能完全回收	季节调峰与战略储备
盐穴	利用水溶形成的洞穴	气体压缩挤出卤水	气体压缩与膨胀	工作气量比例高,可完全回收垫气	卤水排放处理困难,有可能出现漏气	日、周、季节调峰
废矿坑	采矿后形成的洞穴	充水后用气体压缩挤出水	气体压缩与膨胀	工作气量比例高,可完全回收垫气	易发生漏气现象,容量小	日、周、季节调峰

第一节 枯竭油气田

从经济对比的观点来看,在枯竭的气层或油层中建立地下储气库是最有利的。首先,废弃的油气藏地区原先都已经过全面勘探;其次,在设计地下储气库的过程中,可利用这些油气层的现有厚度、测井资料,以及该岩层的岩石组分、有关油气层盖层的密闭性、有无断层等相关参数。依据该类油气田开发初期的岩层孔隙度、渗透率、地层压力、油气水淹程度等资料,即可对储气库未来容积,以及储气库内注满天然气时和气体回采过程中气井的最大可能生产能力预先做出判断。根据多孔性岩层结构的成岩条件和油气田开采方式的研究结果,即可确定储气库的有效容积与缓冲容积之比。

一、枯竭干气藏

利用枯竭干气藏进行储气库改建是世界上最常用同时也是最经济的一种储气方法,凡是有枯竭气田的国家都首选发展这种储气库。

建造储气库所选择的气藏必须满足下列条件:

(1)足够的容量以保证储存需要数量的天然气,并且不超过气藏的压力限制,不需要不经济的天然气压缩。

(2)令人满意的气密封性。

(3)足够高的固有渗透率,能保证在需求高峰期以需要的排量注入和采出。

(4)渗透率、注入能力、采出能力受下列情况的影响较小:

① 地下水的存在(可流动的或不可流动的);

② 液烃的存在(可流动的或不可流动的);

③ 注入区被注入气携带的压缩机润滑油或其他流体堵塞时;

④ 在连续的压力循环中储层应力的波动。

(5)没有硫化氢气体(原有的或细菌产生的)。

(6)可根据需要钻补充井并且完井,允许产生严重的地层伤害(在这些地层中也许存在严重的压力衰竭情况)。

利用已开采枯竭废弃的气藏,或开采到一定程度的服役气藏,停止采气转为夏注冬采的地下储气库,其主要具有下列优点:

① 具有很大的天然气储气容积空间,并具有良好的渗滤条件。有效库容应大于调峰气量的1.2倍。

② 具有盖层、底层或底水,具备了良好的封闭条件。

③ 密闭性好,储气不会散逸、漏失,安全、可靠。

④ 不需或仅需少量的垫底气,注入气利用率高。

⑤ 储气库承压能力高,储气量大,一般注气井停止注气压力的最高上限可达原始关井压力的90%~95%。

⑥ 调峰有效工作气量大,一般调峰工作气量为注入气量的70%~90%。调峰工作气量越大越好,但要考虑到底水及储气层制约的因素。

⑦ 有较多的现成采气井可供选择利用作为注采气井。

⑧ 有完整配套的天然气地面集输、水、电、通信、矿建等系统工程设施,可供选择利用。

⑨ 天然气注采及配套系统工程改造、新建工程量小。

⑩ 建库周期短,试注、试采运行把握性大,工程风险小,工程实施快。

⑪ 有完整、成套的成熟采气工艺技术及熟练的技术人员。

⑫ 建库费用低。

枯竭气田型储气库的地质条件是:集气层必须具有较高的渗透性矿层(中细砂);盖层密封性能好(一般为压实的黏土、页岩);具有弱的驱水性,以防止压力降低时水的进入;盖层能承受较大的压力波动。储气库应距离市场较近,便于施工。技术条件(如孔隙度、渗透率、储气层厚度分布、原始地层压力、含水饱和度、最大储气能力、所需井数以及井口压力)必须满足建设的要求。对于气田型储气库而言,天然气采出程度为70%时改建地下储气库最为合适。

此时,剩余气体既能维持地层压力,防止净上覆压力过大导致地层渗透率下降,又能抑制边底水的进入,所需垫层气量相应减少。

二、枯竭凝析气藏

目前,国内外大多数凝析气藏的开采都是在损耗地层天然能量的条件下进行的。若采用衰竭方式开发凝析气藏,通常采出的凝析油量是很少的。在凝析油气体系中,液体所占体积很少超过烃类总体积的 20% ~25% ,在凝析气藏中遇到的最高凝析液饱和度常低于流动的临界值,凝析液在储层内一般呈不流动状态。在衰竭开发期间,液体饱和度将达到最高值,然后随着压力的不断下降而蒸发。当采出部分蒸汽相后,储层流体组成发生变化,破坏了气、液相间的平衡,一般二次蒸发作用很小。虽然液体体积在储层中达到最大后逐渐减少,但较重的和更有价值的成分将在枯竭时集中在液相中,造成损失,损失的凝析油常可达 50% ~60% 。这种开采模式具有生产成本低和工艺简单的优点,但烃类储量的采收率却非常低。在凝析气藏的凝析油含量不低于 $200g/m^3$ 时,凝析油的采收率在 20% ~45% 范围内,天然气的采收率在 60% ~80% 范围内。

凝析气藏是一种特殊储藏状态的气藏,对于凝析油含量较高的凝析气藏,往往采用循环注气保持气藏压力的开发方式。长期以来,循环注气开采方式已广泛用于提高凝析气藏中凝析油的采收率。这一工艺是利用注入的干气驱替地层中的湿气。注气能使储层压力维持在湿气的露点之上,防止储层中凝析油析出,同时干气也能带出部分凝析油。这种方法证明能有效提高凝析油的采收率。在枯竭凝析气藏的基础上改建储气库,通过烃类气体的注入与采出,可以达到提高凝析气藏采收率的目的。国外在 20 世纪 40 年代就开始采用注气的方式来开采凝析气藏,通过注气保持地层压力,防止凝析油反凝析,提高凝析油采收率。注气方法一般包括注烃气、氮气和二氧化碳,但最常见的是循环注入干气。

循环注气可使凝析油采收率达到 80% 以上,一般来说,注气压力应略高于或接近露点压力。多年来,脱了凝析油后的干气一直成功地用来作为凝析气藏的注入剂。到目前为止,普遍认为干气对提高凝析油采收率的效果比任何其他非烃气体好。通常是将气田本身产的天然气经过凝析油回收和处理后,再回注到气层。注入的干气与地下湿气(凝析气)混合后,使地层中的气体干度增加,从而使地层湿气中的凝析油量下降,地层中反凝析现象减弱,甚至消失。例如,印度尼西亚的阿隆凝析气藏就是采取回注干气的方法从而保持地层压力。

20 世纪 70 年代,美国的注气提高采收率技术已趋于成熟,并成功地提高了凝析气藏的采收率。目前,注气开采已成为美国主要的提高凝析气藏采收率的方法。而在国内,大张坨凝析气藏和塔里木牙哈凝析气田也进行了循环注气开发,取得了良好的效果,并且大张坨凝析气藏通过注气改建成了储气库。大量的实例表明,循环注气开采不但可以提高凝析气田的采收率,而且可以获得较好的经济效益。

三、带油环凝析气藏

带油环凝析气藏(凝析气顶油藏)是最复杂的油气藏类型之一,这类油气藏在消耗式开采时,为了减少原油的损失,通常采用先采油、后采气或是油气同步开采的方式开发。油气藏投入开发打破了原有的平衡状态,如果油区开采速率高于气区,凝析气顶就会向油区膨胀扩张,并依靠气顶前缘的推进而驱油,进入油区的气体容易在油井井底附近的低压区形成"指进"而发生气窜;如果气区开采速率高于油区,便会在气顶区域形成低压区,高压区的原油就向低压区的气顶推进(在边水较活跃的情况下尤为突出),形成油窜。不管哪一种开发方式都存在气顶向油区或原油向气区窜流的现象。早期的带油环凝析气藏基本上都采用衰竭式开发,从而导致凝析油的反凝析损失。

因此,在带油环凝析气藏上改建储气库,可以考虑在注气过程中达到原始地层压力时进行油环开发,在油环开发的同时继续注气维持地层压力,这样可以扩大储气库的有效工作气量。同时,在油环开发过程中,可以向地层注水,沿油气界面将气藏分开。注水井设计在靠油气界面的气藏含凝析气部分内,这样在油气界面形成屏蔽,防止油环开发的时候气体窜入油藏内,造成气量损失。

四、高含水油藏

目前,世界上采用油藏改建的储气库只有30多座,这种类型的储气库具有许多优点:人们对其地质情况,如油藏面积、储层厚度、盖层密封性、原始地层压力和温度、储气层孔隙度、渗透率、均质性以及气井运行制度等已准确掌握,不用进行地质勘探,从而节省投资;油气田开发用的部分气井和地面设施可重复用于地下储气库,需要补充注入的垫层气量不多,节约投资;建库周期短,投资和运行费用低,其单位有效库容量的投资为含水层储气库的1/2~3/4,为盐穴储气库的1/3,其运行费用为含水层储气库的3/5~3/4,约为盐穴储气库的1/5。从经济观点看,油藏型地下储气库的经济效益是比较好的。

高含水油藏地下储气库的一个问题是储层中的孔隙容积过大,会残留大量气体,沉积大量"死资金",从而增大储气成本。人们正在研究解决这一问题的办法,如用惰性气体或空气或燃气压缩机的废气代替天然气作垫气,对地层部分注水,缩小储气面积,使孔隙容积缩小到经济上和工艺上都合理的程度。专家们认为,部分注水法技术经济可靠,地层衰竭不会导致注水费用显著增加;相反,由于油藏开采后地层压力降低,还会使注水费用降低,与一般技术相比,可降低成本4/5,由注水而增加的部分采气量可补偿注水费用。

高含水油藏改建地下储气库的另一个问题是注入气损失量的估算及油气界面运移的监测。由于油藏的采收率一般只有40%左右,因此在注气的过程中,注入气不可避免地要溶入剩余油中。而且在注气时,气体总是倾向于超越水,沿气藏的顶面突进,产生一个沿构造向下的倾角很大的油气水界面。盖层凸起的程度越大、注气速度越高,气体的突进效应就越显著。有时气体甚至能沿气藏的顶面突进到水层的底部。气井注气时还可能将水切割,引起水锁。目前,还没有准确的评价这些损失气量的方法。同时,由于油藏开发过程中地层压力的下降引起盖层和断层的运移,因此,有必要在原始油水界面位置重新布置观察井,监测油水界面的运移情况,防止注入气的漏失。

第二节　含　水　层

含水层型储气库的储气原理是用注气压缩机加压,通过气井将天然气注入地下含水岩层中,高压气体会将含水岩层中的水驱开而达到储存气体的目的。在大型工业中心和大城市附近,并非都有适于建设地下储气库的衰竭油气田,但总可以找到含水地层构造。在这种情况下,建造含水层型地下储气库便成为首推方案。从天然气输配系统的整体协调出发,有时建造含水层型地下储气库也是经济合理的。目前,世界上建造在大工业中心和大城市附近的地下储气库基本上都为含水层型储气库,年注采循环次数为0.95～1次。

含水层储气库必须在水层边部利用老井或新打若干口监测井,从而定期测井、探测气水界面变化,分析天然气驱水的移动状况,以便确定水层气库边界范围及天然气在水层的漏失量、气库运行参数及运行状况。但是,利用地下含水层建造储气库也有一些不利的因素,如勘察、研究、选库工作难度大;工作量大,建库周期较长;需钻一定数量的注采井、观察井,并需建设完整的配套设施,因而投资和运行费用较高;储气量和调峰能力比衰竭油气田型储气库小。

一、含水层简介

地表以下一定深度上存在着地下水面,地下水面以上称为包气带;地下水面以下称为饱水带。饱水带的全部孔隙中都充满着水,而包气带中含有空气、水汽和水。饱水带岩层按其透过和给出水的能力,可划分为含水层和隔水层。含水层是指能够透过并给出相当数量水的岩层,隔水层则是不能透过和给出水,或透过和给出水的数量微不足道的岩层。饱水带中第一个具有自由表面的含水层中的水称作潜水,潜水的水面为自由水面,潜水面不承压。充满于两个隔水层之间的含水层中的水,叫做承压水,承压性是承压水的一个重要特征。含水岩层按其是否含有潜水面而分为无压含水层和承压含水层。无压含水层的上部边界就是潜水面,所以又称为潜水含水层,该层的水一般来自地表。承压含水层又称压力含水层,它的上部和下部均为不透水层所隔。承压含水层一般为开放水体,一般这样的含水层从出露位置较高的补给区获得补给,向另一侧排泄区排泄,中间是承压区,当然也有封闭的含水层,如被页岩包围的砂岩透镜体。

二、含水层地下储气库库址的选择、建库程序及缺点

(一)含水层储气库应具备的条件

研究有关含水层区域结构的一般资料,从几个地质构造中选定一个比较合适的构造,应考虑以下因素:

(1)储气库应尽量靠近天然气用户和输气干线。

(2)含水岩层应为背斜圈闭构造,完整封闭,无断层。

(3)含水层有一定孔隙度、渗透率。

(4)储气层位厚度大,分布范围广、稳定,有足够的库容量。储层物性条件要好,孔隙连通性好。

(5)含水岩层上下有良好的盖层、底层。盖层、底层要有一定的厚度,岩性要纯(如泥岩等),密封性好。

(6)含水岩层埋藏有一定的深度,能够承受一定的注气压力。

(7)与城市生活用水水源不互相连通,以免污染水源。

(8)含水岩层中的水应具有较好的可控制性。水层无地面露头,对地面水体、环境不会造成不良影响。

在实际工作中很难完全满足上述条件,因而必须在建造储气库过程中进行必要的和有针对性的监测。

（二）建造含水层储气库的程序

（1）进行水文地质、工程地质勘察。

（2）进行三维地震，了解水层构造形态及有关地质参数，设计钻探方案。

（3）钻井取心，进行测井、化验、测试、核实，验证构造形态及有关地质参数。

（4）建气库模型，进行气库可行性研究。

（5）建库，方案实施。

（6）分段试注、测试注气驱水运移、气体漏失、压力变化等情况，找出合理注气参数及工作条件。

（7）制定气库运行方案，气库投产。

（三）含水层储气库缺点

（1）勘察、研究、选库工作难度大，工作量大，时间长。

（2）需要钻一定数量的注采井、观察井、检测井，工程量较大。

（3）需要分阶段进行较长时间的试注、试采。观察、监测气水运移情况及注气漏失对环境的影响、危害情况。

（4）要建设完整配套的注气、采气、天然气净化及供水、电、通信、路等系统工程。

（5）气库需要一定的垫底配气，是气库储气量的 30% ~50%。

（6）有一定数量的漏失气，一般控制在气库储气量的 3% 以内。

（7）建库工程量大，投资多。建库周期长，运行费用高。

（8）储气量、调峰能力较小。

三、含水层储气库的规划

利用地下含水层储存天然气的有效容积是由气水置换周期决定的，储气库建造时间（气水置换速度）主要取决于储层性质和允许的最大储层压力。气水置换过程一方面要根据盖层的封闭性来确定所允许的最大压力；另一方面，在置换末期，气水接触位置对储存过程的压力起决定作用。根据置换界面的形状（气水界面与水平面的偏差），必须留有充分的位置以避免气体从构造中损失掉。

含水层地下储气库规划首先要考虑燃气输配系统所需的调峰量。调峰量是由用户的性质、数量等因素决定的，因而在确定库址时，首先要保证储气库的有效容积必须大于城市季节调峰量，在这种条件下，储气库的容积越大越好，可以满足战略储备的要求。当然，地下储气库的设计同时也受到气源输出能力和输配系统容量的直接影响。在做好技术经济分析基础上，还必须确定以下参数：

（1）储气库的开发参数，说明地质构造的特点和输配要求；（2）储气库的总容积和有效容积；（3）注入和排出燃气的功率消耗；（4）地下储气库和输配系统配合的技术要求；（5）储气库注气和排气所需时间；（6）投资规模，包括钻井、地面建设以及与输配系统的连接等；（7）投资使用安排；（8）储气库建设投资偿还速率。

四、含水层储气库最大允许压力

确定地下储气库在操作中的最大允许压力值具有重要的意义，储气库的最大压力决定了天然气地下储气库的建造期限和速度、有效容积等。俄罗斯确定最大容许压力的依据是，假设当岩层中压力达到出现张开的细微裂缝和气体向上一层水平岩层移动的迹象时,应用水力压裂理论确定此时的压力即为最大允许压力,这个压力可能会超过最初的静水压力60%~70%,实践证实了这一结论。

五、注采气井

地下储气库根据调峰气量和储气库规模以及气井能力来部署注采气井。注气井和采气井大部分合用,注气井一般选择在构造顶部区域、物性较好的地方。钻井过程中还涉及地下储气钻井液的选择、完井方法、完井过程中的防砂、防气窜、固井技术等。含水层型储气库注采井的大小取决于储层的有效厚度和渗透率。

六、试验注气

在储气库全面投入建设之前,一般要进行试注研究,以及时发现和解决存在的问题,减小投资风险性。可以采用下列试注方法:

(1)不排水的注气试验。通过监测注入一定气量后的压力,确定边界性质及水体分布、盖层密闭性等。

(2)注示踪剂试验。确定流体流动方向及规律,判断断层及圈闭密封性。

(3)排水注气试验。在注入一定气量后,分析地下气相分布状态,并研究储气库系统的运行能力。

利用含水层储气应考虑以下问题:

(1)对含水层本身的影响。在许多可能影响含水岩层结构的因素中,应重点注意从含水岩层中提取水,同时注意提取量和提取后的用途以及取水位置。在可能影响地下储层结构的因素中,要注意因开采附近的油气矿或使用其他地下储气库而引起的位移。

(2)含水层储气库对周围可能造成的影响。首先要注意对水源的污染问题,应保证储气库所在的含水岩层在储气库运行时不致发生渗漏而污染水源含水岩层。在建造储气库的过程中,应对从含水岩层中被置换出的水进行水文地质化学检验,一般情况下可以直接排入地面自然水体。其次若附近有油气田或其他储气库时,应保证该储气库在运行过程中不使其油气发生运移或使其遭受破坏。

(3)因为含水层中有水,所以从储气库中采出天然气,特别在高流量时,运行的压力和温度条件会进入生成水化物的危险范围,一旦形成水化物,会使流动截面减小,严重时会导致供气中断,所以必须控制露点,防止水化物生成。

七、含水层型储气库的数值模拟研究

国外建造含水岩层储气库一般采用数值模拟的方法来指导储气库的建造和整个注采过程,主要涉及以下几个方面:

(1)勘探阶段的函数关系匹配模拟。根据水文地质资料,确定适当的二相函数(毛细管的压力函数、渗透率函数)。

(2)利用基本的三维气水置换模型分析气驱水移动情况和气水界面的变化,并进行储气库可行性分析。

(3)以数值模拟为依据进行含水岩层储气库井网的布置、井位的选择和储气库运行参数的确定。

(4)利用三维气气混合模型来模拟控制垫层气与注采天然气的混合。

目前数值模拟已成为指导建设各类储气库的重要手段,而且正逐步与经济分析模型相结合,可以达到在不增加储气费用的情况下,提高储气库的储存能力和注采应变能力的目的,带来较大的经济效益。

利用含水层建造储气库存在的不利因素是:勘探、研究选库工作难度大;工作量大,时间长;需钻一定数量的注采井、观察井;需建设完整的配套工程,投资运行费用高;气库需要一定的垫底气,垫底气量一般是储气库储气量的30%~70%;调峰能力较枯竭油气藏小。

第三节 盐 穴

盐穴型储气库的许多优点是其他类型的储气库不可比拟的。在建造方面,可以按照调峰或储备的实际需要量进行建造,一个盐穴储气库可按用气需求量的增加分几期扩建;在操作性能方面,机动性强,储气无泄漏,调峰能力强,生产效率高,能快速完成抽气—注气循环,一年中注气—抽气可达4~6次;注气时间短,垫层气用量少,最适合调峰用。对于周围缺乏多孔地下岩层的城市,特别是在具有巨大岩盐矿床地质构造的地区,建造盐穴型地下储气库已是目前各国普遍采用的方法。由于它的特点和优势,此类储气库具有很好的市场发展前景。如果把"洗盐造穴"与工业采盐结合起来,盐穴型地下储气库的经济效益会更加显著。

盐穴型储气库的缺点在于:建库投资费用较高,一个储气库的总库容量相对较小。据美国天然气协会(AGA)资料统计,在美国采气区,96%的储气量储于衰竭油气田储气库,4%的储气量储于盐穴型储气库;在西部消费区,96%的储气量储于衰竭油气田储气库,4%的储气量储于盐穴型储气库;在东部消费区,81%的储气量储于衰竭油气田储气库,19%的储气量储于盐穴型储气库。盐穴地下储气库示意见图2-1。

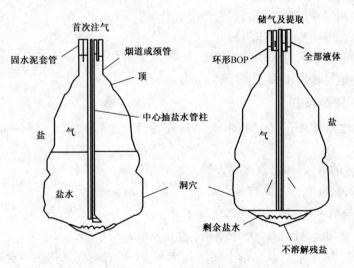

图2-1 盐穴地下储气库示意图

一、建库条件

(1)盐穴应建在盐层厚、圈闭整装、无断层、闭合幅度大的沉积构造上。围岩及盐层分布稳定,有良好的储盖组合。盖层要有一定的厚度,在美国,要求盐穴有一个最小盐顶厚度,一般为91.4~152.4m。在这个层段上,要求盐具有良好的胶结性,且对上部盐有较好的支撑作用。盐的纯度要求大于90%。

(2)有充足的水源。通常采用地下水、湖水、河水、渠水等水源中的新鲜水或微咸水来淋洗盐穴,所需要的水量一般为盐穴体积的7~10倍。

(3)有处理盐卤的方法和途径。一般情况下,处理盐卤的工作是通过对新鲜水以下的盐水层完井的方式来完成的,处理区必须与新鲜水区隔绝。对盐层构造来讲,处理水区可在沉积层之上,也可以在沉积层之下。对盐丘构造来讲,处理水区一般在盐丘的侧面。

(4)储气库库址与天然气管线的距离合适。

(5)埋深大于400m,保证一定的储气能力。

(6)盐层内部夹层少、厚度小,有利造腔。

二、盐穴地下储气库的设计

盐穴地下储气库是由单个独立的盐岩溶腔组成的,溶腔在地下温度和压力的相互作用下,特别是在储气库运行期间大范围的压力变化过程中要保持稳定,才能具备储气库运行的功能,所以设计合理的形态、尺寸、运行压力和温度是盐穴地下储气库建设成功的关键。

首先从形态上来讲,储气库设计的主要形态为近似椭球体,溶腔的直径与高度主要取决于岩石力学的计算。

由于盐穴储气库在气库运行期间要承受较大范围的压力值变化,所以确定气库的运行压力非常重要,根据国外经验盐穴储气库的最大运行压力和最小运行压力按深度不同而不同,压力梯度范围一般为1.6~0.34MPa/100m。在设计运行压力时参考国外气库运行压力的设计经验,一般结合以下四种方法确定。

(1)计算法:根据盖层及盐层岩石力学公式计算。

(2)类比法:参考国外运行压力梯度。

(3)实测法:溶腔水溶过程中关井测压。

(4)压裂法:进行盐层压裂,测定破裂压力。

三、盐穴储气库的建设

盐穴地下储气库建库的关键技术就是盐穴建造。盐穴天然气储气库的建造分为以下两种:

(1)利用废弃的采盐盐穴,改建为天然气地下储气库。

(2)新建盐穴储气库。

(一)利用废弃的采盐盐穴改建地下储气库

地下一定深度埋藏着厚度较大、范围广、品位高的盐岩矿盐。为了采盐,在地面打井,钻开盐层,下套管固井,再下油管,从环形空间注入淡水,以水溶解盐岩,待水中含盐饱和后,用泵从油管采出盐水制盐,再注入淡水,采出盐,经若干次循环,地下盐体被溶蚀成大洞穴,如图2-2所示。当停止采盐,盐穴被废弃后,改建为地下储气库。

利用废弃盐穴改建储气库的优点是利用废穴建库时间短、速度快、费用少、成本低。缺点是最初打井、固井、造穴均以最大限度采盐为主要目的,并没有考虑到日后改为地下储气库。因此,在选定井位、油套管程序、管子规格、材质选用、固井质量、洞穴预留顶层和底层的盐层厚度、盐穴几何尺寸、形状、容积大小等方面都需要进行详细监测、论证比较,看其是否符合作为地下储气库的条件,需要在哪些方面进行适当调整、改造及必要的更换和修补。

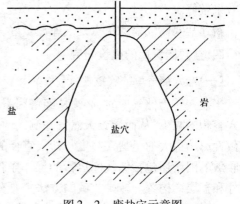

图 2 - 2　废盐穴示意图

(二)新建盐穴储气库

按调峰气量要求,选定气库井位、井数、顶层、底层盐岩厚度及盐穴几何体形、容积大小,进行有计划的溶蚀造穴。可以造单井穴,也可以用压裂方法把两口井沟通,造较大的对井穴。按注气、采气压力、速度要求选择油套管程序、井身结构、完井方法以及固井质量等,从而最大限度地满足地下储气库的建库要求。

新建地下盐穴储气库通常采用溶解矿技术。通过钻凿井眼注入清水到盐层溶解盐,然后再将溶解后的卤水返回到地面。淋洗过程中既可以采用正向循环,也可以采用反向循环,洞穴的淋洗过程见图 2 - 3。这两种方法都可以使盐穴得到稳定的形态。法国索非公司的建库经验证明,通过对两种方法进行对比发现,反向淋洗的采盐率比正向淋洗的采盐率高得多。

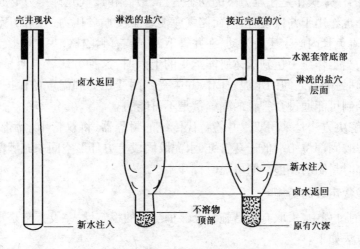

图 2 - 3　洞穴淋洗过程示意图

大部分情况下,盐层中含有一定的硬石膏和页岩夹层。在溶矿期间,不坚实的岩层会掉到盐穴的底部,堆成碎石堆,结果使储气空间减少。在有些情况下,碎石所占的体积为整个盐穴开采体积的30% ~40%。

为了控制并保证气库顶上方的淋洗质量,不破坏气库的完整性及其承压能力,通常采用比水轻的碳氢物质(如丙烷、丁烷、柴油)作为表面材料喷涂在盐穴顶表面。这些材料通常是防腐的水不溶物,它们附着在盐的表面,可以防止盐穴淋洗时上部盐被溶解下来,实践证明其应用效果较好。

新建盐穴储气库的优点是气库质量好,各种要求有保证。缺点是建库时间长,费用高。

四、盐穴储气库的建设研究

(一)盐穴储气库的收敛性

当盐穴转为储气库时,必须从经济因素上考虑其收敛性,因为较强的收敛性必然引起地质洞穴容积的减少,从而导致天然气在洞穴的储存效率的下降。德国的一项研究表明,对盐穴的收敛性影响最大的是盐穴高度与盐穴直径的比值,这个比值越高,收缩率越大。除深度外,影响收敛的因素还包括储气库运行的操作条件(温度、压力、时间等)、盐穴内温度、盐穴的几何尺寸和盖层结构等。减少收敛的方法主要有以下几种:

(1)建立最佳形状的盐穴。理想的盐穴储库呈上面小、下面大的铃铛形状,避免洞穴过细过高。这就需要在建造和改造盐穴时,严格按理论分析的结论来指导这个过程。

(2)提高盐穴储气库的最大允许压力。由于洞穴压力是随时间直接变化的影响变量,因此洞穴的运行操作应在高平均压力下进行,以缩短洞穴在低压力下运行的周期,从而避免因低压使盐体的应力减小而导致较大的收敛速率。

(3)对盐穴储气库实施动态运行并进行并联操作,即把储存盐穴当做一个整体,库内几个盐穴同时进行抽取,使每个盐穴的任意点、任何时间都具有同样的压力。而且,并联操作在极端供应条件下能延长抽出极限。

(二)井的密封性研究

盐穴储气库的注采操作是在压力下的动态运行,最高和最低允许压力形成了储穴内的压力循环,这种循环也作用于井口设备,因而储气库能否承受循环压力,井口的完善程度也是关键因素。过去为避免管内产生压力波动,在井管下部安装有封隔器,并在环形空间内充满保护液。但研究发现,当工作压力达到盐体所能承受的上限时,这种方法就有明显的缺陷,原因是套管以及套管鞋到封隔器之间的水泥胶固段并未受到耐受压力和温度的保护,同时在较高部位的地层中,要控制可能通过套管鞋的漏气量是不可能的。

目前提出的解决方法是采用双重井管替代传统的封隔器,将双管用水泥胶固在注采气井管外管下方,水泥胶固部位始端低于套管鞋,水泥胶固段上方环形空间中充满保护液。在水泥凝固后,双管临时封闭的环形空间可随时打开。

五、保护溶腔稳定性的措施

在溶漓建腔的过程中,采取有效措施将会保护溶腔的稳定性,主要措施是水溶开采保护溶腔的顶板,具体方法如下。

气垫法:水溶开采过程中,在形成初始溶腔之后,向溶腔内注入一定量的气体,利用气与水的密度差异,在溶腔顶部形成一定厚度的气垫层,从而达到阻止水向上溶解的目的,促使其向四周侧溶,最终形成既有一定岩盐顶板厚度,又有足够大的空间体积的溶腔。确定注气量多少的主要依据是溶腔体积,而溶腔体积可根据采卤量及其盐浓度来计算获得。随着溶腔不断变大,顶板处的气层厚度不断变小,所以在气垫开采过程中需要不断补充气体,使气垫层保持一定的厚度,才能使得顶板盐层不被溶解。这是形成稳定溶腔防止顶板脱落,有效地保护顶板的一项有效措施。

油垫法:油垫建腔与气垫建腔原理、目的相同,也是为了建造稳定的溶腔,保护顶板不受溶蚀,使溶腔达到一定高度以后,溶蚀横向发展,从而达到建立足够大的溶腔的目的。

物理模拟试验表明,从保护顶板、控制溶腔形态的目的出发,采用油垫建腔比气垫建腔效果好。这是因为油的压缩系数较小,且不溶于水,油垫层的厚度易于控制,而气的压缩系数大,在有压力的条件下又能溶于水,气层厚度不易控制,因此采用油垫法。

六、盐穴储气库的检测技术

盐穴储气库的检测技术总体来讲比较复杂,主要包括四个方面的内容:一是造腔过程中对溶腔形态的检测;二是造腔结束后对腔体密封性的检测;三是气库运行过程中对腔体形态、体积变化、密封性的检测;四是运行过程中对安全与环境的检测。

首先是腔体形态检测技术。腔体形态检测是进行造腔控制的主要方法之一,通过检测可以掌握腔体形态在整个造腔过程中的变化,从而可以在造腔过程中通过调整施工参数来控制腔体形态,使腔体达到设计要求。腔体形态的检测主要通过声纳测定技术来完成,其主要原理是将声纳设备下入腔体中,向溶腔壁发射定向声波,声波经腔壁反射后再被声纳仪接收,经过分析计算后可以得出仪器距腔壁的距离,声纳仪旋转一周完成某一深度上声纳仪到腔壁的距离检测,不断改变声纳仪下入的深度就可以全方位了解溶腔的三维空间形态。

其次是溶腔的密封性检测技术。密封性检测是气库能否安全运行的关键,只有通过了盐穴的密闭性检测气库才可以投入运行。气库的密封性检测包括两个阶段:第一阶段为水力试压检测,通过向溶腔内注水保持溶腔中部深度的压力使其达到正常压力梯度下压力的1.5~1.8倍,并保持一段时间,同时检测溶腔压力的变化情况。一般情况下,如果在72h内压力能够保持稳定不降,则可以进行下一阶段的气密封检测。气密封检测是密封性检测的关键,首先通过注气(甲烷或空气),待溶腔内卤水完全排出后,注入气体示踪剂,一般为惰性气体氦气,使溶腔内示踪剂达到一定的浓度,在溶腔内气体压力达到气库运行压力后关井测量溶腔温度、压力的变化,同时取样监测临近观察井及地表的示踪剂变化情况。通过压力、温度的变化和示踪剂的检测可以判断溶腔的密封性。

再次是气库运行阶段的检测。主要是检测气库运行过程中的密封性和盐层蠕变导致的溶腔形态和体积的变化,检测方法与前面一致,主要是定期进行声纳测定和示踪剂检测。

最后是安全与环境检测。气库的安全与环境检测非常重要,除了密封性检测外,主要检测地表沉降度,并对造腔过程中的地下水进行检测,以确保库区居民的生产和生活安全。

第四节　废　矿　坑

废弃矿穴型储气库是利用废弃煤矿等遗留的洞穴储存天然气。经过改造修复后作为地下储气库,优点是废物利用,建库费用小;由于这种储气库具有一些严重缺陷,如原有井筒难以严格密封,高压注入天然气易漏失,易导致灾害发生,安全性差,因此需做较长时间的试注、观察和监测,建库周期长,经营运行成本高。而且储存气体抽出后,其质量发生变化,热值有所降低,因此这种储气设施非常稀少。已建成的此类储气库只有3座,全在美洲。

第三章　高含水后期油藏改建储气库

我国川气、西气东输,俄气北进的能源战略规划要求在沿海及内地的多个地方建设一定规模、一定数量的储气库,以调节天然气供给的失衡状况,保证集输系统安全运行,保证我国经济高速发展的能源需求。而且,我国大多数油田采用注水的方式进行开发,目前大部分已经进入高含水期,这些地区刚好是缺气同时又大量耗气的地方,许多含油构造具有建造储气库的条件,将成为我国发展储气库的主要构造。因此,高含水后期油藏改建储气库的研究是整个储气库研究中的重要分支。开展高含水后期油藏改建储气库渗流机理研究对发展我国储气库建造理论,科学指导高含水后期油藏改建储气库具有十分重要的理论意义和实际应用价值。

第一节　高含水后期油藏特点

国外实践表明,作为天然气地下储气库,枯竭油藏含水率达到90%最为合适,这种类型储气库既有含水层特征,又有油藏特征。1976年,美国开始在得克萨斯纽约城油田和恩巴特油田实施地下储气库建设与二次采油同期进行的策略,高压注入煤气,部分气体溶于残余油中,采气时残余油被带出地面,增产原油上万吨。

在注入水的驱替下,油层的物理性质将发生变化,经过长期的注水冲刷,岩石粒间充填的黏土矿物有的被水冲散,有的被水带走,岩石孔隙喉道半径将发生变化,渗透率有可能增大,随着注入水饱和度的增加,岩石表面润湿性也将发生变化。当注入水温度低于油层温度时,长期吸水的油层温度也将局部降低。上述物理性质的变化,影响着油层内剩余油的分布,也就间接地影响着注入气的分布。

一、储层特征变化机理

储层物性及孔隙结构变化的主要机理是黏土矿物的水化、膨胀、分散、迁移及其他地层微粒的运移。总体来看,储层经过长期水洗后,黏土矿物的总量均呈减少趋势,尤其是易发生颗粒迁移的高岭石、绿泥石和伊利石的相对含量普遍降低,这表明长期水驱过程中矿物颗粒运移的作用明显。对于储层物性相对较好、孔喉直径相对较粗的储层,黏土总量减少的幅度大,矿物颗粒迁移的比例大,所以储层物性和孔隙结构变化的幅度也大;而物性相对较差、孔喉直径相对较细的储层,颗粒迁移的比例小,泥质不易被水流冲出,所以储层物性和孔隙结构变化的幅度较小。油藏润湿性由弱亲水向强亲水方向变化,主要原因是:具有亲油性的高岭石矿物与菱铁矿及其他碳酸盐矿物从骨架颗粒表面被冲走或冲散,造成岩石表面油膜剥离,颗粒表面光滑,孔隙半径增加,岩石吸附能力减弱,从而使极性物质吸附,使岩石表面向亲水方向转化,从而使储层渗流特征也发生了变化。

二、储层水驱物性变化规律

(一)岩石润湿性变化

由于黏土矿物的运动、水化及优先吸附液体的变化,使油层润湿性在注水开发过程中会发生变化。

大庆油田密闭取心岩石润湿性分析表明,岩石由注水前的偏亲油非均匀润湿性,经水淹后转变为偏亲水的非均匀润湿性。其变化机理是:进入特高含水期后,岩石矿物表面优先吸附的黏土矿物被水冲走,优先吸附的油膜被剥落、改造,形成了新的水膜,故储层岩石润湿性由注水开发初期的混合润湿,逐步向弱亲水方向转化,且毛细管自吸水量呈逐步增大趋势。

这种特征已被华北油田所测的润湿接触角所证实。华北油田曾用双河油田井口原油和注入水、地层水与石英矿物分别组成三相界面,测得油水对岩石的润湿接触角分别为41度和31度,远小于90度,从而证明双河油田特高含水期储层岩石的润湿性为亲水性。

室内水洗实验结果也表明,每次注入水冲刷后岩样吸水量均有所增加,而吸油量下降。随着冲刷时间的增加,亲水表面逐渐增加,亲油表面逐渐减小,岩石润湿性逐渐由亲油向亲水方向转化。

(二)油层孔隙结构变化

在注水开发的过程中,由于低矿化度的水对油层颗粒及其表面的黏土、盐类胶结物及附着物的机械冲刷破碎、水解稀释等物理作用,受到注入水长期冲刷的强水淹油层,氯化盐含量一般比水淹前降低50%~80%。油层经注入水长期冲刷后,岩石孔隙半径(主要是沟通孔隙的喉道半径)明显增大,渗透率相应增加。华北油田注水后,孔隙结构的另一变化是压汞退出效率降低,由水洗岩石测得的压汞退出效率普遍低于未水洗岩心测得的退出效率(表3-1)。

表3-1 不同水洗程度岩样退出效率变化(据金毓荪)

井 号	216		316		418	
水洗程度	未水洗	强水洗	未水洗	强水洗	未水洗	强水洗
岩样块数	6	6	5	5	4	5
退出效率,%	63.36	22.47	80.94	73.5	55.4	6.72

总之,油田经过长期注水后,油层中大孔隙越来越畅通,注入水中的杂质或地层中原有的黏土颗粒可能使部分小孔隙堵塞,从而加剧了孔隙矛盾,使小孔隙中的油更无法采出。而注入的天然气由于具有更小的界面张力作用,能够进入小孔隙驱出部分原油。这样,在高含水后期油藏上改建储气库,既能起到储气的作用,又能提高原油采收率,起到"一箭双雕"的作用。

(三)储层内非均质变化

研究表明,随着水驱倍数的增加,反映储层的层内非均质性的参数,如渗透率的变异参数和级差等均有增大的趋势(表3-2),从而说明各类储层经长期水驱后,层内的非均质性变得更加复杂,对同地区、同相带、同层位、同岩性不同时期完钻井的层内非均质性变化统计结果也显示,储层的层内非均质性在注水开发过程中有增强的趋势。

表3-2 水驱前后不同储层类型层内非均质特征变化

储层类型	驱替倍数	样品个数个	变异系数	变异系数变化幅度,%	级差	级差增加倍数
曲流河道	0	13	0.64		28.2	
	≥15		0.81	26.6	69.2	2.45

续表

储层 类型	驱替倍数	样品个数 个	变异系数	变异系数 变化幅度,%	级差	级差增加 倍数
水下分流河道	0	6	0.69		35.2	
	≥15		0.87	26.1	89.5	2.54
河口坝	0	8	0.78		41.2	
	≥15		0.89	14.1	71.5	1.74
近岸滩坝	0	5	0.81		47.6	
	≥15		0.93	14.8	74.7	1.57

总体上看,不同类型的储层长期水驱后,层内非均质性的变化规律如下:

(1)河道砂体的变异系数和渗透率级差增加较大,增幅约26%。其主要原因是层内高孔隙、高渗透段及大孔、粗喉孔隙空间在驱替水流的冲刷下渗透能力愈加变好,而低孔隙、低渗透段及小孔、细喉孔隙空间与之相比渗透能力改变效果不佳,甚至在局部发生黏土矿物颗粒的迁移和架桥堵塞现象,使渗透能力变差。

(2)河口坝和近岸滩坝在长期水驱的过程中,层内非均质性也有一定程度的增加,但增加幅度比河道砂体小,约为14%。

(四)黏土矿物含量及储层敏感性变化

通过对华北油田多组平行岩样实验对比,分析了水驱前后样品的黏土矿物含量,结果发现储层水驱后,泥质总量均呈减少趋势。其中,易发生颗粒迁移的高岭石、绿泥石和伊利石的相对含量普遍降低,而易发生晶格膨胀的蒙皂石、伊/蒙混层的相对含量呈现增加的趋势。此外,储层物性相对较好、孔喉直径相对较粗,则其黏土矿物总量的减少幅度越大,而物性相对较差、孔喉直径相对较细的储层,其黏土矿物减少的幅度小,见表3-3。

表3-3 黏土矿物相对含量随水驱孔隙体积倍数的变化

储层 类型	孔隙度 %	渗透率 mD	水驱孔 隙体积 倍数	样品 个数	黏土矿物相对含量,%					黏土矿物 总量,%
					高岭石	绿泥石	伊利石	蒙皂石	伊/蒙 混层	
曲流河道	24.5	153.1	0	8	29.0	34.3	15.0	21.7	—	15.7
			15		21.8	27.7	9.2	41.3	—	11.9
水下分 流河道	19.9	117.5	0	6	47.3	26.2	14.0	—	12.5	13.9
			15		41.4	20.6	10.7	—	27.3	10.1
河口坝	15.8	41.7	0	5	12.3	45.1	16.3	—	26.3	18.5
			15		10.3	37.3	14.3	—	35.1	15.2
近岸滩坝	30.2	86.0	0	6	50.2	4.3	17.2	—	28.3	17.5
			15		47.2	3.9	16.8	—	32.1	14.6

在储层原始敏感性分析的基础上,分别对平行样品测定不同水驱孔隙体积倍数下岩样的敏感性。驱替流体是地层水,随水驱倍数的增加,各组岩样的盐敏性和水敏性变化不大,但速

敏性则随着水驱孔隙体积倍数增加,敏感性显著降低。这是由于黏土粒径一般小于孔隙直径,速敏性矿物在驱替水流的作用下发生颗粒迁移,部分速敏性矿物由于被冲出而减少所致。

（五）相渗透率的变化

长期受注入水的冲刷,岩石孔隙结构也发生了变化,测得的相渗透率曲线形态与一般相渗透率曲线的形态不同,表现出如下的特点:两相流跨度较小,水相渗透率变化不具备一般原始亲水岩样相对渗透率曲线的变化特点,在高含水期,水相渗透率急剧上升。油层中含水饱和度增加到30%～40%时,油相渗透率降低一半左右,当含水饱和度达到70%时,油相渗透率接近零。总的来说,储层在注入水的长期冲刷下,相渗透率曲线表现出两相流跨度较小,在高含水期水相渗透率急剧上升的特点。

第二节　油藏改建储气库条件

高含水后期油藏改建储气库具有很多的优点:完善的注采井条件一般能避免钻新井,可以充分利用原有的地面管输系统、生产管理系统等,减少建库投资;建库过程中剩余油的进一步开采能增加新的效益,分摊天然气储气成本。因此,经济性评价是储气库库址选择中的重要影响因素,在有条件的地区应尽可能优先考虑枯竭油气藏建库。枯竭油藏的地质结构清楚,静态参数确定,原生产井网可用于储气库的动态监测,从而可以节约部分投资。试采、试注把握性大,工程风险小,有完整成套的成熟采油工艺技术。但是,储气库库址筛选评价应首先论证地质条件的好坏对储气库安全及寿命的影响。

油藏改建储气库,具备枯竭气藏型储气库的部分优点,但缺点也较为突出:首先,需把部分油井改造成天然气注采井,原油集输系统也需要改为气体集输系统;其次,采气时会携带出部分轻质油,因此需新建配套的轻质油脱除及回收系统,且建造周期长,需进行试注、试采运行,检查、考核费用高。

一、力学条件

对地下储气库的力学分析,实际上是一个气、液、固三相耦合的非常温、非线性、非均质的复杂问题,其显著特点是固体区域与流体区域互相包含、互相融合,形成重叠在一起的连续介质,并且不同相的连续介质之间可以发生相互作用,难以明显地区分开,如地下储气库围岩吸收周围地层的热量而产生低温岩石的力学问题,以及介质变形导致的孔隙通道发生变化的问题等。因为作为能够存储巨大容量天然气的"容器",储气库在正常运行时,不断地进行注、采,导致储层孔隙压力降低,固相应力重新分布,这会导致储气库产生相应的压力脉动,当这一压力脉动达到一定值时,储气库所在地层的构造应力、结构特点也相应地发生变化,最终导致储层岩石骨架变形及孔渗条件发生变化。马成松将储气库的力学因素归纳为四个方面:(1)储气库顶部冠岩稳定性;(2)储气库所在层位的围岩应力;(3)储气库的力学稳定性;(4)最大储气压力和最小储气压力。

地下岩体构造所处部位不同,其力学性质也不同。地下储气库在运行过程中会不同程度地对原有结构产生破坏,从而引起相应部位岩层的应力变化。目前这方面的研究包括:松动岩压、挤压岩压、膨胀岩压及蠕变岩压和受挤压软质岩体的研究。例如,在注气井口的最高压力下,气库内的气体密度增大,压力升高,储气量剧增,气体对库壁产生内压,当其超过库壁岩层的极限强度时,会产生破裂而发生气体泄漏。同样,在最大抽气压力下,库内气压随之降低,库壁可能产生失稳而损坏。荷载分析也是力学因素的重要内容,地下储气库的荷载主要有垂直、侧向及室底的地层压力和地层抗力,地下水压力及地震作用等。

二、盖层封闭条件

盖层的封闭因素是指天然气被注入储气库后阻止其继续运移(破坏、散失)的能力,它控制着储气库中工作气纵向上的分布、含气丰度、工作压力等。通常按照气藏封闭机制可将其分为岩性封闭、浓度封闭、水合物封闭、超压封闭、复合封闭等;根据盖层空间分布及与储层的关系又可分为直接盖层、区域盖层、侧向封隔层与垂向盖层。直接盖层往往控制单井产能、含气饱和度等,其评价指标有质量、孔隙结构等;区域盖层往往控制天然气纵向上的分布,其评价指标有分布范围、厚度及扩散系数等。

盖层岩石本身的封闭能力主要取决于岩石的物理性质、孔隙结构特征、埋藏深度及扩散系数等。我国东部油区天然气盖层的主要岩性有泥岩、泥页岩、膏盐岩、硬石膏、铝土质泥岩、致密碳酸盐岩及煤系地层等。对于储气库来说,膏盐岩层的封闭能力最强,铝土质泥岩其次,而泥岩的封闭能力变化较大。我国以岩性盖层的分布最为广泛,岩性盖层是具有抑制天然气渗滤能力的一套岩层,作为储气库的盖层,一般来说,其孔喉毛细管压力要远大于油藏盖层的毛细管压力,岩石突破压力高于一般气藏。

具体来说,地下储气库盖层的封闭性决定于以下四个方面:(1)盖层岩石物性,如岩石的物理参数、孔渗参数、扩散系数及岩石物质成分等;(2)盖层下伏含油气层的储集条件;(3)封闭气柱高度,水动力条件;(4)油藏地层压力状态、裂隙发育程度及连通情况。

在东部勘探程度较高的地区,评价油藏的封闭能力一般分为三部分:(1)盖层的物理及结构分类;(2)根据压力差计算盖层所能封闭住的最大气柱高度;(3)根据气藏能力(如储层排驱压力、气藏浮力等)推算气库所需盖层的突破压力。

针对我国东部大量分布的复杂断块盆地,盖层与其他因素相比是非常重要的因素,因为断层的大量发育使构造支离破碎,从而使盖层的封闭性变差,将会造成储气库的工作气逸散以及压力衰减。这也是限制我国大规模发展储气库建设的原因之一,所以具体地区储气库盖层的评价应以压力差为主,以断裂发育程度、压力系统、气源供给能力为辅。

在没有断裂存在或者断裂不发育的区域,天然气发生的渗滤逸失主要取决于盖层突破压力与储气库总能力(工作压力、水动力、浮力、剩余压力)之差。一般来说,压力差大于30MPa可封住大型储气库;15~30MPa可封住中型储气库;小于15MPa可封住小型储气库。

三、断层封闭条件

地质构造复杂、断块发育是陆相沉积地层的重要特点,这给我国发展地下储气库带来了特殊性和复杂性。断层对气库中天然气的运移、聚集、破坏作用往往决定着储气库建设的成败。因此,深入研究断层封闭性是建设储气库的重要环节。油、气、水由于相对密度不同,在圈闭中会发生重力分异,后期的地壳运动会使气藏失去相对平衡,重力分异加剧,最终达到新的相对平衡。对于气藏来说,断层的活动性破坏了储集岩层的连续性。断层的性质、破碎、紧结程度以及断层面两侧岩性组合间的接触关系等,对储气库的温压系统和注采系统都有重要的影响。

在地质历史的发展过程中,断层所起的作用可能大相径庭:有时是封闭性,对气藏成藏极为有利;有时是开启性,对气藏起破坏作用。因此,对于断层与储气库所处地层的关系,应从多方面考虑,运用剖面分析法、油水界面分析法以及断裂充填物分析法等,深入分析断层发展历史与聚气期之间的关系及两侧的地层组合关系,结合构造演化史、沉积埋藏史和应力场演化史,全面研究断层在不同时期的封闭性。

在已形成油气聚集的构造圈闭的基础上建设的储气库,控制圈闭的边界断层在原始状态下肯定是封闭的,问题的关键是随着油气藏的开采和工艺措施的实施,断层面是否会重新活动而将断层两侧的储层或盖层上下的储层连通。经计算,当储层与质纯的塑性泥岩接触时,断层面会因泥岩的塑性变形而封闭,重新开启这些断层面所需要的压力差将远大于相邻储层形成裂缝所需要的压力差,这一点已被压裂实践所证实。所以,分析压力的变化是解决断层封闭性的突破点。

当断层两侧储层相接触,在断层面处由于摩擦挤压形成断层泥封闭时,主要对油藏,尤其是稠油油藏形成封闭。比如原始条件下断层面两侧储层接触,而油水界面不同就是证明。而对于地下储气库来说,较差的封闭性会造成储气库工作气的串通,影响储气库的正常运作。

四、储气库库址选型要素

根据对国内外地下储气库选址选型情况的深入调研分析,得出以下库址选型要素。

(1)地理位置。对大型用户和输气干线而言,库址应具有合理的地理位置。

(2)储气规模。应根据所需调峰气量选择具有合适库容量的库址,库容利用率越高,经济效益越好。

(3)深度。枯竭油藏型储气库的埋藏深度范围一般在2000m左右,目前储气库的最大深度为3000m。

(4)气密性。要求所选地质构造有完整的闭合构造和一定的构造幅度及圈闭面积,断层少且密闭性好。地质构造具有良好的储、盖组合:储层物性好、大孔隙、高渗透、易注、易采;盖层分布稳定、厚度大、密封性好,气体不会沿垂向泄漏和侧向运移逸散。

(5)盖层、隔层岩性要纯(泥岩、膏岩等),能够承担90%～115%原始地层压力的注气压力。

(6)构造物性要求:所选地质构造的孔隙度、渗透率条件要好,没有大范围的非均质性;气井储层不能出砂,不能大量出水、出油;应保证储气库岩石与所储存气体不起化学作用,严格控制气体中的含硫量。

(7)有一定倾斜度的储层比水平储层能更好地封闭天然气,尤其是高含水油藏后期改建储气库的构造必须具有一定的气顶形成条件。

五、储气库库址选型相关参数

一般情况下,建造地下储气库应根据建库目的和规模要求,对库址进行优选和可行性论证。储气量及供气量大小是考虑的主要因素之一,应选取具有适当储气能力,即具有一定面积及原始地质储量的油、气藏作为库址。

作为储气库的油气藏,一般要求构造简单,具有良好的封闭性,砂层分布稳定,储层物性好,具有较高的连通性,单井具有较高的产能以满足配注或配产要求。因此,在确定库址选型时需要获取详细的地质参数,进行比较分析论证。进行储气库库址选型论证所需要的地质参数如表3-4所示。

表3-4 储气库库址选型所依据的地质参数

构造及圈闭特征	宏观特征	微观特征
	岩石类型、盖层厚度、地层层段	孔隙特征、扩散特征、比表面吸附特征、孔隙结构特征
盖层特征	构造及圈闭类型、特点、构造幅度、地层倾角、含油层位、含油层埋深、圈闭面积	
断层特征	断层类型、断层分布、断层封闭性	
地层特征	砂层组划分、砂层厚度、隔层封闭性	
储层特征	储层参数	沉积特征、岩性特征、物性特征、储层含油性、砂体发育及连通性、储层非均质性
	泥质含量、有效孔隙度、含水饱和度、孔隙度、渗透率	
温压系统	原始地层压力、地层静温、地层压力系数、地温梯度	
开发现状	生产井井数及井位、层位、产能状况、采出程度、目前地层压力	
储量计算	容积法、压降法、数值模拟法、物质平衡法	

在进行储气库库址选型时,首先要取得几个选型的尽可能详细的相关地质资料和开发方案、开发现状资料,对这些资料进行分析、提炼、归纳综合,按照库址选型所需的地质参数进行整理筛选。

在这些参数中,盖层特征是重要的参数,盖(隔)层的封闭性是储气库建库可行性的重要论证指标,所以盖层评价是一项重要的工作。

盖层岩石可分为不含水和含水两种,前者包括岩盐、硬石膏、石膏和少孔隙的致密泥岩、不渗透致密灰岩;后者为较致密的孔隙性泥岩。在无裂缝的情况下,前者是不透气的岩石。盖层封闭性与埋藏深度有关,岩盐和石膏具有较高的塑性,在数百米深度处就具有封闭能力。硬石膏在800~1000m深度处是可靠的盖层。如果构造上的盖层由塑性泥岩或非裂缝性灰岩和石膏组成,则在300~1000m深处,厚度为5~15m即可。必须有一定厚度的不渗透盖隔层才能防止天然气的上、下运移渗漏,通过它能确定储气库的最大承压能力。一般来说,盖层能够承担90%~115%原始地层压力的注气压力。

确定盖(隔)层密封性的方法主要有:宏观定性类比法、盖(隔)层矿物组成与孔隙参数定量对比法,宏、微观定量计算法。

开发现状资料对于进行储气库库容量计算、经济性评价以及确定库址后的储气库设计都很重要:根据目前地层压力确定注采气压力以选取合适的压缩机,进行成本估算;由较多的油田动态资料可采用物质平衡法计算库容量;设计储气库注采气井时,有效地利用现有生产井可节约成本,提高经济效益。

第三节 储气库运行过程中提高原油采收率可行性分析

我国一般采用注水开发进行二次采油,一般采收率在30%~40%。在现有基础上提高原油采收率成为石油企业的一大课题。从20世纪50年代至今,注气混相驱、非混相驱等开发技术,在提高原油采收率方面的作用已愈来愈受到重视,应用范围也日益广泛。特别是80年代以来,注气技术发展速度很快,目前国内外已有100多个低渗透油田应用了不同规模的注气混相、非混相交替段塞法进行采油,并取得了较好的效果。特别是吐哈葡北油田注气混相驱、温米油田温五区块中高含水期注气非混相驱矿场试验的成功实施,填补了国内空白,取得了显著效果。同时,吐玉克超深稠油天然气吞吐室内实验和矿场试验初步表明,天然气的增压及降黏效果也是显著的。储气库运行过程中提高原油采收率的可行性分析主要包括两个方面,即技术可行性分析和经济可行性分析。

一、储气库运行过程中提高采收率技术可行性分析

储气库运行过程中提高采收率的过程,实质上是注气提高采收率的过程。

回注天然气是最早提出的改善原油开采的方法。早在1900年以前,就已开始利用注气来保持地层压力了。目前注气已成为除热采之外发展较快的提高采收率方法,在这一领域领先的是美国和加拿大。美国主要以二氧化碳驱为主,因为其具有相当大的二氧化碳储量;加拿大的天然气资源丰富,以烃类气驱为主。将注气方法应用于裂缝性油藏的开采,也早在20世纪30年代就有记录了。美国凯宁格赫姆油藏于1936年开始注气,注气10年期间,将约84%的采出气回注油藏。在注气的前8年中,油气比较稳定,注气效果良好,增产原油$27.2 \times 10^4 m^3$,相当于注气前总产油量的60%。美国大学油田9号断块油藏于1960年开始实行混相驱,其混相驱油分为三个阶段:第一阶段注丙烷,第二阶段注干气,第三阶段交替注气和水,该油藏混相驱比天然驱动和注水开发的效果要好。

(一)依靠重力分异作用,驱替底水未能波及的剩余油

在纯油带中,对于油气系统,岩石表面总是油湿的,而且气体能够进入的最小孔隙及溶洞直径较水能进入的要小得多,油水界面张力比油气界面张力大得多,注入气体可以进入的最小含油缝宽是水能够进入的几分之一,注入天然气比水更容易进入小尺寸缝隙中排油。因此,注入气体对回采构造上部剩余油可望获得良好的驱油效果。同时利用油气密度差所形成的重力分异作用,将顶部剩余油聚成新的前缘油带,即形成较均匀的油气界面向构造下部推移,推动油进入生产井而被采出。因而对"阁楼油"来说,重力作用是主要的采油机理。

(二)依靠重力分异,排驱出重力捕集在缝洞中的剩余油

这主要指与较大裂缝连通的上端封闭的溶洞中被重力捕集的剩余油。由于溶洞与裂缝连通处开口尺寸较大,毛细管力可忽略,因而水驱油过程中由于重力分异作用而在溶洞中滞留有油,沿裂缝流动的注入气体则可借助于油气密度差,气体很容易上浮进入溶洞将其中剩余油排出缝洞中。

(三)原油溶气膨胀排油

当注入气体与原油接触时,在地层温度和压力下,注入气体将部分溶于原油中,使原油体积膨胀,部分剩余油将从其滞留的空间溢出并流入裂缝通道成为可流动油,从而降低地层剩余油饱和度。

(四)改变流体流动方向,驱替地层中的剩余油

研究表明,由于地层的非均质性,水驱过程中地层中残留一部分油。即使是裂缝通道中水驱油效率可达90%以上,裂缝通道中仍会遗留一定数量的油。这一方面是由于裂缝壁面黏附有一定数量的油;另一方面则是由于裂缝尺寸、方向及网络结构的不均匀性,可能使流动过程中的某些原油被阻塞而停止流动,或者注入水绕过某些含油地层。底部注水改为顶部注气,改变了地层内流体的流动方向,从而改变了储渗空间中的压力分布,可能会起到疏通被阻塞的剩余油或某些"死油"的作用,降低地层中的剩余油量。

二、储气库运行过程中提高采收率经济可行性分析

地下储气库是一种一次性投资巨大、需要长期运营的设施。但是地下储气库除具有良好的社会效益外,还具有良好的经济效益。

(一)经济评价模型的建立

根据确定技术经济界限的基本原理——投入产出平衡原理,地下储气库的经济界限为在国家现行的财税制度下,在石油行业基准收益率为12%的情况下,财务净现值为零时的储气费。地下储气库项目应满足最低赢利条件和最大风险要求。计算模型为:

$$\sum_{t=1}^{T} (S_t - I_t - C_t X_t) \times (1 + i_c)^{-t} = 0 \tag{3-1}$$

式中　S_t——第 t 年的销售收入,万元;

I_t——第 t 年的投资,万元;

C_t——第 t 年的注采气经营成本费用,万元;

X_t——第 t 年的税金及附加,万元;

i_c——石油行业基准收益率,12%;

T——项目计算期,a。

由于:

$$S_t = p_q \times Q_{qt} + p_y \times Q_{yt} \tag{3-2}$$

式中　p_t——天然气销售价格,元/m³;

Q_{qt}——年工作气量,10^8m³;

p_y——原油销售价格,元/t;

Q_{yt}——注采过程中采出的原油量,t。

因此,经整理得到储气费的计算公式如下:

$$\sum_{t=1}^{T} (p_q \times Q_{qt} + p_y \times Q_{yt} - I_t - C_t X_t) \times (1 + i_c)^{-t} = 0 \tag{3-3}$$

(二)投资估算

在高含水油藏改建地下储气库项目的总投资主要包括建设投资和流动资金。

1. 建设投资

建设投资包括固定资产投资和建设期利息。

1)固定资产投资

在高含水油藏改建地下储气库的固定资产投资包括钻井工程投资、修井工程费用、注采气工艺费用、新建地面工程投资、利用原有系统设施固定资产净值、其他费用和预备费用。

(1)钻井工程投资。

钻井投资取决于钻井的数量和储气库的储层深度,其计算公式如下:

$$C_W = N_W \times H \times c_d \tag{3-4}$$

式中 C_W——钻井总费用,万元;

N_W——钻井总数,口;

H——平均深度,m;

c_d——进尺成本,元/m。

(2)修井工程费用。

修井工程费用主要根据修井的复杂程度计算。一般作为注采气井的修井工程费用为200万元;作为观察井的修井工程费用为70万元。

(3)注采气工艺费用。

注采气工艺费用包括井口系统、工艺管柱和投捞工具等费用。

(4)新建地面工程投资。

新建地面工程投资包括注气工艺、采气工艺、注气管线、自控仪表、建筑总图、电气、给排水、采暖、供热、通信、其他费用和预备费用。

(5)利用原有系统设施固定资产净值。

根据储气库工程设计方案要求,对利用原有的采油井、注水井、管线、道路、计量站、电信等设施,其净值进入高含水油藏改建储气库的固定资产投资。

(6)其他费用。

其他费用取费标准参照《石油建设工程费用定额及其他费用规定概预算编制方法》的规定执行。

(7)预备费。

预备费包括基本预备费和价差预备费。

基本预备费也可称为不可预见费,在研究阶段按工程费用和其他工程费用的15%计算。

价差预备费按国内设备、材料费用的6%计算,国外引进部分在尚未签订合同时,按8%计取。

2)建设期借款利息

每年应计利息 =(年初借款本息累计 + 本年借款额/2)×年利率

2. 流动资金

流动资金是指为维护生产所占用的全部周转资金,它是流动资产与流动负债的差额。

(三)注采气成本和费用估算

1. 注采气成本测算

注采气成本是为注采气生产而消耗的一切人力、物力、财力的货币表现。储气库注采气所需成本包括各项动力电费、水费、天然气费、润滑油费、三甘醇费、工资及福利基金、折旧费、大修理费、气垫气补偿费和测试费用等。具体计算方法如下。

1)动力电费

动力电费 = 消耗动力电量 × 动力电价

2）水费

水费＝用水量×水价

3）天然气费

天然气费＝天然气用量×天然气价格

4）润滑油费

润滑油费＝润滑油用量×润滑油价格

5）三甘醇费

三甘醇费＝三甘醇用量×三甘醇价格

6）工资及福利基金

工资及福利基金＝职工人数×平均每人工资及福利基金

7）折旧费

年折旧率＝（1－预计净残值率）/折旧年限

年折旧额＝固定资产原值×年折旧率

8）大修理费

大修理费按折旧费的 50% 计算。

9）气垫气补偿费

气垫气补偿费作为储气库注采气成本中的一项，考虑到由于作为一次性投资，数额较大，在资金筹措上有一定的困难，故采用在成本中分 10 年提取的方法进行，计算方法为：

$$C_q = (N_{qr} \times P_1/2)/10 \tag{3-5}$$

式中　C_q——年气垫气补偿费，万元；

　　　N_{qr}——补偿气垫气量，$10^8 m^3$；

　　　P_1——天然气销售价格，元/m^3。

10）测试费用

测试费用＝年测试井数×单位测试费

11）其他费用

其他费用包括无形资产费用和递延资产费用。

2. 费用

费用包括管理费用、财务费用和销售费用。

1）管理费用

管理费用是指行政管理部门为管理和组织经营活动所发生的各项费用。为简化计算，可按单井年管理费与矿产资源补偿之和计算，计算方法为：

管理费用＝注采气井数×单井年管理费＋矿产资源补偿费

矿产资源补偿费＝销售收入×矿产资源补偿费率（1%）

2）财务费用

财务费用是指企业为筹集资金而发生的各项费用，主要指生产经营期间发生的利息净支出。

3）销售费用

销售费用指企业在销售产品过程中发生的各项费用。

（四）销售税金及附加

由于地下储气库属于管输营运，所以只含有营业税、城市建设税和教育费附加。

1. 营业税

根据中华人民共和国国务院令第 136 号《中华人民共和国营业税暂行条例》、财法字〔1993〕第 40 号《中华人民共和国营业税暂行条例实施细则》，管道运输企业营业税率为 3%。

2. 城市建设维护税

城市建设维护税以营业税税额为计征基础，按 7% 计取。

3. 教育费附加

教育费附加以营业税税额为计征基础，按 3% 计取。

（五）财务赢利能力分析

1. 财务内部收益率

财务内部收益率（FIRR）是指方案计算期内的各年净现金流量现值累计等于零时的折现率。它反映项目所占用资金的赢利率，其表达式为：

$$\sum_{t=1}^{n} (CI - CO)_t \times (I + FIRR)^{-t} = 0 \qquad (3-6)$$

式中　CI——现金流入量；

　　　CO——现金流出量；

　　　$(CI - CO)_t$——第 t 年的净现金流量；

　　　n——计算期。

在财务评价中，计算出的全部投资所得税后财务内部收益率，应与石油行业基准收益率（i_c）比较，当 $FIRR \geq i_c$ 时，即认为其赢利能力已满足最低要求，在财务上是可以接受的。

2. 财务净现值

财务净现值（FNPV）是指项目按石油行业的基准收益率 i_c（$i_c = 12\%$），将各年的净现金流量折现到建设起点的现值之和。它是考察项目在计算期内赢利能力的动态指标。其表达式为：

$$FNPV = \sum_{t=1}^{n} (CI - CO)_t \times (1 + i_c)^{-t} \qquad (3-7)$$

若计算出的 $FNPV = 0$，表明项目能满足石油行业的最低要求，因而在财务上是可行的。

（六）实例分析

在天然气长距离输送系统中，建造地下储气库具有十分显著的经济效益，能使输气干线投资降低 30%，使输气成本降低 15% ~ 20%，减少气田开采气井数量，降低输气压缩功率 15%。评价某一具体地下储气库的经济效益时，可将储气库单位费用和储气库天然气的相应出厂价与输气管线交货的天然气价格进行比较。地下储气库的主要用途之一,是在季节性高峰耗气条件下优化利用输气系统的通过能力。因此,地下储气库的直接经济效益应表现在高峰气与低峰气出厂价格的价差上。如加拿大尤宁气体公司1987—1988年从"横贯加拿大管线"输气公司购买并销售的天然气的价格结构呈表3-5所示特征。

表3-5 天然气价格结构

结 构	高峰气	低峰气	价格
气田销售价,美元/GJ	2.09	1.02	1.07
输气价(按管线100%负荷计),美元/GJ	0.98	0.83	0.147
出厂价,美元/GJ	3.07	1.85	1.227
经济效益率,%		40	

供气最终用户的出厂价包括气田销售价、干线输气费用和配气公司的费用与利润。就尤宁气体公司而言,气田价(包括从气田到阿尔伯达省,即到横贯加拿大管线首站的输气价)的价差,为按1987年7月终止的短期合同气体销售价与1988年1月长期合同销售价二者之间的价差。地下储气库实现的经济效益约为1.23美元/GJ,1988年总共创利8700万美元。

尤宁公司的实例证明,地下储气库不仅能保证供气安全,而且还具有可观的经济效益。

作为改建储气库的高含水油藏,在油田注水开发过程中,采收率一般只能达到40%左右。因此,在储气库的运行过程中,天然气的注入和采出势必会提高油藏的采收率,采出部分原油,这同样会产生一定的经济效益。

第四章 油藏改建储气库注气基础实验

当有气体注入时,流体的物理化学性质(如黏度、密度、体积系数、界面张力、气液相组分)均会发生变化。进行注气基础实验是研究驱替方式、驱替机理的重要依据,同时可为数值模拟与方案设计提供基础数据。

第一节 膨胀实验

膨胀试验使用的设备是 PVT 仪,测试标准参考 PVT 测试相关标准 SY/T 5542—2000《地层原油物性分析方法》,测试过程是在地层原油配样恢复到地层条件后的泡点压力下,对流体进行若干次注气,每次加入气体后,饱和压力会变化,油气性质也会发生变化,测定油气体系的性质参数后,继续加入一定量的气体,直到在流体中达到约 80%(摩尔分数)为止。注入气后流体组成可用式(4-1)计算。为了对此操作测试进行检验,可用单次脱气求地层油组成,并和此计算方法计算出的组成进行对比。

$$Z_i = \frac{Z_{oi} + N_{gas} Z_{gasi}}{1 + N_{gas}} \qquad (4-1)$$

式中 Z_{oi}、Z_{gasi}——注气前流体第 i 组分的摩尔分数和注入气中第 i 组分的摩尔分数;

N_{gas}——注入气量与注气前流体物质的量之比。

注入气后,测试饱和了注入气的原油的体积膨胀系数和泡点压力的变化,为注气流体组分模型数值模拟的相态拟合提供必要的基础数据,图 4-1 就是测试得到的膨胀实验结果图。

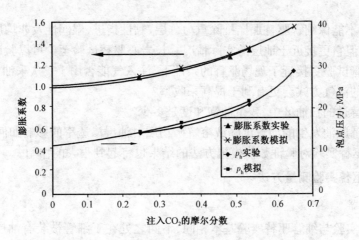

图 4-1 注气后体积膨胀系数和泡点压力的变化

第二节 细管实验

烃类气体、氮气和二氧化碳的最小混相压力(MMP)的细管实验方法基本相同。测试设备包括:注入泵系统、细管、回压调节器、压差表、温控系统、液体馏分收集器、气量计和气相色谱仪。实验方法参照行业标准 SY/T 6573—2003《最低混相压力细管实验测定法》。原油样品的代表性是影响实验结果的重要因素,其他影响因素可参见郭平专著《油藏注气最小混相压力研究》(石油工业出版社,2005)。细管实验测试的目的是求得最小混相压力,看储气库建库过程中能否达到混相,为更好地预测建库过程中注气提高采收率的程度提供基础,也是数值模拟的重要拟合目标之一。图 4-2 是细管测试的结果示意图。

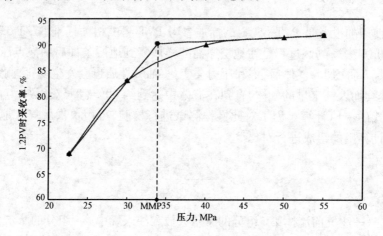

图 4-2 注气混相压力确定示意图

第三节 长岩心实验

长岩心驱替不能像细管驱替那样排除重力分层、黏性指进、湿润性及非均质性等造成的影响,更难以解释,但它更接近于地层的实际情况。长岩心驱替试验至少可以验证以下问题:

(1)在比细管试验更接近于现场驱替的条件下,注入气能否用于三次采油?

(2)什么样的注气方式会更有利于提高采收率?

(3)气体驱替过的扫油区中,残余油饱和度是多少?

(4)气体驱替原油发生的沥青沉降或溶解矿物质对油层渗透率的影响如何?

另外,岩心驱替实验对验证数值模拟方法的结果也将起到很大的作用。

一、长岩心驱替实验测量方法

(一)实验仪器

长岩心驱替实验与细管驱替实验基本相同,不同之处在于细管被装有油层岩心的三轴长岩心夹持器所取代。该实验方法监测到的结果跟细管实验法一致,同样,模拟方法和灵敏度测试也相同。

（二）长岩心夹持器的结构

长岩心夹持器是长岩心驱替装置中的关键部分,主要由长岩心外筒、胶皮套和轴向连接器组成,如图4-3所示。

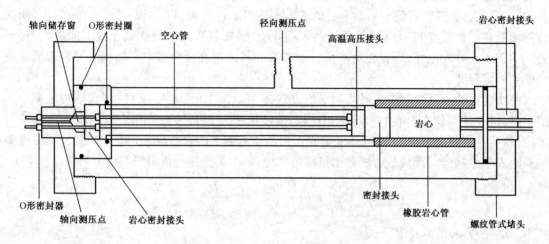

图4-3　三轴长岩心夹持器

（三）长岩心驱替实验流程

图4-4是常用的长岩心实验流程图,长岩心驱替实验装置与细管实验装置所不同的是,前者用一个1m长的三轴长岩心夹持器代替后者所采用的细管。长岩心夹持器是长岩心驱替装置中的关键部分,主要由长岩心外筒、胶皮套和轴向连接器组成。

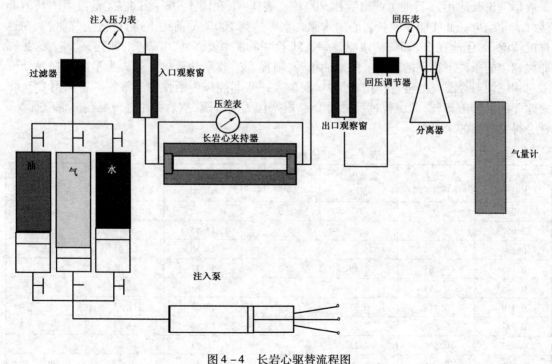

图4-4　长岩心驱替流程图

二、长岩心排列方式

对于长岩心驱替,如果要采用1m左右的天然岩心做驱替实验,从取心技术来讲是不可行的,因此,必须采用常规短岩心端对端地按一定排列方式拼成长岩心的方法。选择无破损且较长的岩心,经打磨、清洗、烘干后对岩心的基本物性参数进行测试。在短岩心和短岩心之间的接触面处存在孔隙空间,为了消除岩石的末端效应,将短岩心之间用滤纸连接。加拿大 Hycal 公司的 Tomas 等人论证,当岩心足够长(1m 左右)时,通过在短岩心之间加滤纸可将末端效应降低到一定程度。

每块岩心的排列顺序按下列调和平均方式排列。首先由式(4 – 2)的调和平均法算出 $\overline{K}$ 值,然后将 $\overline{K}$ 值与所有岩心的渗透率相比较,取渗透率与 $\overline{K}$ 最接近的那块岩心放在出口端第一位;然后再求剩余岩心的 $\overline{K}$,将新求出的 $\overline{K}$ 值与所有剩下的岩心($n-1$ 块)作比较,取渗透率与新的 $\overline{K}$ 值最接近的那块岩心放在出口端第二位;依次类推便可得出岩心的排列顺序。

$$\frac{\overline{L}}{\overline{K}} = \frac{L_1}{K_1} + \frac{L_2}{K_2} + \cdots + \frac{L_i}{K_i} + \cdots + \frac{L_n}{K_n} = \sum_{i=1}^{n} \frac{L_i}{K_i} \qquad (4-2)$$

式中　L——岩心的总长度,cm;

　　　$\overline{K}$——岩心的调和平均渗透率,D;

　　　L_i——第 i 块岩心的长度,cm;

　　　K_i——第 i 块岩心的渗透率,D。

三、实验过程与方法

长岩心驱替实验的实验过程及方法可参考李士伦、郭平所著的《中低渗透油藏注气提高采收率理论及应用》(石油工业出版社,2007)。表4 – 1 和图4 – 5 ~ 图4 – 7 是典型的长岩心注气实验结果。此实验是在长岩心中水驱含水率达到100%的前提下,再进行注气驱替,在这样的情况下,还能在66.25%的水驱效率基础上将采收率提高到71.26%,即提高5%,这是在非混相驱的条件下得到的结果。如果油很轻,则提高采收率的效果更好。为了降低在建储气库过程中油对烃类气的溶解作用,可在早期加入一些非烃作为牺牲性溶解气。若采用 CO_2 作为建库的前期溶解气,即驱替过程采用 CO_2 段塞作为前置驱,然后再用烃气驱建立储气库,那样会得到更高的采收率。

表4 – 1　岩心水驱后注干气驱实验数据

注入孔隙体积,PV	注入烃孔隙体积,HCPV	实验压差 MPa	含水率 %	气油比 mL/mL	累积采收率 %	备　　注
0	0	0	0	—	0	注水
0.062	0.088	2.89	0	18.43	5.84	出油
0.124	0.176	4.72	0	18.50	13.61	
0.186	0.265	4.79	0	18.77	22.08	
0.248	0.353	6.31	0	18.81	32.45	
0.310	0.441	6.95	0	18.52	41.73	
0.372	0.529	7.51	0	18.86	49.75	
0.434	0.618	7.22	0	18.77	57.20	
0.496	0.706	5.79	56.38	18.36	60.97	出水

续表

注入孔隙 体积，PV	注入烃孔隙 体积，HCPV	实验压差 MPa	含水率 %	气油比 mL/mL	累积采收率 %	备 注
0.558	0.794	5.32	88.10	18.66	63.16	
0.620	0.882	4.84	92.28	18.68	64.54	
0.682	0.971	4.59	94.63	19.13	65.48	
0.744	1.059	4.37	96.15	19.83	66.12	
0.806	1.147	4.24	98.97	19.62	66.25	
—	—	—	—	—	—	平衡降压
0.806	1.147	0.00	100.00	—	66.25	注烃气
0.868	1.235	0.19	100.00	—	66.25	
0.930	1.324	0.30	100.00	—	66.25	
0.992	1.412	0.75	94.68	292.68	66.43	
1.054	1.500	0.97	96.47	471.85	66.65	
1.116	1.588	1.06	97.74	557.05	66.94	
1.178	1.676	1.17	97.92	704.46	67.34	
1.240	1.765	1.22	97.69	943.01	67.91	
1.302	1.853	1.32	94.48	1251.75	68.68	
1.364	1.941	1.55	75.85	1983.09	69.73	
1.426	2.029	1.52	74.16	2863.67	70.47	
1.488	2.118	1.41	84.93	3725.47	70.79	
1.550	2.206	1.27	84.54	5123.88	71.08	
1.612	2.294	1.17	81.44	6902.51	71.17	
1.674	2.382	1.09	80.86	8577.73	71.23	
1.736	2.471	1.01	80.64	9913.66	71.26	

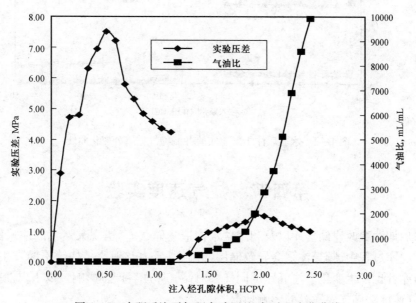

图 4-5 水驱后注干气驱实验压差、气油比变化曲线

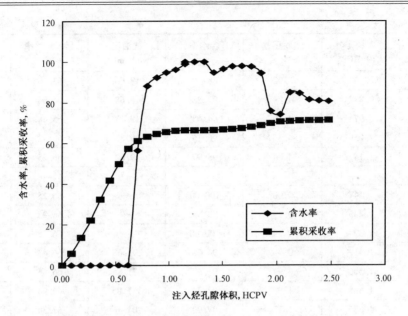

图 4 - 6　水驱后注干气驱实验含水率、采收率变化曲线

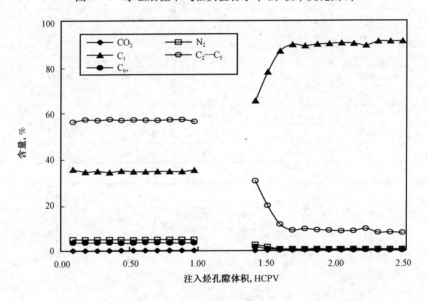

图 4 - 7　水驱后注干气驱实验井流物气相组分变化曲线

第四节　注气速度实验

　　高含水后期油藏改建储气库以及利用含水构造建储气库,实现天然气的注采能力是其主要目标。在建库过程中,频繁注采会导致储层的温度、压力及地质结构等不断发生变化,导致注采能力及库容也发生变化。注气速度同样会对储气库库容产生影响。以下以油藏储气库为例,研究注气速度对储气库库容的影响情况。

实验在常温下进行,倾角为60°,实验流程如图4-8所示。

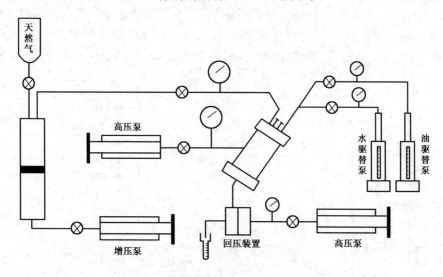

图4-8　驱替实验流程

一、实验过程

在60°倾角、30MPa的情况下,采用渗透率为600mD的人造岩心,饱和水后建立束缚水,之后进行驱替实验。首先进行水驱,水驱不出油后再进行气驱,以4个不同的注气速度,分4次单独测试,测定其最终油气水饱和度及采收率。

二、实验结果及分析

不同注入速度下气驱后的最终含气、含油和含水饱和度如图4-9所示。

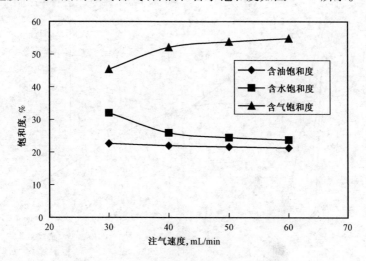

图4-9　不同注气速度下饱和度变化曲线

由图4-9可以看出,随着注气速度的增加,气驱后油、水饱和度均降低,气驱后还可以采出部分原油;而含气饱和度则随着注气速度的增加而增大,可以达到50%左右,即注气速度越大,储气库库容也越大。这说明在建库初期应该考虑加大注气速度。

　　含气饱和度与注气速度间的这种关系也可以由图4－10和图4－11得以证实。图4－10和图4－11是通过实验测试得到的9块不同岩心的气体有效渗透率以及含水饱和度与气流速度间的关系。实验过程如下：岩心首先饱和水，然后以不同速度进行气驱水，直到气驱出的水量不再增加，每驱完一种速度，测试气体的有效渗透率和岩心中的含水饱和度。

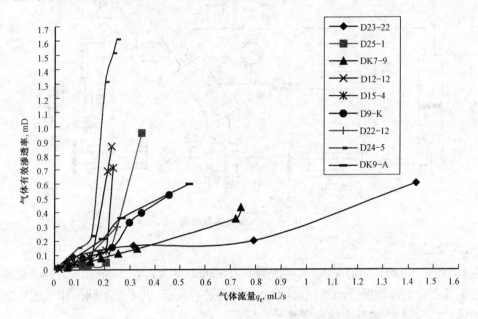

图4－10　9块岩心气流速度与气相渗透率关系图

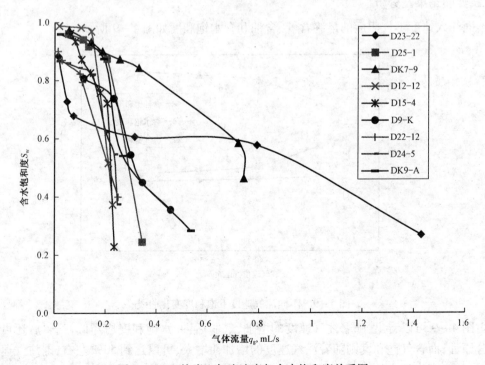

图4－11　9块岩心气流速度与含水饱和度关系图

从图4-10和图4-11中可以看出,随着气体流速的增大,气体有效渗透率呈上升趋势,气驱后含水饱和度呈下降趋势,这主要由速度敏感性所导致。因此,增大注气速度,有利于含气饱和度的增加,储气库的库容也相应增加。

但是,这并不能说明注气速度越大越好,注气速度一方面受到压缩机的功率限制,速度太大,对压缩机要求就高,投资也就相应增大;另一方面,注气速度还要受到地层破裂压力及地层敏感性的限制。注入速度过大,可能引起盖层破裂,使储气库的密封性遭到破坏;速度过大,还会导致出砂,引起地层渗透率下降。

同时,当向高含水油藏中注气的时候,理想的情况是气驱水时油气水界面保持在一个水平面上。但实际上,即使是均质油藏,注气的时候气也总是倾向于超越水,沿油藏的顶面突进,产生一个沿构造向下的倾角很大的油气水界面。盖层凸起的程度越大,注气速度越高,气体的突进效应就越显著。有时气体甚至能沿气藏的顶面突进到水层的底部,还有可能泄漏到邻近的气藏中去。因此,在建库早期,有必要保持一个相对较高的、合理的注气速度。同时还要考虑必须形成次生气顶后再强注,避免气井将水切割,增大水锁气量。

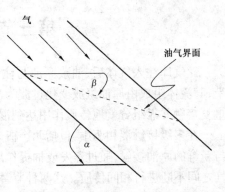

图4-12　倾斜油层油气接触关系

三、合理注气速度的确定

对于倾斜、垂向渗透率较高的单一储层,在其含油构造的高部位注入油气性质差别较大的气体,注入速度过大会破坏气驱油界面的稳定,引起驱动气的指进,形成驱动气的过早突破。对倾角为 α 的油层,当没有舌进时,油气界面应为一水平面;如果存在舌进,驱替界面与水平线有一夹角(图4-12)。

由文献可得到如下关系式:

$$\sin\alpha - \tan(\alpha - \beta)\cos\alpha = \frac{v\left[\dfrac{\mu_o}{K_o} - \dfrac{\mu_g}{K_g}\right]}{g\Delta\rho_{og}} \qquad (4-3)$$

式中　g——重力加速度;

　　　　$\Delta\rho_{og}$——油气密度差。

油相参数为未进行水驱油的值,气驱后就为残余油。

当油气界面的倾角小于地层倾角 α 时,对均质储层而言,驱替界面是稳定的,注入气仅有舌进而无指进,驱替速度满足关系式:

$$v < \frac{g\Delta\rho_{og}\sin\alpha}{\left[\dfrac{\mu_o}{K_o} - \dfrac{\mu_g}{K_g}\right]} \qquad (4-4)$$

对单一储层,在确定上式中的油、气相流度时应满足使式子右端最小的原则,即水驱剩余油的流度是储层最小剩余油饱和度下的值,气相流度为气驱最小残余油饱和度下的流度。则式(4-4)可变为下式:

$$v < \frac{g\Delta\rho_{og}\sin\alpha}{\left[\left(\frac{\mu_o}{K_o}\right)_{sorw} - \left(\frac{\mu_g}{K_g}\right)_{sorg}\right]} \qquad (4-5)$$

引入储层吸气面积 A,则保持驱替界面稳定的约束条件为:

$$q_g < \frac{Ag\Delta\rho_{og}\sin\alpha}{\left[\left(\frac{\mu_o}{K_o}\right)_{sorw} - \left(\frac{\mu_g}{K_g}\right)_{sorg}\right]} \qquad (4-6)$$

对于实际开发的注水油藏,每套开发层系含有多个油层,每个油层的性质均存在差异,应该考虑由于沉积韵律的变化而引起的纵向上渗透率级差和厚度对界面稳定的影响,从而考虑合理的注气速度。

第五节 多次接触实验

储气库注入气体后,油藏原油与注入气体之间就会发生组分传质作用,形成一个相过渡带,其流体组成由原油组成变化过渡为注入流体的组成。这种原油与注入流体在流动过程中重复接触并靠组分就地传质作用达到混相的过程,称作多次接触混相或动态混相。

在多级接触混相驱中,包括两个概念,即向前接触和向后接触。向前接触是指平衡的气相与新鲜的原油接触,通过蒸发或抽提作用进行相间传质;而向后接触是指平衡液相与新鲜注入气之间不断进行相间传质。这两种驱替在不同地点同时发生,向前接触发生在前缘,而向后接触发生在后缘。

根据传质方式的不同,多次接触混相分为凝析气驱(富气驱)和蒸发气驱(贫气驱)。

一、凝析气驱混相

富烃气富含 C_2—C_6 等中间组分,它不能与油藏原油发生初接触混相,但在适当的压力下可与油藏原油达到凝析气驱动态混相,即注入的富气与油藏原油多次接触,并发生多次凝析作用,富气中的中间组分不断凝析到油藏原油中,原油逐渐加富,直到与注入气混相。

图 4-13 说明了富气凝析气驱混相的机理,油藏原油及注入富气(B)的组成如图所示,可见油藏原油与富气起初并不混相,富气初接触油藏原油后,由于富气中的中间组分溶

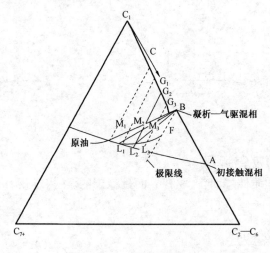

图 4-13 凝析气混相驱

于原油中,原油加富,因而油藏流体组成变为 M_1,其相应的平衡气、液分别为 G_1、L_1,随后再注入富气推动可移动的平衡气体 G_1 向前进入油藏,留下平衡液体 L_1 供注入气接触,并发生混相,在这一位置上形成一新的混合物 M_2,其平衡气、液分别为 G_2、L_2,继续注入富气,重复上述

过程,井眼附近液相组成以相同方式逐渐沿泡点曲线改变,直至临界点,气、液达到平衡,油气不存在相界面而达到混相。

显然,注富气混相驱是多次接触混相过程,通过注入富气中的中间组分不断凝析到原油中,原油逐渐变富,在注入气的后端与原油性质相同而实现混相。通常必须注入相当多的富气才使混相前缘的混相得以保持,一般采用的富气段塞为10%~20%的孔隙体积。

二、蒸发气驱

达到动态混相驱替的另一个机理,是依靠就地汽化作用,使中间相对分子质量烃从油藏原油汽化进入注入气,这种达到混相的方法称为汽化气驱过程。用天然气、二氧化碳、烟道气或氮气作为注入气,依靠这一方法是可能达到混相的。当油藏原油含有较多的中间烃时,注入气与原油多次接触后,汽化或抽提油藏原油中的烃,使注入气富化而实现汽化气驱动态混相。CO_2也能达到动态混相,但是CO_2与主要抽提C_2—C_5的天然气、烟道气和氮气相比,抽提的是更高相对分子质量的烃(C_2—C_{30})。这一节仅讨论用甲烷、天然气、烟道气和氮气作为混相注入流体的汽化气驱。

以甲烷 - 天然气作为注入溶剂为例,图4 - 14说明了达到汽化气驱混相的机理。在这一例子中,油藏原油 A 含有较多的中间相对分子质量烃,并且它的组成位于通过临界点的极限系线的延长段上。注入气体和油藏原油在开始时是不混相的,因此,注入气体开始从井眼向外不混相地驱替原油,而在气前缘的后面留下一些未驱替走的原油。假设注入气体和初次接触后未驱替走原油的总组成为 M_1,则平衡的油藏中液体为 L_1,气体为 G_1。随后注入气体推动平衡气体 G_1 更深入地进入油藏,平衡气 G_1 接触新鲜的油藏原油,液体 L_1 残留在后面。通过第二次接触,达到一新的总组成 M_2,其相应的平衡气体和液体分别为 G_2 和 L_2。进一步地注入气体,使气体 G_2 向前流动和接触新鲜的油藏原油,并且重复以

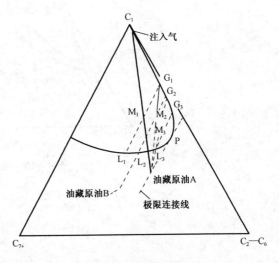

图 4 - 14　蒸发气驱混相

上过程。驱替前缘的气体组成沿露点曲线逐渐改变,直到它达到临界点的组成为止,则临界点的流体是能直接与油藏原油混相的。

只要油藏原油的组成位于极限系线上或其右侧,注入气组成位于极限系线左侧,依靠汽化气驱机理就可能达到混相。如果原油组成位于极限系线的左侧,则气体的富化仅能达到延长后通过原油组成系线上的平衡气体组成。例如,如果图4 - 14上驱替油藏原油 B,则注入气体只能被富化到平衡气体 G_2 的组成,但不会富化到超过这一组成,因为气体 G_2 进一步接触油藏原油仅能产生位于通过 G_2 系线上的混合物。原油组成必须位于极限系线右侧的要求意味着,只有欠饱和甲烷的原油能够被甲烷或天然气混相驱替。

在注气过程中,随着油藏原油的中间相对分子质量烃浓度的减小,为达到混相需要的压力更高。增加压力可以增加汽化作用,使中间相对分子质量烃汽化进入蒸气相,从而减小两相区

并改变连接线的斜率。对许多原油来讲,使用甲烷 – 天然气、N_2、烟道气的混相压力太高,在油藏注入工程中是达不到的。

图 4 – 15 是对溶剂驱分类的概括。图中不通过两相区的稀释途径(I_2—J_3)是一次接触混相驱,稀释途径完全在临界系线两相区一侧的是非混相驱(I_1—J_1)。当原始注入的组成居临界系线两侧时,驱替或是蒸发气驱(I_2—J_1),或是凝析气驱(I_1—J_2)。后两种情况是发展而成的或多次接触的混相驱。

油藏注干气建设储气库过程中发生的过程属于蒸发气驱过程。

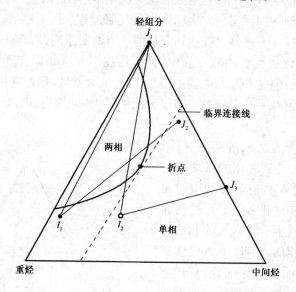

图 4 – 15 混相驱类型

第五章 多次注采循环渗流特征

在储气库采气的时候,随着气藏压力的降低,底水会逐渐侵入气藏,到采气后期,气藏除了一个小的气顶和剩余油外,其余部分均充满水。而在注气过程中,注入的气体使储气库的压力增加,水受到压缩或是注入的气体将水驱出储气库。

第一节 多次注采气水互驱

气水相对渗透率曲线表征了气水在多孔介质中的渗流特性。利用非稳定测试方法,进行了短岩心气水相渗的实验测定。对于气水相渗进行了两种实验,分别为水驱气实验和气驱水实验。水驱气实验模拟的是储气库采气过程中水侵入气藏的过程,而气驱水实验则模拟的是注气时气排驱水的过程。

一、油藏气水互驱条件下渗透率变化

(一)实验原理及条件

实验采用非稳态法,非稳态法测定气水相对渗透率,是以一维两相渗流理论和气体状态方程为依据,用非稳态恒压法对岩样进行气驱水实验。实验过程当中,记录岩样出口端各个时刻的产水量、产气量和两端的压差等数据,再根据一定的计算方法,计算出岩样的气、水相对渗透率和对应的含水饱和度,绘制气水相对渗透率曲线。实验岩样使用的是直径25mm、长度25~50mm 的柱状岩样,实验用水采用的是配制的地层水,矿化度为 10000mg/L。注入气体为天然气,实验在常温下进行。

(二)实验流程及实验过程

实验流程如图 5−1 所示。

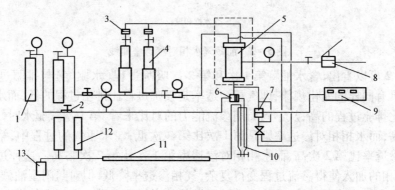

图 5−1 多次气水互驱实验流程图

1—高压气源;2—压力调节器;3—过滤器;4—增压器;5—岩心夹持器;6—回压阀;
7—压力传感器;8—手压泵;9—数值记录仪;10—水计量管;11,12—气计量管;13—平衡瓶

选用人造岩心，以饱和水—油驱水—水驱油—气驱水—水驱气—气驱水—水驱气的方式，采用非稳态方法，测试相渗曲线的变化。测试完毕后测试岩心的孔渗变化。第一次气驱水前的相关参数见表5-1。

表5-1　油藏第一次气驱水前相关参数

岩样编号	3-5	残余油饱和度,%	16.83
取样长度,cm	7.04	岩样直径,cm	2.51
岩样总体积,cm³	34.8325	岩样孔隙体积,cm³	13.1249
孔隙度,%	37.68	绝对渗透率,mD	674.81
测定温度	常温	饱和水黏度,mPa·s	1.15
饱和水矿化度,mg/L	10000	饱和水密度,g/mL	1.08
残余油时水相渗透率,mD	275.45	注入气体	天然气
		注入气黏度,mPa·s	0.011

（三）实验数据分析

利用实验得到的数据，得到油藏气水互驱条件下的气水相对渗透率曲线，如图5-2所示。

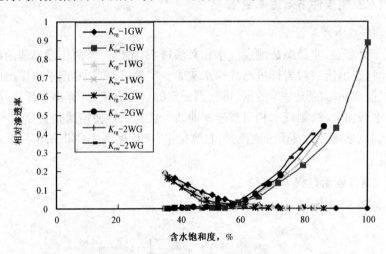

图5-2　油藏气水相对渗透率曲线

由图5-2可以看出，含水油藏第1次和第2次吸吮过程（水驱气）与排驱过程（气驱水）的渗流能力具有同样的变化规律，即气相渗透率是吸吮过程比排驱过程的低，而水相渗透率则是吸吮过程比排驱过程的高；从不同周期渗流能力的对比来看，第1次气驱水时气相相对渗透率比第2次高，而水相相对渗透率则是第1次比第2次低；在水驱气的过程中，第1次水驱气时气相相对渗透率比第2次高，而水相相对渗透率第1次比第2次略高。这种过程类似于强水驱气藏，气相的加入使得渗流过程变得复杂，气相渗透率降低，但对封闭型油藏，随注采周期的增加含水饱和度下降，因此注采能力会随周期数的增加而上升。在两次气水互驱过程中，残余油饱和度为16.83%，束缚水饱和度呈下降趋势（28.38%～25.76%），残余气饱和度有所上升（13.21%～14.42%），总体表现为两相区饱和度范围略有变小，说明边水活跃的油藏改建储气库后，随注采周期的增加注入气有一定的损失。

从理论上来讲,由于人造岩心是先饱和水,受饱和顺序的影响,湿相的相对渗透率只是自身饱和度的函数,也就是说,吸入时的湿相相对渗透率将重走驱替时的路线。但就本次实验而言,吸入过程的湿相水的相对渗透率明显高于驱替过程,这可能与人造岩心的矿物成分及润湿性有关。对于非润湿相,在任何饱和度吸入过程的相对渗透率总是低于驱替过程的数值,因此,吸吮过程(水驱气)的气相相对渗透率低于排驱过程(气驱水)的气相相对渗透率。

二、含水构造气水互驱条件下相对渗透率变化

(一)实验过程

采用类似气水相渗测试的方法进行研究,饱和水后,采用气驱水—水驱气—气驱水—水驱气过程,测试相对渗透率的变化,测试完毕后测试岩心的孔渗变化。第一次气驱水前的相关参数见表5-2。

表5-2　含水构造第一次气驱水前相关参数

岩样编号	4-2	岩样直径	2.51
岩样长度,cm	7.05	岩样孔隙体积,cm³	13.1902
岩样总体积,cm³	34.8855	饱和水黏度,mPa·s	1.15
孔隙度,%	37.81	饱和水密度,g/mL	1.08
测定温度	常温	注入气体	天然气
绝对渗透率,mD	673.47	注入气黏度,mPa·s	0.011

(二)实验数据分析

利用实验得到的数据,得到含水构造气水互驱条件下气水相对渗透率曲线,如图5-3所示。

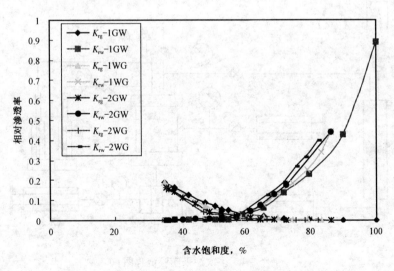

图5-3　含水构造气水相对渗透率曲线

由图5-3可以看出,两次气水互驱条件下的渗流能力具有相同的变化规律:排驱过程(气驱水)比吸入过程(水驱气)的气相相对渗透率高;水相相对渗透率则是排驱过程比吸入过程的低。

对于气驱水过程,第1次气驱水的气相相对渗透率比第2次高,水相相对渗透率则是第1次比第2次低;而对于水驱气过程,第1次水驱气的气相相对渗透率比第2次高,水相相对渗透率则是第1次比第2次低;实验过程与强水驱过程相近,说明随注采周期的增加会造成注采能力的下降,当然这只是在相同含水饱和度的前提下。在边水不活跃的情况下,实际注采过程中的含水饱和度是下降的,因此注采能力均会随注采次数的增加而增加。

再来看束缚水的变化,在2次互驱过程中,束缚水饱和度有所下降(35.06% ~ 34.48%),残余气饱和度有所上升(14.08% ~ 18.08%);总体表现为两相区饱和度范围变小,说明含水构造也同样存在注入气量损失的问题。

人造岩心采用的是先饱和水,而后气驱水的实验过程,受饱和顺序的影响,湿相的相对渗透率只是自身饱和度的函数。但就本次实验而言,这种现象不存在。一般来讲,对于非润湿相,在任何饱和度下吸入过程的相对渗透率总是低于驱替过程的数值,因此,气水互驱条件下,水驱气的气相相对渗透率低于气驱水的气相相对渗透率。

在含水构造中,由于不存在残余油的影响,气、水相的相对渗透率比含水油藏的气、水相的相对渗透率更高,而且不可动的液相饱和度小,因此,就注采能力和建库容量而言,选用含水构造作为储气库比选用含水油藏更有优势。

三、多次注采后库容及渗流能力测定

经过多次注采以后,岩心中的油、气、水饱和度和岩心的渗透率势必会发生变化。针对油藏和含水构造,进行了多次注采后库容及渗流能力测定的实验。

(一)实验流程及条件

实验在常温下进行,实验流程见图5-4。

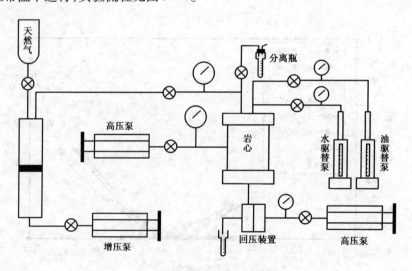

图5-4 多次注采实验流程图

(二)多次注采后油藏饱和度、渗透率变化

1. 实验过程及基本参数

首先将岩心饱和水,然后用油驱水建立束缚水,用水驱油直到不出油后,开始第一次注气

（15MPa），注气直到不出水后，关闭前端，稳定2h，再打开入口端，放气，计算采出水量和油量。当岩心中压力放完后将岩心称重，再放入岩心夹持器中，进行第二次注气，直到15MPa。如此直到8个周期后停止注入。注气速度应比采气压降速度低1/2以上。每个周期取下岩心称重前应对其进行气相渗透率的测试，测试气相渗透率时驱替速度不得高于建库注气速度。最后取出岩心称重，再测试油、气、水饱和度。实验的基本参数见表5-3。

表5-3　油藏库容及渗流能力测定的基础数据

岩样编号	4-8	岩样长度,cm	6.88	孔隙度,%	37.37
注入压力,MPa	15	岩样直径,cm	2.51	渗透率,mD	569.19
气驱前含水饱和度,%	80.35	气驱前含油饱和度,%	19.65	稳压前驱后水饱和度,%	33.18

2. 实验结果及分析

本次实验结果见表5-4。

表5-4　多次注采后饱和度、渗透率测试数据

参数	多次注采过程							
	第一次	第二次	第三次	第四次	第五次	第六次	第七次	第八次
含液饱和度,%	51.41	50.30	49.17	48.28	46.81	44.38	43.87	—
含油饱和度,%	—	—	—	—	—	—	—	13.13
含水饱和度,%	—	—	—	—	—	—	—	30.46
含气饱和度,%	48.59	49.70	50.83	51.72	53.19	55.62	56.13	56.41
气相渗透率,mD	66.44	68.31	69.25	71.12	73.93	75.80	77.67	78.61

注：(1)在多次注采过程中，采出的油水量无法直接测量，只能用称重的方法确定，所以岩心中的油水量只能用含液饱和度表示。并且，含液饱和度也是由油水密度平均值求出的，是一近似值。

(2)最后一点(第八次采采过程)测定后，用蒸馏法测定了油、气、水饱和度(经过8个周期后的最终油、气、水饱和度)。

根据表5-4中的实验数据,得到的油藏多次注采过程中含液饱和度、含气饱和度及气相渗透率随注采次数的变化曲线见图5-5～图5-7。

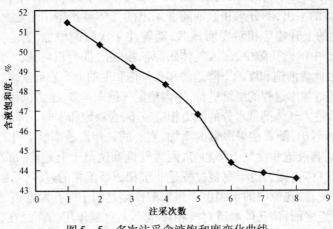

图5-5　多次注采含液饱和度变化曲线

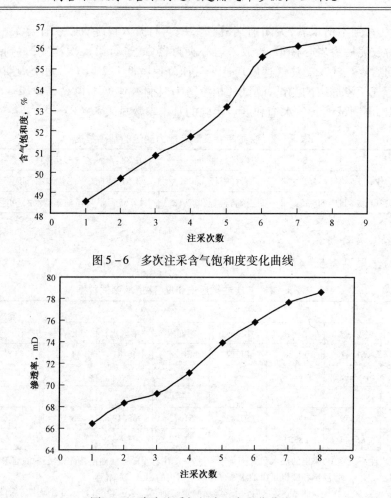

图 5 – 6　多次注采含气饱和度变化曲线

图 5 – 7　多次注采气相渗透率变化曲线

从图 5 – 5 和图 5 – 6 可以看出,随着注采次数的增加,含液饱和度呈明显下降的趋势,而含气饱和度呈明显上升的趋势。只是在注采的后期,含液饱和度的下降趋势和含气饱和度的上升趋势变缓。其原因在于,在注采初期,由于注入气体对水的干燥作用和注气提高原油采收率的作用,随着气体的采出,部分水和原油随着采出的气体被携带出岩心,含液饱和度的下降趋势和含气饱和度的上升趋势相对要明显些;随着注采次数的增加,岩心中的剩余油含量减少,并且分布在岩心中的微孔隙中,注入气体跟原油接触的机会相对减少,后期只是注入气体对水的干燥作用,因此含液饱和度的下降趋势和含气饱和度的上升趋势变缓。同时,在储气库的实际运行过程中,随着建库过程的继续进行,库内垫层气越来越多,压力也相应增大,注入压力与库内压力差值缩小,注入气体携带水分的能力相应减小,含液饱和度的下降趋势也会变缓。

由图 5 – 7 可以看出,随着注采次数的增加,岩心的气相渗透率呈上升趋势。原因在于,随着注采次数的增加,含液饱和度呈下降趋势,而含气饱和度呈上升趋势,部分原来被水和原油占据的孔隙被注入气体占据。由于驱替过程是非湿相驱替湿相的过程,毛细管力为阻力,气体处于孔隙的中心部位,微孔隙中的水膜由于强水湿作用趋向于向孔隙喉道处聚集,在微孔隙中的水膜被气体携带走之前,该孔隙喉道对气相渗透率无贡献作用。而处在较小孔隙中的水分由于气驱的波及作用,沿孔隙壁以水膜形式不断向参与气相渗透率贡献的孔隙喉道处聚集,这样随着注采次数的增加,参与气相渗透率贡献的孔隙越来越多,岩心的气相渗透率就呈上升趋势。这说明油藏储气库的库容及渗流能力均随着注采次数的增加而增大。

（三）多次注采后含水构造饱和度、渗透率变化

1. 实验过程及基本参数

将岩心饱和水,开始第一次注气（15MPa）,直到不出水,然后关闭前端,稳定2h,再打开入口端,放气,计量采出水量,当岩心中压力放完后将岩心称重,再放入岩心夹持器中,进行第二次注气,直到15MPa,如此直到8个周期后停止注入。采气速度应比注气速度高2倍以上。每个周期取下岩心称重前应对其进行气相渗透率的测试,测试气相渗透率时的驱替速度不得高于建库注气速度。最后取出岩心,称重,再测试气、水饱和度。实验基本参数见表5-5。

表5-5　含水构造库容及渗流能力测定基础数据

岩样编号	12-30	岩样长度,cm	7.10	孔隙度,%	35.53
注入压力,MPa	15	岩样直径,cm	2.51	渗透率,mD	575.68
气驱前含水饱和度,%	100	气驱前含油饱和度,%	0	稳压前驱后水饱和度,%	40.71

2. 实验结果及分析

实验结果见表5-6。

表5-6　含水构造多次注采后饱和度、渗透率测试数据

参数	多次注采过程							
	第一次	第二次	第三次	第四次	第五次	第六次	第七次	第八次
含水饱和度,%	39.48	39.31	38.97	38.72	38.39	37.93	37.57	37.41
含气饱和度,%	60.52	60.69	61.03	61.28	61.61	62.07	62.43	62.59
气相渗透率,mD	272.78	278.36	281.13	283.94	288.09	289.48	290.88	292.82

根据表5-6中的实验数据,得到含水构造多次注采过程中的含水饱和度、含气饱和度及气相渗透率随注采次数的变化曲线如图5-8~图5-10所示。

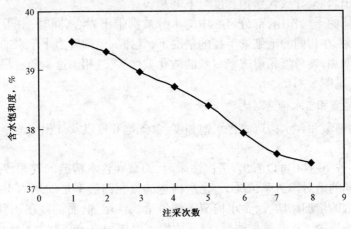

图5-8　多次注采含水饱和度变化曲线

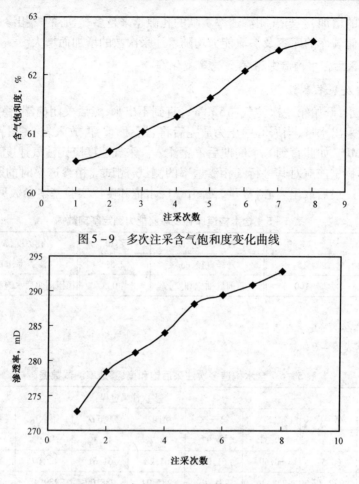

图5-9 多次注采含气饱和度变化曲线

图5-10 多次注采气相渗透率变化曲线

从图5-8和图5-9可以看出,随着注采次数的增加,含水饱和度呈下降趋势,而含气饱和度呈上升趋势,主要原因是注入气体对岩心的干燥作用。随着气体的采出,岩心中的水分被采出的气体携带出岩心,导致含水饱和度呈下降趋势。

由于注入气体的干燥作用,部分岩心中的水分被携带出岩心,同时,由于气体的界面张力小于水的界面张力,在相同的毛细管半径的情况下,气体的毛细管力小于水的毛细管力,因此,随着注采次数的增加,参与气相渗透率贡献的微孔隙增多,气相渗透率随着注采次数的增加呈明显的上升趋势,见图5-10。

(四)高含水油藏和含水构造对比

多次注采后,油藏和含水构造的含水饱和度、含气饱和度以及气相渗透率的变化对比见图5-11~图5-14。

由图5-11~图5-14可以看出,多次注采后,油藏和含水构造的气相渗透率呈线性上升趋势。但是在相同的绝对渗透率情况下,含水构造的气相渗透率是油藏的4倍。储气库的储量也随着注采次数的增加而增大,含水构造的储量呈线性增加,而油藏在达到一定的储量后,储气量的增加开始变缓。这些都说明,就储气库库容增加和注采能力增加而言,选择含水构造比选择油藏作为储气库更有利些。

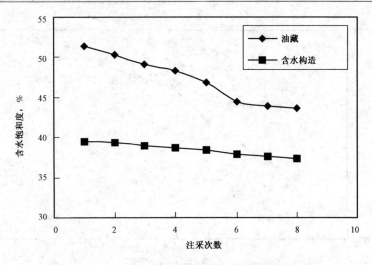

图 5 - 11　多次注采含水饱和度变化对比曲线

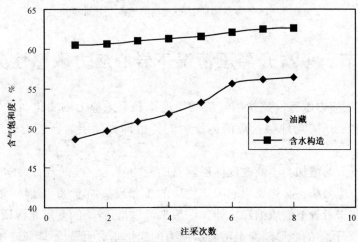

图 5 - 12　多次注采含气饱和度对比曲线

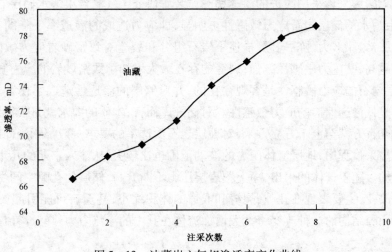

图 5 - 13　油藏岩心气相渗透率变化曲线

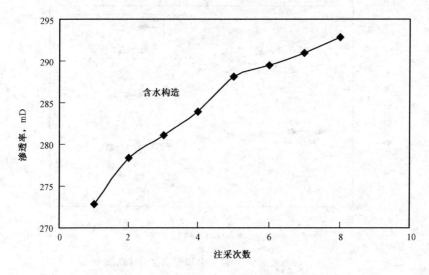

图 5-14　含水构造岩心气相渗透率变化曲线

第二节　多次升降压情况下岩心应力敏感性分析

简单地说,地层应力敏感性是指油气层的渗透率随有效应力的变化而发生改变的现象。储层岩石的上覆岩层压力与地层孔隙流体压力的差值即为储层岩石的有效应力,即净上覆压力。

净上覆岩层压力的增加会不断改变储层岩石的受力状态。根据岩石力学理论,从一个应力状态变到另一个应力状态必然要引起固体物质的压缩或拉伸,产生变形。储层岩石的变形主要表现为孔隙和岩石骨架的压缩和拉伸。一般来说,岩石骨架的变形非常微小,因而可以忽略不计,但储层岩石孔隙的变形随净上覆岩层压力的变化非常明显,不能忽略不计。

杨满平、李允、彭采珍采用改进的渗透率测试装置研究了气藏含束缚水储层岩石的应力敏感性,发现含束缚水的储层岩石应力敏感性更明显,即应力造成的渗透率下降的幅度更大,伤害程度更大。张浩、康毅力、陈一健等描述了岩石组分和裂缝对致密砂岩应力敏感性的影响,发现岩屑含量越高,其应力敏感性越强;裂缝的存在大大增加了致密砂岩的应力敏感性。上述研究表明,储层岩石的应力敏感性是客观存在的,并对储层的渗透性造成了伤害。但是,上述研究描述的都是低渗透储层的应力敏感性。对储气库而言,本质的要求就是强注强采,每天注采量有的高达几百万甚至上千万立方米,对地层岩石渗透率的要求一般都相当高。而且,在储气库的周期性注采过程中,地层流体压力的波动范围也比较大,从注入末期的几十兆帕到采出末期的十几兆帕。随着气体的采出,净上覆岩层压力不断升高,储层的孔隙空间受到压缩而使孔隙结构发生改变,主要表现在孔隙、裂缝和喉道的体积缩小,甚至有可能引起裂缝通道和喉道闭合。储层孔隙结构的这种改变将大大增加流体在其中的渗流阻力,降低渗流速度,使油气井的产能下降。

以往的研究表明,影响应力敏感性的主要因素有岩石的组分、裂缝密度、裂缝表面的表面形态及构造裂缝的两对表面的接触情况等。对本次实验而言,由于采用的是人造砂岩岩心,排除了岩石组分、裂缝对应力敏感性的影响,影响岩石应力敏感性的主要因素有颗粒的接触关系、颗粒的胶结类型及胶结物类型。

一、净上覆岩层压力对渗透率影响研究

(一)实验原理

在岩心夹持器内建立两个相互独立的静水压力系统,即围压和内压。其中围压模拟地层岩样所承受的上覆岩石所产生的覆盖压力,内压则模拟油(气)藏流体的压力。在测定时,改变外压系统的体积,使外压发生变化,从而模拟储气库内气体注采时的渗透率及孔隙度的变化情况。

(二)岩样及实验过程

简单地说,地层应力敏感性是指油气层的渗透率随有效应力的变化发生改变的现象。储层岩石的上覆岩层压力与孔隙流体压力差值为储层岩石的有效应力。本次实验通过改变岩心夹持器内压来改变实验的净上覆岩层压力。实验设定的有效应力点为2MPa、4MPa、7MPa、10MPa、15MPa、20MPa、30MPa、40MPa。实验在常温下进行了4次升降压过程。地下储气库的储层渗透率都比较大,实验采用人造岩样,岩样的基础参数见表5-7,测试流程如图5-15所示。

表5-7 岩心基本参数

岩心编号	岩心长度,cm	岩心直径,cm	第一次升压前的渗透率,mD
10-4	7.52	2.50	167.84
2	6.11	2.43	609.59

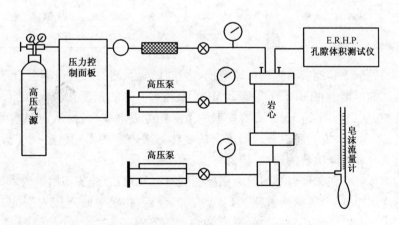

图5-15 岩石应力敏感性-渗透率测试流程图

(三)实验结果及分析

实验结果见表5-8和表5-9。

表5-8 10-4号岩心应力敏感性测试数据

岩心长度 cm	岩心直径 cm	净上覆压力 MPa	渗透率,mD							
			第一次升压	第一次降压	第二次升压	第二次降压	第三次升压	第三次降压	第四次升压	第四次降压
7.52	2.50	2	167.84	163.99	163.99	161.77	161.77	160.32	160.32	158.89
		4	164.75	161.77	161.04	159.60	158.89	158.19	157.84	157.14
		7	161.77	159.60	158.89	157.49	156.80	156.12	155.44	154.76
		10	159.60	157.49	156.80	155.44	154.76	154.10	153.44	153.11
		15	156.12	154.76	154.10	153.44	152.78	152.13	151.48	150.85
		20	154.10	152.78	152.13	151.48	150.85	150.21	149.58	149.27
		30	151.48	150.85	149.58	148.96	148.34	147.73	147.12	146.82
		40	150.21	150.21	148.34	148.34	147.12	147.12	146.82	146.52

表5-9 2号岩心应力敏感性测试数据

岩心长度 cm	岩心直径 cm	净上覆压力 MPa	渗透率,mD							
			第一次升压	第一次降压	第二次升压	第二次降压	第三次升压	第三次降压	第四次升压	第四次降压
6.11	2.43	2	609.59	565.64	565.64	547.41	547.41	537.56	537.56	530.42
		4	591.14	555.06	552.48	539.98	537.56	532.78	530.42	525.78
		7	571.10	544.91	542.24	535.16	530.42	528.09	525.78	521.23
		10	557.66	537.56	535.16	528.09	525.78	521.23	518.99	516.76
		15	544.91	528.09	525.78	518.99	516.76	514.56	512.38	510.22
		20	532.78	521.23	516.76	512.38	510.22	508.08	505.96	503.86
		30	518.99	514.56	510.22	505.96	503.86	501.78	499.71	495.64
		40	512.38	512.38	503.86	503.86	497.67	497.67	495.64	495.64

从表5-8和表5-9的实验数据可以看出,多次注采后,岩心的渗透率会下降。且在净上覆岩层压力增加的早期,由2MPa升高到20MPa,渗透率下降的幅度比较大;随着净上覆岩层压力的继续增加,从20MPa到30MPa,渗透率的下降幅度逐渐变缓;而从30MPa到40MPa,渗透率几乎没有多大变化,说明净上覆岩层压力的变化对渗透率的影响已经到了极限。随着净上覆岩层压力上升和下降次数的增加,渗透率的变化越来越小。

比较10-4号岩心和2号岩心的应力敏感曲线可以发现:岩样的初始渗透率越高,随净上覆岩层压力的变化,其应力敏感性越强。4个注采回合后,相对于同一压力下的初始渗透率,10-4号岩心的渗透率下降了5%,2号岩心的渗透率下降了13%。这与储层的疏松程度有关,初始渗透率愈大,岩石骨架愈疏松,压实作用愈明显。这与低渗透储层的应力敏感性恰好相反,这种现象主要是由于两种储层孔隙的几何构造的影响所造成的。

同时,随着净上覆岩层压力的增加,岩样的渗透率下降,紧接着随着净上覆岩层压力的降低,岩样的渗透率又逐渐增加,但在同一净上覆岩层压力的作用下,岩样的渗透率值低于以前的渗透率值,表现出明显的渗透率滞后效应。随储气库运行次数的增加,渗透率的变化越小。第一次加压过程由于岩石在地面已产生应力变化,从而导致结果不准确。第二次加压才能更好地代表储气库运行过程中的渗透率变化。相对于渗透率较大的储气库地层来讲,渗透率随注采周期变化的比例较小。而且在储气库的运行过程中,由于注入气体对水分的干燥作用以及对原油的抽汲作用,参与渗透率贡献的微孔隙增多,地层渗透率增大。因此,渗透率受净上覆岩层压力变化的影响不是太大,可以不予考虑。

将表中的实验数据进行回归处理后发现,岩心的渗透率与净上覆岩层压力之间呈指数变化关系,它们之间具有很好的相关性,如图5－16和图5－17所示。

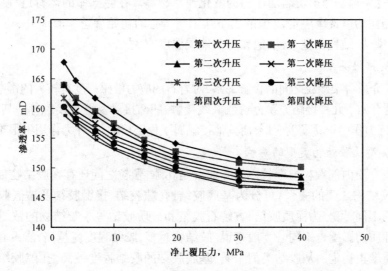

图5－16　10－4号岩心应力敏感曲线

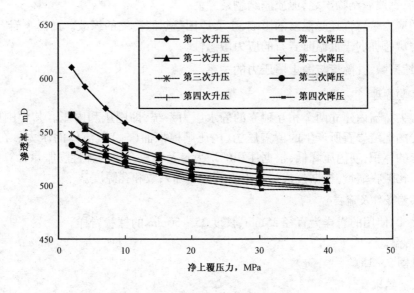

图5－17　2号岩心应力敏感曲线

$$K = ae^{-b\Delta p} \tag{5-1}$$

式中　K——某一净上覆压力下的渗透率，D；

　　　Δp——净上覆岩层压力值，MPa；

　　　a,b——回归系数。

（四）应力敏感性影响因素分析

由式（5-1）可以看出，常数 a 表示岩心在净上覆岩层压力为零时的渗透率。a 值越大，岩心在净上覆岩层压力为零时的渗透率越大。b 表示岩心随净上覆岩层压力的变化程度。b 值越大，岩心渗透率值随净上覆岩层压力的变化速率越高。在储气库的运行过程中，a 值的大小主要由岩心的初始渗透率决定，b 值的大小除了与岩心的初始渗透率有关外，还与颗粒的接触关系、胶结类型、胶结物类型、含水饱和度及地层温度有关。

1. 颗粒的接触关系

储层多孔介质骨架颗粒之间的接触关系，对岩石的应力敏感程度有较大的影响。一般来说，颗粒之间主要有如下几种接触关系：点接触、线接触、凹凸接触及缝合接触等。其中点接触是不稳定接触，在外力作用下易发生变形，而其他接触属于稳定接触，在外力作用下很难发生变形。

2. 胶结类型及胶结物类型的影响

储层多孔介质内部颗粒与颗粒之间并非全是孔隙，颗粒之间还存在胶结物使之连接起来。按照颗粒与胶结物之间的关系，可分为基底胶结、孔隙胶结、接触胶结及镶嵌胶结四种类型。按照胶结物的不同，可分为泥质胶结、方解石胶结和硅质胶结等。胶结物的数量和类型不同，对岩石物理性质的影响也不同。一般来说，胶结物越多，胶结程度就越高，岩石相应越致密，岩石的力学性质就很稳定。从胶结类型来看，基底胶结的胶结程度最高，孔隙胶结次之，接触胶结和镶嵌胶结较差。胶结物类型是影响颗粒间连接强度的重要因素，一般认为硅质胶结物连接强度最高，钙质胶结物次之，泥质胶结物最差。

岩石的应力敏感性还受温度的影响，主要原因是热胀冷缩的缘故。高温下岩石受热膨胀，此时的应力敏感性弱于低温时岩石的应力敏感性。

二、压缩系数、孔隙度与净上覆压力的关系

（一）实验原理

在岩心夹持器内建立两个相互独立的静水压力系统，即围压和内压。其中围压模拟地层岩样所承受的上覆岩石所产生的覆盖压力，内压则模拟油（气）藏流体的压力。在测定时，扩大内压系统的体积，使内压降低，根据体积的增大量及传压介质的弹性膨胀量计算由内压降低引起的岩石孔隙收缩量，根据公式计算出岩石的压缩系数和孔隙度。

（二）实验条件及流程

岩样尺寸：使用的岩样为直径 25mm、长度 25~50mm 的柱状岩样。

温度：常温。

流程见图 5-15。

（三）实验结果及分析

实验结果见表 5-10 和表 5-11。根据净上覆压力与储层岩样孔隙度的变化值，作出了两块岩样孔隙度与净上覆压力之间的关系图（图 5-18 和图 5-19）。

表5-10 10-4号岩心孔隙度、压缩系数测试数据

净上覆压力 MPa	孔隙体积 cm³	总体积 cm³	孔隙度 %	压缩系数,10⁻⁴MPa⁻¹	
				(1)	(2)
应力敏感性实验第一次升压过程					
4	6.7082	36.7929	18.23	44.23	27.38
7	6.6807	36.7654	18.17	31.03	19.21
10	6.6655	36.7502	18.14	23.95	14.82
15	6.6313	36.7160	18.06	19.30	11.95
20	6.5991	36.6838	17.99	16.83	10.42
30	6.5481	36.6328	17.87	13.71	8.49
40	6.5228	36.6075	17.82	11.21	6.94
应力敏感性实验第二次升压过程					
4	6.6618	36.7465	18.13	31.935	19.768
7	6.6217	36.7064	18.04	26.738	16.551
10	6.6039	36.6886	18.00	21.354	13.218
15	6.5901	36.6748	17.97	15.600	9.656
20	6.5726	36.6573	17.93	12.996	8.045
30	6.5323	36.6170	17.84	10.655	6.595
40	6.5180	36.6027	17.81	8.521	5.275
应力敏感性实验第三次升压过程					
4	6.6317	36.7164	18.06	21.416	13.256
7	6.6031	36.6878	18.00	18.346	11.356
10	6.5792	36.6639	17.94	16.415	10.161
15	6.5580	36.6427	17.90	13.056	8.082
20	6.5418	36.6265	17.86	11.003	6.811
30	6.5117	36.5964	17.81	8.835	5.469
40	6.5092	36.5939	17.79	6.720	4.160
应力敏感性实验第四次升压过程					
4	6.6137	36.6983	18.02	17.044	10.550
7	6.5868	36.6714	17.96	15.510	9.601
10	6.5657	36.6503	17.91	14.026	8.282
15	6.5383	36.6229	17.85	12.094	6.786
20	6.5232	36.6078	17.82	10.204	5.816
30	6.5101	36.5947	17.79	7.458	4.617
40	6.5066	36.5912	17.78	5.725	3.544

注:(1)为在实验室所加围压条件下的测量值。

(2)为把围压条件下测量值转换成单轴向负载条件下的测量值。

表 5-11　2 号岩心孔隙度、压缩系数分析报告

净上覆压力 MPa	孔隙体积 cm³	总体积 cm³	孔隙度 %	压缩系数,10^{-4}MPa^{-1} (1)	(2)
应力敏感性实验第一次升压过程					
4	6.2008	28.2691	21.93	26.799	16.589
7	6.1716	28.2399	21.85	21.969	13.599
10	6.1578	28.2261	21.82	17.580	10.882
15	6.1347	28.2030	21.75	14.177	8.776
20	6.1214	28.1897	21.72	11.694	7.238
30	6.0892	28.1575	21.63	9.508	5.886
40	6.0501	28.1184	21.52	8.691	5.380
应力敏感性实验第二次升压过程					
4	6.1576	28.2058	21.83	20.336	12.588
7	6.1312	28.1794	21.76	17.696	10.954
10	6.1158	28.1640	21.71	14.868	9.203
15	6.0923	28.1405	21.65	12.435	7.697
20	6.0856	28.1338	21.63	9.866	6.107
30	6.0707	28.1189	21.59	7.377	4.567
40	6.0411	28.0893	21.51	6.725	4.163
应力敏感性实验第三次升压过程					
4	6.1226	28.1709	21.73	18.804	11.639
7	6.0971	28.1454	21.66	16.650	10.306
10	6.0817	28.1300	21.62	14.151	8.760
15	6.0662	28.1145	21.58	11.109	6.877
20	6.0577	28.1060	21.55	9.021	5.584
30	6.0491	28.0974	21.53	6.479	4.010
40	6.0381	28.0864	21.50	5.305	3.284
应力敏感第性实验四次升压过程					
4	6.0856	28.1338	21.63	17.703	10.958
7	6.0627	28.1109	21.57	15.453	9.166
10	6.0501	28.0983	21.53	12.873	7.269
15	6.0413	28.0895	21.51	9.539	5.705
20	6.0398	28.0880	21.50	7.277	4.504
30	6.0377	28.0859	21.49	4.965	3.074
40	6.0305	28.0787	21.48	4.018	2.487

注:(1)为在实验室所加围压条件下的测量值。
　　(2)为把围压条件下测量值转换成单轴向负载条件下的测量值。

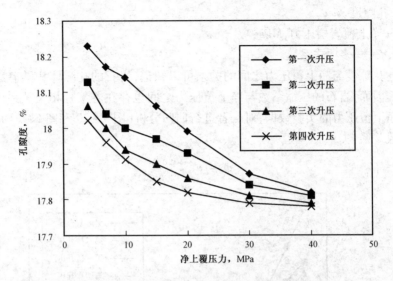

图 5 - 18　10 - 4 号岩样孔隙度与净上覆压力关系曲线

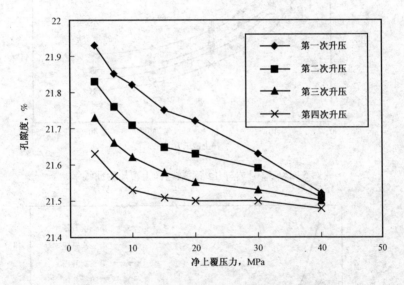

图 5 - 19　2 号岩样孔隙度与净上覆压力关系曲线

从孔隙度与净上覆压力之间的关系曲线可以看出,随着净上覆压力的增加,孔隙度具有明显的下降趋势。具体表现在,随着净上覆压力的增加,开始孔隙度值下降得比较快,当压力达到 20MPa 后,孔隙度的下降就比较缓慢了。原因在于:渗透率较高的岩样,其骨架比较疏松,起初随着压力的增加,压实作用比较明显,孔隙度下降快;随着净上覆压力的继续增加,岩样中可供压缩的空间减少,孔隙度下降趋于平缓。而且,随着净上覆压力改变次数的增加,孔隙度的变化也趋于平缓。

通过曲线拟合分析,孔隙度与净上覆压力之间的变化关系满足多项式(三项式)函数关系。

$$\phi = a(\Delta p)^3 + b(\Delta p)^2 + c(\Delta p) + d \qquad (5-2)$$

式中 ϕ——孔隙度, %;

  Δp——净上覆岩层压力, MPa;

  a, b, c, d——多项式系数。

  根据上述孔隙度与净上覆压力之间的关系可以知道, 岩石的孔隙体积随着净上覆压力的增加而减少。因而, 岩石的压缩系数与净上覆压力之间也存在着某种相关关系。根据得出的压缩系数和净上覆压力的实验数据, 对二者进行回归分析(图 5 - 20 和图 5 - 21), 发现它们满足如下的指数关系:

$$\phi = a e^{-b(\Delta p)} \tag{5 - 3}$$

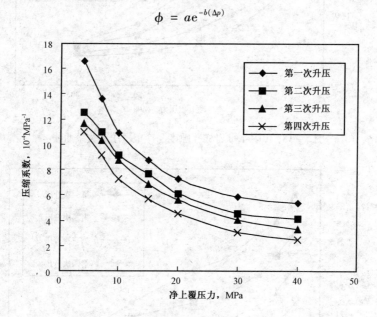

图 5 - 20 2 号岩样压缩系数与净上覆压力曲线

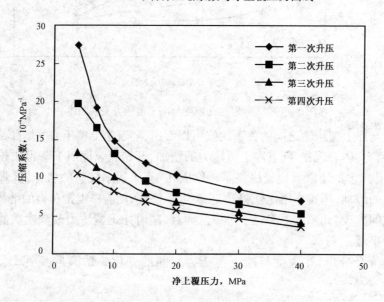

图 5 - 21 10 - 4 号岩样压缩系数与净上覆压力曲线

通过测定 10 – 4 号和 2 号岩心 4 次升压过程中岩心孔隙度、压缩系数的变化趋势可以看出,随着净上覆压力的上升,岩石的压缩系数、孔隙度呈下降趋势;上覆压力低时岩石压缩系数、孔隙度的变化较大;升压后期由于岩石可压性减小,岩石压缩系数、孔隙度的变化减小。从曲线形状来看,岩石的压缩系数、孔隙度有趋于定值的可能,这与 Newman 所得到的实验结论一致。

对比 4 次升压曲线在 4MPa 的测得值发现,第一次实验测得的孔隙度、压缩系数最高,第二次、第三次以及第四次测得的岩石孔隙度、压缩系数依次降低,从而说明岩石压缩系数和孔隙度之间存在一定的关系。在加压过程中,岩石越疏松,孔渗越大,孔隙越易压缩。岩石经过压缩以后,不可能恢复到初始状态,反复压缩的次数越多,岩石的孔隙度、压缩系数下降得越多。次数越多,相对前次而言,每次孔渗的变化就越小。相对来讲,在相同净上覆压力下,高渗储层比低渗储层压缩系数的绝对量和相对量变化小,随着净上覆压力由 0 上升到 40MPa,压缩系数下降到 4MPa 下的 40%,说明低上覆压力下储层未压实,压缩性较强;高渗储层与低渗储层相比,其孔隙度绝对变化量相近,而低渗储层的相对变化量略大,但两种储层多次加压后总体孔隙度相差不超过 2.5%,因此可以不考虑孔隙度变化。采用高渗透储层改建储气库比选用低渗透储层改建储气库效果好。

第三节　储气库建库微观模拟可视化研究

在油气田开发试验中,利用储层岩心进行室内水驱油实验是物理模拟实验中的传统方法。采用此种方法可得到驱替效率和流体流动规律,对认识储层流体的渗流特征及规律起重要作用,但是它无法直接观察到储层孔隙内流体的微观渗流过程。随着近代实验观察技术的发展,目前已能较好地应用驱油微观模拟实验技术,更深入地研究储层流体运动的微观机理。可视化微观模拟实验是应用可视化储层微观模型,借助于显微放大、录像、图像分析和实验计量技术,实现从储层流体微观渗流过程的定性机理分析到定量描述的研究,以揭示储层内流体微观渗流特征及剩余流体微观分布特征。

本次研究采用建立的可视微观模型,对储气库建库的各个过程分别进行微观模拟。首先建立岩石微观模型,用经过筛选的岩石颗粒随机地粘在玻璃片上,然后装进透明的胶皮筒中固定,最后再装入小型的夹持器中。接着以 60° 的倾角(模拟地层倾角)将夹持器固定在电子显微镜下,通过夹持器上方的玻璃窗口可以清楚地观察并拍摄整个实验过程。

一、实验流程

本次微观驱替试验首先将岩石饱和水(从下往上驱),然后用油驱水建立束缚水(从上往下驱),再用水驱油建立残余油(从下往上驱),最后进行天然气驱水(从上往下驱)。实验流程见图 5 – 22 和图 5 – 23。

二、实验过程

(一)饱和水

按照流程图安装好实验装置后,以 1mL/h 的恒定泵速将水从岩心夹持器的下端注入。因为岩心夹持器中有 0.3MPa 左右的围压以及重力的影响,注入端的压力要维持在 0.1MPa 左

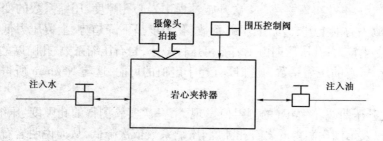

图 5-22 微观驱替试验流程（水驱和油驱）

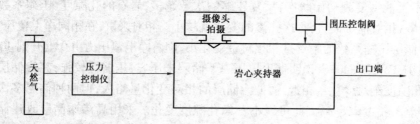

图 5-23 微观驱替试验流程（天然气驱）

右。实验中采用的是蓝色的水,在显微镜下可以清晰地看到注入水沿颗粒之间的孔隙进入,水线比较明显。

（二）油驱水建立束缚水

在水完全饱和了岩心以后,以 1mL/h 的恒定泵速将油从岩心夹持器的上端注入。注入端的压力要维持在 0.1MPa 左右。实验中采用的是红色的煤油,可以观察到红色的油将蓝色的水从孔隙中驱替出的过程。驱替过程一直要进行到另一个出口端出来的完全都是蓝色的水为止,这才表明油已将岩心中所有能驱出的水全部驱出,建立起了束缚水。

前两步实验的目的是建立起开发前的原始地层状况。

（三）水驱油建立残余油

在油驱水结束后,再次进行水驱油的试验,模拟油田的注水开发过程。还是以 1mL/h 的恒定泵速将水从岩心夹持器的下端注入,注入端的压力要维持在 0.1MPa 左右。驱替过程也是到另一端驱出的流体完全是油为止,这代表的是油田的注水开发结束的状况。

（四）天然气驱水

由于气体的特殊物性,利用气体驱替的过程比较复杂,需要另外再连接一套压力控制仪器,见图 5-23。

实验步骤如下:

（1）将微观模型夹持器的入口端连接上气液相渗仪的压力控制部分,以便进行低压调整控制。

（2）将出口端放空,用水柱控制出口压力。

（3）准备好天然气并连接在压力控制器上。

（4）在连接好实验装置后,开始进气。因为是低压,所以采用的是手动调控压力。要缓慢提高天然气的压力,使天然气逐渐进入岩心模型开始驱替。在这一实验步骤中一定要控制好天然气进入的速度,如果速度太快,将无法观察到气体的驱替过程,在驱替过程中采集图像。

三、实验结果分析

从实验中采集的图像可以很清晰地观察到储气库建库过程中水驱油过程的微观分布、气驱水过程的微观分布和界面推进情况。

图 5-24 ~ 图 5-29 反映的是水饱和岩心的过程。可以看出,整个水线不是活塞式推进,水向孔隙大、渗流条件好的方向进行,孔隙度大的地方水饱和度高。

图 5-24　饱和水图 1

图 5-25　饱和水图 2

图 5-26　饱和水图 3

图 5-27　饱和水图 4

图 5-28　饱和水图 5

图 5-29　饱和水图 6

图 5-30 ~ 图 5-35 反映的是油驱水的过程。因为是从上往下驱,所以油先从左上角进来,整个过程也比较清楚。油首先从渗流条件好的方向进入,油水界面不是水平推进,直到建立束缚水。

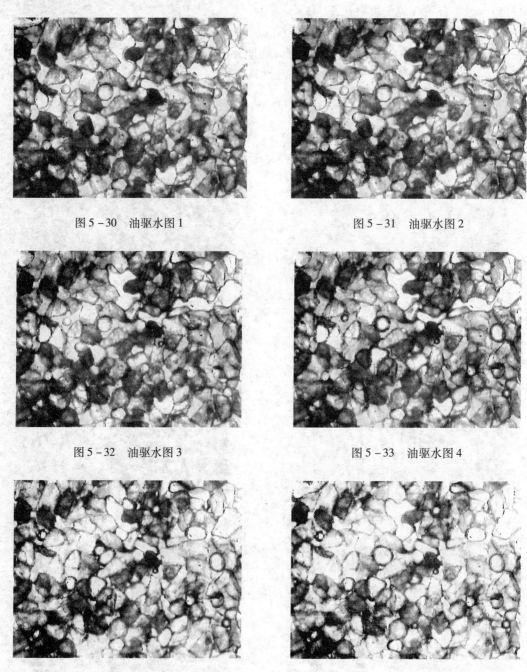

图 5-30　油驱水图 1　　　　　　　　　　　图 5-31　油驱水图 2

图 5-32　油驱水图 3　　　　　　　　　　　图 5-33　油驱水图 4

图 5-34　油驱水图 5　　　　　　　　　　　图 5-35　油驱水图 6

图 5 - 36 ~ 图 5 - 41 描述的是水驱油的过程。因为现在孔隙和孔道空间中已经充满了油水,所以整个驱替过程中的驱替界面推进情况表现得不是太明显。但是从图中还是能观察到孔隙空间大、渗流能力强的地方的油越来越少,水越来越多。

图 5 - 36 水驱油图 1   图 5 - 37 水驱油图 2

图 5 - 38 水驱油图 3   图 5 - 39 水驱油图 4

图 5 - 40 水驱油图 5   图 5 - 41 水驱油图 6

考虑到气体的特性,在气驱水的驱替过程中都是非常缓慢地增加气体的注入压力。直到注入压力达到 0.1psi 时,岩心中才有气体进入,其中的油气开始流动,有一部分的油水被驱替出来。保持这一压力让气体继续注入。由于气体在岩心中形成了通路,就驱替不到其他位置的油水。这时开始继续增大气体的注入压力,以便能驱替到更多的岩心中的油气,可见图 5 – 42 ~ 图 5 – 47。到最后压力达到 3psi 时,岩心中的油就几乎被完全地驱替出来了,只残余少量的水。

图 5 – 42 气驱水图 1   图 5 – 43 气驱水图 2

图 5 – 44 气驱水图 3   图 5 – 45 气驱水图 4

图 5 – 46 气驱水图 5   图 5 – 47 气驱水图 6

从实验采集的图像中可以观察到下列现象：

（1）饱和水时尽管重力差异很大，从下向上驱饱和水时，水界面仍然不是水平的，从而说明尽管多孔介质孔渗很大，要实现界面的水平推动仍然是很难的。

（2）油驱水建立束缚水的过程中，油驱水的界面运动方向与饱和水过程中水的进入反方向一致，说明孔隙度高、渗流条件好的孔隙是油水运动的主通道。

（3）水驱油的过程中，虽然有重力作用，但没有明显的油水界面。

（4）在天然气驱的过程中，气相驱替液相，孔隙及渗流条件好的部位仍然是气首先进入驱油、驱水较快的地方；初期注入没有明显的气驱液界面移动效果，但随着注入气量的增加，含液饱和度呈明显的下降趋势，而含气饱和度呈明显的上升趋势。随气量增加，逐渐形成气流通道，气向孔渗较大的孔道推进，一些小孔道仍不能被驱到，因此在一定注气速度下，油水饱和度最终达到一个相对稳定的值，在此时增加注气速度，可以发现岩心中的剩余油水含量减少。

总之，即使在较高的孔渗条件下，天然气注入高倾角高含水后期油藏中，气液界面也不会水平推进，即重力驱效果并不明显，但在形成气驱通道后增加注气速度，会使气驱液效果更为明显。说明了在封闭油藏中形成注气通道后，注气速度的增加会导致库容增加。

第六章 多次注采储气库运行模拟

第一节 砂岩储层库容及渗流能力测定

高含水后期油藏改建储气库以及利用含水构造建储气库,实现天然气的注采能力是主要目标。在建库过程中,频繁注采会导致储层的温度、压力及地质结构等不断发生变化,从而导致注采能力及库容也相应发生变化。储层性质是影响储气库库容的主要因素,以油藏储气库为例,通过实验测试研究了岩石物性对储气库库容的影响情况。

分别采用渗透率为 100mD、600mD、1000mD 的人造岩心,在 60° 倾角的情况下,首先饱和水后用油驱水建立束缚水,之后进行水驱油,待不出油后,再进行气驱油,直到不再出油;测定最终的油、气、水饱和度及采收率。

实验结果见表 6 – 1。

表 6 – 1　不同渗透率岩心 60° 倾角时多相驱替测试数据

岩样编号	岩样长度 cm	岩样直径 cm	孔隙度 %	渗透率 mD	束缚水饱和度 %	水驱		气驱后最终饱和度及采收率				注气速度 mL/min	出口压力 MPa
						残余油饱和度 %	采收率 %	含油饱和度 %	含水饱和度 %	含气饱和度 %	采收率 %		
101	6.90	2.53	24.31	147.28	25.28	36.77	50.80	32.97	33.58	33.45	55.87	40	30
4 – 7	7.05	2.51	37.64	679.92	20.80	22.08	72.12	19.04	31.46	49.50	75.96	40	30
5 – 1	7.13	2.51	38.68	1008.65	17.18	21.99	73.45	19.05	26.71	54.24	76.99	40	30

根据表 6 – 1 的实验数据,不同渗透率岩心气驱后含气饱和度的变化如图 6 – 1 所示。

从表 6 – 1 和图 6 – 1 可以看出,渗透率越高水驱油后的残余油饱和度越小,气驱后的含气饱和度越大。这是因为渗透率越大,注入气体能进入的地层孔隙越多,驱替范围越大,波及效率越高,驱替效果越好,驱替后残余油、水饱和度越小,相应地含气饱和度越大,气驱后储气库的库容也就越大。因此,用高渗透油藏改建储气库比渗透率低油藏的效果好。

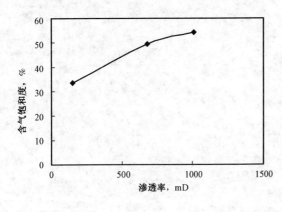

图 6 – 1　不同渗透率岩心含气饱和度变化曲线

第二节　注采剖面模拟研究

地下储气库是利用压缩机等设备把天然气注入地下高孔隙度、高渗透率地层中,当需要时再快速采出天然气的地下储存场所。在储气库气驱机理及注采能力的研究中,分别对 A、B、C 三种样品油进行了注采周期模拟,分别模拟了 5 个注采周期:从 1969 年到 2012 年 12 月 30 日是注水开采期,2010 年 12 月 31 日到 2011 年 6 月 30 日为第一个注气时间段;2011 年 12 月 31 日到 2012 年 6 月 30 日为第二个注气时间段;2012 年 12 月 31 日到 2013 年 6 月 30 日为第三个注气时间段;2013 年 12 月 31 日到 2014 年 6 月 30 日为第四个注气时间段;2014 年 12 月 31 日到 2015 年 6 月 30 日为第五个注气时间段。每个时间段之间都有 6 个月的间隔期作为采气时间段。每个注气时间段都关闭采油井和注水井,开启注气井和排水井;而每个采气时间段都是关闭注气井和排水井,开启采气井。

一、地质特征

以样品 A 为例介绍其工区概况和地质特征。A 处地面平均海拔为 30.4m,其处于主体构造北部,油藏含油面积 3.84km², 地质储量 1048×10⁴t。

A 北段块开采层位属于古近系潜江组潜三段,自上而下分潜 3¹、潜 3² 两油组,包括 14 个含油小层,35 个油砂体,油层平均厚度为 19.9m,其中主力油砂体 6 个,分别为潜 3^1_{1+2} I、潜 3^1_{3-6} I、潜 3^2_{1+2} I、潜 3^2_{1-2} I、潜 3^2_4 I、潜 3^2_5 I,地质储量占北断块的 94.16%。A 油藏的原始构造图见图 6-2。

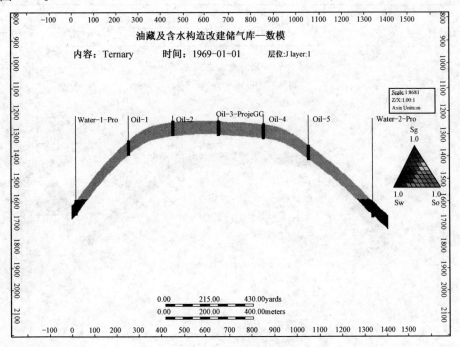

图 6-2　A 油藏原始构造图

A 油田潜三段北断块构造为一北西—南东向不对称长轴背斜,构造具有以下 4 个特征:

(1)构造继承性发育。潜 $4^下$ 时期沉积的千余米厚的塑性较强的盐岩与软泥岩,在差异负荷及水平侧压的作用下,于潜 $4^上$ 时期发生流动上拱,产生背斜构造雏形,之后不断上升,发育到荆河镇组末期,整个构造处于隆起状态,形成完整的今构造。

(2)长期发育的古构造历史,使构造变陡。构造倾角 50°~65°,闭合高度 725m,闭合面积 10.8km²。同时构造倾角东西两翼不对称,东翼陡、西翼缓。

(3)构造纵轴长 7.7km,横轴长 1.5km,纵横轴长之比为 5:1。

(4)车挡断层垂直于构造轴向,其断层平缓、断距大、延伸长,起控制沉积及油气运移的作用。

三种样品的物性参数和地质参数分别见表 6-2 和表 6-3。

表 6-2 地质模型参数

样品	渗透率,D	孔隙度	饱和度	烃孔隙体积,m³	构造深度,m
A	296.18	0.129	0.71	1708660	1260~1732
B	296.18	0.15097	0.71	2002050	1260~1732
C	296.18	0.18024	0.71	2389790	1260~1732

表 6-3 原油物性参数

样品	气油比,m³/m³	原油体积系数,m³/m³	地层温度,℃	压力,MPa	深度,m
A	18.78	1.0916	70.4	19	1600
B	438.44	1.937	92.6	38	1600
C	451.8	2.205	141	65	1600

低气油比样品 C 和高气油比样品 C 在几个不同注采时期的剖面对比见图 6-3~图 6-13。

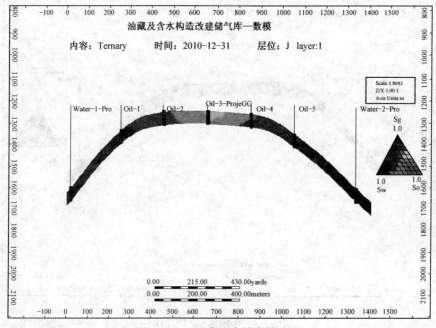

图 6-3　A 油藏注水结束构造图

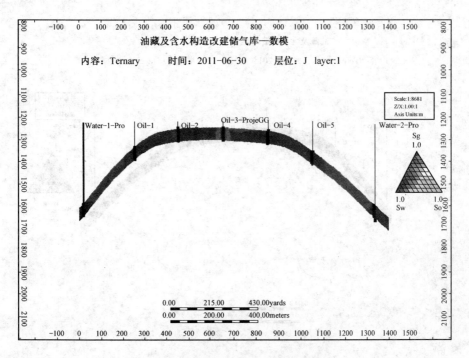

图6-4 A油藏第一次注气结束构造图

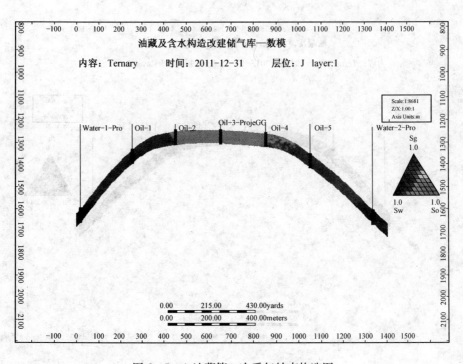

图6-5 A油藏第一次采气结束构造图

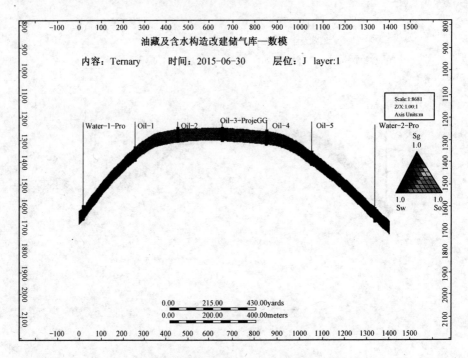

图6-6　A油藏最后一次注气结束构造图

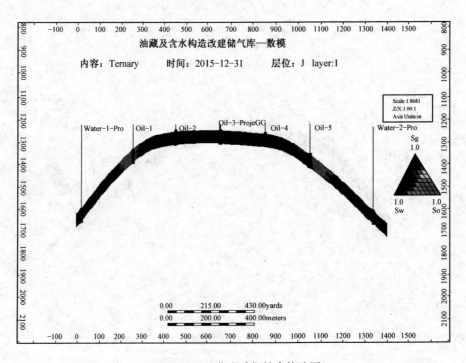

图6-7　A油藏注采气结束构造图

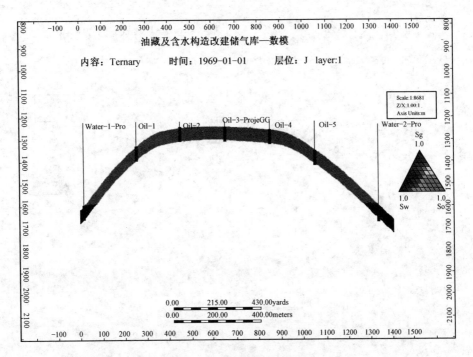

图6-8　C油藏原始构造图

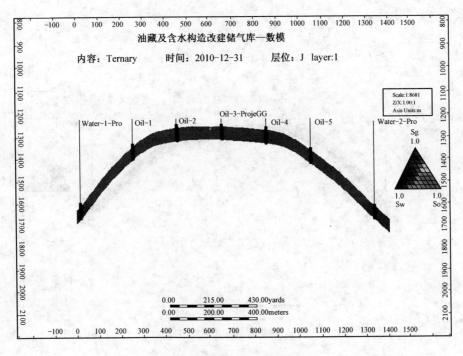

图6-9　C油藏注水结束构造图

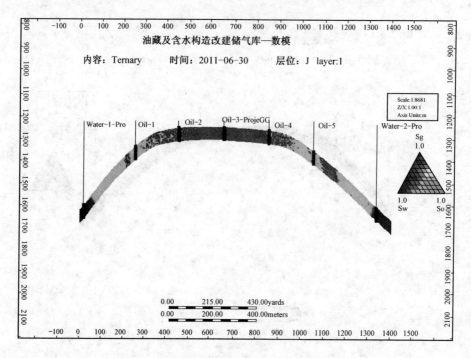

图 6-10　C 油藏第一次注气结束构造图

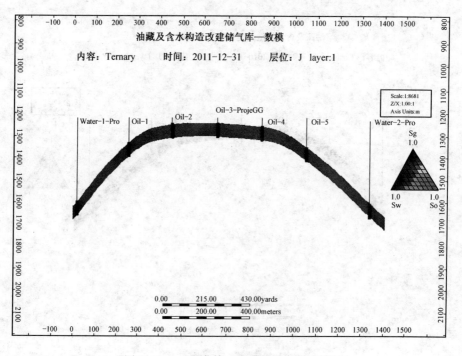

图 6-11　C 油藏第一次采气结束构造图

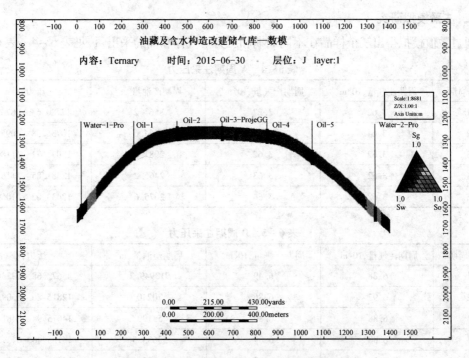

图 6-12 C油藏最后一次注气结束构造图

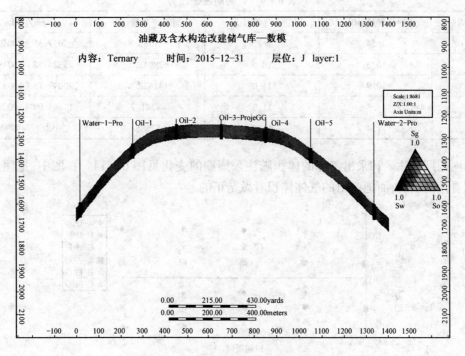

图 6-13 C油藏注采气结束构造图

二、注采模拟研究

通过数值模拟得出三个样品在不同周期和压力下气体和油的采出量,见表6-4～表6-6。

表6-4　A周期注采压力

注采周期	周期注气量,$10^8 m^3$	周期产气量,$10^8 m^3$	周期产油量,m^3	压力,kPa
1	3.62	3.27	8563.2	17780.63～38739.52
2	3.64	3.58	5464.6	10735.58～40955.47
3	3.62	3.62	2981.4	12071.71～41186.24
4	3.62	3.63	2466.2	12381.85～41163.33
5	3.62	3.64	2075.6	12433.02～41069.68

表6-5　B周期注采压力

注采周期	周期注气量,$10^8 m^3$	周期产气量,$10^8 m^3$	周期产油量,m^3	压力,kPa
1	6.88	6.49	913949.2	35672.68～63234.11
2	6.92	6.86	70240	12815.26～65096.60
3	6.88	6.89	53199	14075.94～64814.87
4	6.88	6.89	53633.5	14135.46～64373.27
5	6.88	6.89	48921	14089.22～63594.25

表6-6　C周期注采压力

注采周期	周期注气量,$10^8 m^3$	周期产气量,$10^8 m^3$	周期产油量,m^3	压力,kPa
1	7.54	7.86	611235.8	62647.36～100594.82
2	10.3	10.5	679948.5	25321.42～100480.20
3	10.9	11.0	141422.8	20049.26～100322.96
4	11.3	11.3	88271.7	17483.99～100040.08
5	11.4	11.5	52555	17058.74～99903.42

不同周期的注入和采出气体的体积随注采周期的变化见图6-14。在图中,把注入的气体体积看做是负的,而把产出的气体体积看做是正的。

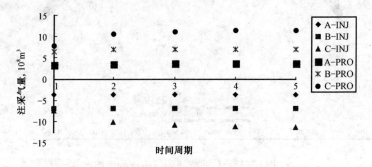

图6-14　周期注采气量

气体的产量和地层压力随时间周期的变化关系见图6-15。

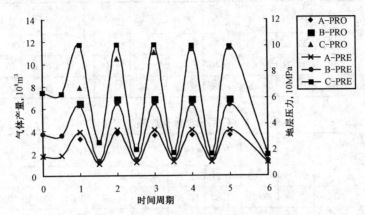

图6-15 气体采出量与时间压力的变化曲线

从图6-15中可以看出,气体的产量与地层压力的变化相吻合,而且产量的大小与地层压力的大小成正比。

在采气注气的过程中,还有一部分的原油也随着气体被采出来,原油采收率随时间的变化关系见图6-16。

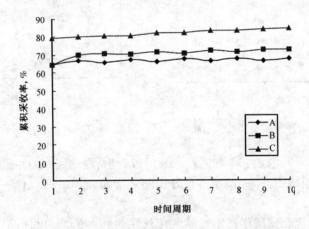

图6-16 原油采收率随时间变化的关系曲线

在储气库的注采过程中,随着时间周期的变化,采出流体的组成也随之发生变化。通过表6-7~表6-9、图6-17和图6-18可以看出其变化趋势。

表6-7 A采出流体组成随时间变化

组分,%(摩尔分数) 时间,d	0	181	365	647	731	912	1096	1277	1461	1642	1823
N_2—C_1	5.22	5.31	60.80	60.80	73.06	73.06	78.10	78.10	80.84	80.84	82.58
C_2—C_6	20.38	20.37	13.48	13.48	11.90	11.90	11.29	11.29	10.97	10.97	10.74
C_7—C_{24}	74.40	74.32	25.71	25.71	15.04	15.04	10.61	10.61	8.20	8.20	6.68

表6-8　B采出流体组成随时间变化

组分,%（摩尔分数） \ 时间,d	0	181	365	647	731	912	1096	1277	1461	1642	1823
$N_2—C_1$	59.16	59.88	78.37	78.37	83.67	83.67	85.60	85.60	86.61	86.61	87.27
$C_2—C_6$	24.22	24.03	12.40	12.40	11.15	11.15	10.68	10.68	10.43	10.43	10.25
$C_7—C_{24}$	16.62	16.09	9.23	9.23	5.18	5.18	3.72	3.72	2.97	2.97	2.47

表6-9　C采出流体组成随时间变化

组分,%（摩尔分数） \ 时间,d	0	181	365	647	731	912	1096	1277	1461	1642	1823
$N_2—C_1$	65.75	65.68	80.71	80.71	84.97	84.97	86.66	86.66	87.40	87.40	87.95
$C_2—C_6$	17.68	17.71	12.80	12.80	11.39	11.39	10.80	10.80	10.66	10.66	10.48
$C_7—C_{24}$	16.58	16.61	6.49	6.49	3.64	3.64	2.54	2.54	1.94	1.94	1.57

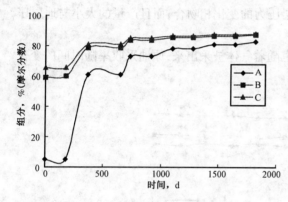

图6-17　$N_2—C_1$组分随时间变化的关系曲线　　　图6-18　$C_2—C_6$所占百分比随时间变化的关系曲线

由表6-7～表6-9、图6-17和图6-18可以看出,在储气库的注采过程中,随着注采周期的增加,采出流体组成中$N_2—C_1$所占百分比随之增加,而$C_2—C_6$、$C_7—C_{24}$所占百分比则随之降低。

为了研究注采速度和储层渗透率对储气库注采过程的影响,以样品A为例,分别将其注采速度和渗透率调大了一倍再进行模拟运算,发现其主要参数的变化都不大,和原来的模拟值基本吻合。只是在将渗透率增大一倍进行模拟计算时,周期的油产量及气的注、采量均下降了近一半,油藏压力也有所降低。其参数可见表6-10～表6-12和图6-19～图6-21。

表6-10　A周期注采压力（注采速度调大一倍）

注采周期	周期注气量,$10^8 m^3$	周期产气量,$10^8 m^3$	周期产油量,m^3	压力,kPa
1	7.25	6.82	9074.7	17780.63～63249.06
2	7.28	7.23	8259.4	13396.49～65533.32
3	7.24	7.26	7737.2	14616.16～65397.37
4	7.24	7.28	7142.9	14654.05～65109.61
5	7.24	7.29	6626.2	14451.12～64902.02

表 6-11　A 周期注采压力(渗透率调大一倍)

注采周期	周期注气量,$10^8 m^3$	周期产气量,$10^8 m^3$	周期产油量,m^3	压力,kPa
1	3.62	3.36	4858.1	17831.91 ~ 37477.98
2	3.64	3.61	2595.6	8510.90 ~ 39327.79
3	3.62	3.63	2030.6	9613.29 ~ 39377.90
4	3.62	3.64	1681.2	9735.29 ~ 39347.40
5	3.62	3.64	1432.5	9818.34 ~ 39237.34

表 6-12　A 周期注采压力表(注采速度、渗透率调大一倍)

注采周期	周期注气量,$10^8 m^3$	周期产气量,$10^8 m^3$	周期产油量,m^3	压力,kPa
1	7.24	6.94	9154.4	17831.91 ~ 61830.83
2	7.28	7.26	8099.3	10370.38 ~ 63505.49
3	7.24	7.27	7385.0	11449.27 ~ 63292.50
4	7.24	7.28	6841.0	11397.64 ~ 63129.28
5	7.24	7.28	6326.5	11365.30 ~ 62837.08

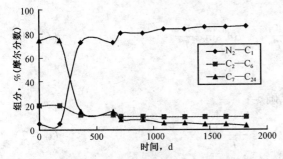

图 6-19　A 各组分所占百分比随时间
变化的关系曲线
(注采速度调大一倍)

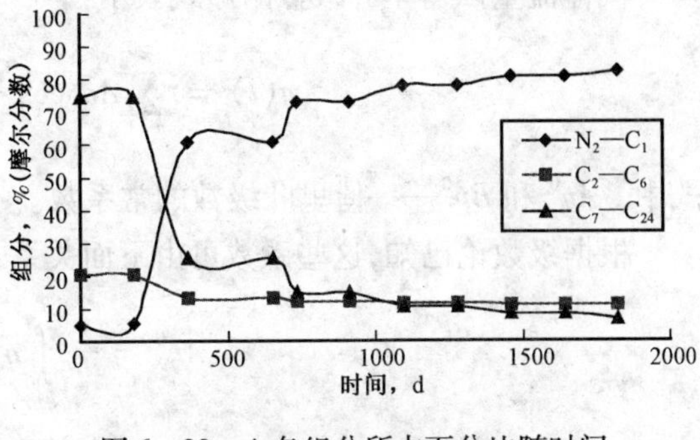

图 6-20　A 各组分所占百分比随时间
变化的关系曲线
(渗透率调大一倍)

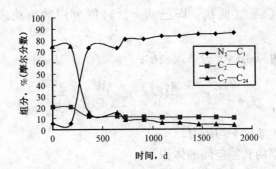

图 6-21　A 各组分所占百分比随时间变化的关系曲线
(注采速度、渗透率调大一倍)

第三节　多次循环注采过程中操作指标计算

多孔储层储存气体的水动力学计算，可采用各种方法，最通用而且比较成熟的是海因 A. п 方法。在 и. A. 查尔纳及其同事的著作中，介绍了另一种方法，该方法主要是为水平地层开发的，然而对微斜构造也适用。

实际上，常采用的方法是由 C. H. 布金诺夫和 E. B. 列维金研制的方法。在方法中，许多复杂函数是通过简单无量纲图形表示的，使用时没有困难。

该方法从假设出发，即把储气库假设为一个直径固定 r_ϕ、分布在无限均匀的固定厚度为 h 的地层中的放大了的气井，储气库含气区内的压力变化可以忽略不计。在储气库的范围内，气体饱和度被假定为恒定值。对计算公式进行的分析表明，这些假设是可以接受的。

该方法的实质是，把气体流量看做是给出时间的周期函数，将该方程与自储气库驱出水的方程，以及描述地层谐波扰动时含水区内压力变化的方程进行联解时，便可以得到储气库地层部分操作的水动力学主要指标与工艺指标之间的关系。而地层内含气部分内的压力变化，可以放在整个系统时再进行考虑。下面介绍计算公式的推导步骤。

气体流量以傅里叶级数的形式表示：

$$q(t) = \sum_{n=1}^{\infty} An^0 \cos\frac{2\pi n}{T}t + Bn^0 \sin\frac{2\pi n}{T}t \qquad (6-1)$$

式中　An^0 和 Bn^0——傅里叶级数的常系数。

根据级数论已知，这些系数可由下面关系式确定：

$$An^0 = \frac{1}{T}\int_0^T q(t)\cos\frac{2\pi n}{T}t\mathrm{d}t \qquad (6-2)$$

$$Bn^0 = \frac{1}{T}\int_0^T q(t)\cos\frac{2\pi n}{T}t\mathrm{d}t \qquad (6-3)$$

式中　T——周期，在本节中 T 等于 1 年。

若已知具体的注气、采气曲线。即已知 $q(t)$，便可用数值法或图解法求出系数 An^0 和 Bn^0。

此外，气体流量还可以用以下关系式表示：

$$q(t) = \frac{\mathrm{d}(pV)}{\mathrm{d}t} = p\frac{\mathrm{d}V}{\mathrm{d}t} + V\frac{\mathrm{d}p}{\mathrm{d}t} \qquad (6-4)$$

式中　p——储气库内的加权平均压力；

V——被气体占据的孔隙空间的体积。

方程(6-4)是非线性的，因此求解有困难，通过置换可将其直线化：

$$p = p_{\mathrm{cp}} = \frac{1}{T}\int_0^T p(t)\mathrm{d}t$$

$$V = V_{cp} = \frac{1}{T} \int_0^T V(t) \, dt$$

在这种情况下,式(6-4)具有以下形式:

$$q(t) = p_{cp} \frac{dV}{dt} + V_{cp} \frac{dp}{dt} \tag{6-5}$$

注气时被水驱入地层中的水和采气时侵入储气库中的水,它们的流量同样是时间的周期函数,可用傅里叶级数表示:

$$q_B = \frac{dV}{dt} = \frac{2\pi Kh}{\mu_B} r \frac{dp}{dr} = \sum_{n=1}^{\infty} An\cos\frac{2\pi n}{T}t + Bn\sin\frac{2\pi n}{T}t \tag{6-6}$$

式中 An 和 Bn——常数,与 An^0 和 Bn^0 所不同的是,它们是未知数,为了求出这两个常数,可采用谐波扰动的无限地层内压力变化算子的解法。

在半径为 r 的井壁上压力的表现形式如下:

$$\Delta p = p(t) - p_{cp} = \frac{\mu_B}{2\pi Khr} \sqrt{\frac{xT}{2\pi}} \left[\left(\frac{Fn^0}{\sqrt{n}}An - \frac{Gn^0}{\sqrt{n}}Bn \right) \cos\frac{2\pi n}{T}t + \left(\frac{Gn^0}{\sqrt{n}}An + \frac{Fn^0}{\sqrt{n}}Bn \right) \sin\frac{2\pi n}{T}t \right]$$

$$\tag{6-7}$$

可以证明,Fn^0、Gn^0、An、Bn 都是已知自变数 x 的函数,可以由下式来确定:

$$x_n = \sqrt{\frac{2\pi n}{xT}} r_n ; x_n = x_1 \sqrt{n}$$

现认为 $r = r_\varphi = r_{cp}$,则关系式(6-7)可以改写成下式:

$$\Delta p = \frac{\mu_B}{2\pi Khr_{cp}} \sqrt{\frac{xT}{2\pi}} \sum_{n=1}^{\infty} \left[\Phi(x_n)\cos\frac{2\pi n}{T}t + \varphi(x_n)\sin\frac{2\pi n}{T}t \right] \tag{6-8}$$

将式(6-1)、式(6-5)、式(6-8)联立求解,就能求出储气库循环操作的所有工艺指标。注气和采气的实际曲线图可以用正弦曲线表示:

$$q = \frac{\pi}{2} q_{cp} \sin\frac{2\pi n}{T}t \tag{6-9}$$

式中 q_{cp}——注气或采气周期内,气体平均流量。

$$q_{cp} = \frac{2}{T} \int_0^T q(t) \, dt = \frac{2Q_a}{T} \tag{6-10}$$

在这种情况下,用式(6-1)、式(6-5)、式(6-8)可以得到以下计算公式:

$$\Delta p(t) = p \frac{\mu_B}{2Kh} \frac{Q_a}{Tp_{cp}} \frac{1}{x} \sin(t - t_1) = \Delta p_{max} \sin\frac{2\pi}{T}(t - t_1) \tag{6-11}$$

$$\Delta p(t) = p \frac{\mu_B}{2Kh} \frac{Q_a}{Tp_{cp}} \frac{1}{x} = p \frac{\mu_B}{4Kh} \frac{q_{cp}}{p_{cp}x} \tag{6-12}$$

$$p(t) = p_{cp} + \Delta p(t) \tag{6-13}$$

缓冲容积由下面的关系式求出：

$$V_h = V_0 p_0 \tag{6-14}$$

式中：

$$V_0 = V_{cp} - \frac{T}{4} \frac{q_{cp}}{p_{cp}} G^* = V_{cp} - \frac{Q_a}{2p_{cp}} G^* \tag{6-15}$$

$$p_0 = p(0)$$

$$V_{max} = V_{cp} + \frac{Tq_{cp}}{4p_{cp}} F_1 = V_{cp} + \frac{Q_a}{2p_{cp}} F_1 \tag{6-16}$$

如果给出储气库内的最大压力，则采用另一表达式求 V_{max} 更加方便：

$$V_{max} = V_{cp} \left(1 + \frac{\Delta p_{max}}{p_{cp}} F_2 \right) \tag{6-17}$$

以上关系式中，p、t_1、G^*、F_1、F_2 都是已知自变量 x 和 V^* 的函数，其中：

$$x = \sqrt{\frac{2\pi}{xT}} r_{cp} = \frac{4.46 \times 10^{-4}}{\sqrt{x}} r_{cp} \tag{6-18}$$

$$V^* = \frac{V_{cp} \mu_B \sqrt{x}}{p_{cp} K h r_{cp} \sqrt{2\pi T}} = \frac{7.12 \times 10^{-5} V_{cp} \mu_B \sqrt{x}}{p_{cp} K h r_{cp}} \tag{6-19}$$

根据图 6 - 22 ~ 图 6 - 26，在已知具体对象的 x 和 V^* 值时，就能够求出下列函数：$t_1(x, V^*)$、$G^*(x, V^*)$、$p(x, V^*)$、$F_1(x, V^*)$ 和 $F_2(x, V^*)$。

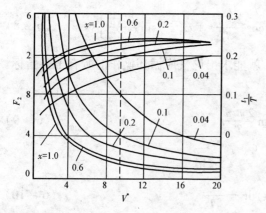
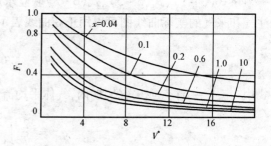

图 6 - 22　$F_2 = F_2(x, V^*)$ 和 $\frac{t_1}{T} = f(x, V^*)$ 关系图　　图 6 - 23　$F_1 = F_1(x, V^*)$ 关系图

通常 V_{max} 值是已知的，在这种情况下，利用试探法求出 V_{cp}。

建储气库的隆起，有时因断裂变得复杂，或者具有储层岩性变化的特征。这时，直接采用前面给出的公式，就显得没有根据。

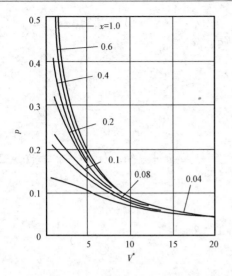

图 6-24　$p = p(x, V^*)$ 关系图

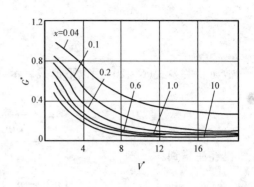

图 6-25　$G^* = G^*(x, V^*)$ 关系图

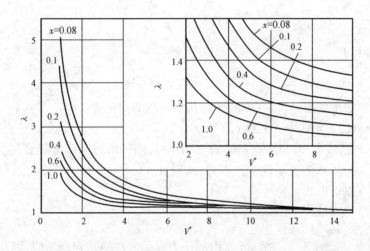

图 6-26　$\lambda = \lambda(x, V^*)$ 关系图

但是在多数情况下,完全允许把地层水压系统,用一个或几个具有非渗透边界的扇形区域来表示,然后对每一扇形区域单独进行计算。

气体流量的区域分布,可以假设为与其水力传导性同顶角的乘积成正比。每一扇形区域各有不同的 r_{cp} 和 V^* 值。

实际的注气和采气曲线图,不严格遵守正弦定律,有时与该定律有很大的偏差。但是,即使以恒定流量进行注气和采气时,使用上述公式也不会产生很大误差,而且是完全允许的。

之前我们的出发点,是注气和采气曲线是给出的,而且工作容积是已知的。

有时需要进行问题的反解,即根据储气库的压力和孔隙空间体积来确定工作容积。在这种情况下,可采用方程式(6-12)计算,工作容积用 q_{cp} 表示:

$$q_{cp} = \frac{2Q_a}{T}$$

$$p_{max} - p_{cp} = p \frac{\mu_B}{4Kh} \frac{2Q_a}{p_{cp}x} \tag{6-20}$$

由于：

$$x = \sqrt{\frac{2\pi}{xT}} r_{cp}$$

故可将关系式(6-20)用以下形式表示：

$$2(p_{max} - p_{min}) = p_a \frac{\mu_B}{Khp_{cp}} \frac{\sqrt{x}V_{cp}}{\sqrt{2\pi Tr_{cp}V_{cp}}} \cdot p = \frac{Q_a}{V_{cp}} V^* p \tag{6-21}$$

已经注意到：

$$2(p_{max} - p_{cp}) = (p_{max} - p_{min})$$

因此可以写成：

$$Q_a = V_{cp} \frac{1}{V^* p}(p_{max} - p_{min}) \tag{6-22}$$

现令：

$$1/(V^* p) = \lambda$$

于是最终得到了：

$$Q_a = V_{cp}\lambda(p_{max} - p_{min}) = 2V_{cp}\lambda(p_{max} - p_{cp}) \tag{6-23}$$

式中　λ——因地层水的推进，储气库的平均几何容积的变化率。

图6-26给出的关系式中$\lambda = \lambda(x, V^*)$。

从图6-26的曲线可知，当水有足够的流动性时，储气库的工作容积要比气驱方式大2~3倍，甚至更大。但是，水的流动性常常不大，所以$\lambda = 1.1 \sim 1.2$，如果流动系数更小($\lambda \approx 1$)，则式(6-23)具有以下形式：

$$Q_a = 2V_{cp}(p_{max} - p_{cp}) \tag{6-24}$$

如果地层水的流动性不大，则储气库内的压力在采气终期达到最小值，因此：

$$Q_h = V_{cp}p_{min} \tag{6-25}$$

在注气终期：

$$Q = Q_{max} = Q_h + Q_a = V_{cp}p_{max} \tag{6-26}$$

因为$p_{max} - p_{cp} = p_{cp} - p_{min}$，所以：

$$\frac{Q_h}{Q_a} = \frac{p_{min}}{p_{max} - p_{min}} = \frac{2p_{cp} - p_{max}}{2(p_{max} - p_{cp})} = \frac{p_{min}}{2(p_{cp} - p_{min})} \tag{6-27}$$

第七章 注采能力气藏工程方法研究

第一节 注采能力预测方法

储气库单井注采能力的大小主要受储层渗流能力和井筒性质的影响。一般来说井筒的性质是相对稳定的，因此单井注采能力的大小主要受储层渗流能力的影响，可以参照原始试油试气、生产情况或拟压力半稳定流动方程确定注采能力。对枯竭油气藏型储气库和含水层型储气库的注采能力预测方法大同小异。目前最为有效的方法一般采取节点系统分析技术。

一、注入能力预测方法

注入能力确定，即设计确定注入井的注入压力、注入量，可以采用统计经验法和节点系统分析法。

（一）统计经验法

通过对已有的生产资料统计分析计算得到的相应经验公式，如吸气指数与地层系数、采油指数等之间的关系式，并结合相渗曲线，计算注入井不同层段在相应注入量下井底的流动压力：

$$p_{wf} = p_R + \frac{Q_g}{J_g} \tag{7-1}$$

在计算得出井底流动压力后，利用垂直管流公式计算井口压力，即为注入井注入压力。最后根据注入设备的注入能力，假设注入压力即可确定注入量。在给定注入压力时还需参考地层破裂压力，地层最大注入井底流动压力与地层破裂压力的关系为：

$$(p_{wf})_{max} \leqslant (0.8 \sim 0.9)p_F \tag{7-2}$$

（二）节点系统分析法

储气库的注气生产系统分为三部分：（1）地面压缩机至井口的水平管段；（2）井口至井底的垂直管段；（3）井底到地层的渗流段。

选取注入井井底为节点，从而生产系统划分为这样的两部分：从地面压缩机经过井口再到井底为系统的流入部分；从井底到地层渗流段则为系统的流出部分。首先根据注气试验数据建立的注气能力方程，计算在目前地层压力和一系列注气量条件下流出节点的压力，即井底流动压力，绘制流出压力与注入流量的关系曲线，也称流出动态曲线；然后假设一系列井口注入压力，在相同系列的注入流量下，根据垂直管流流动公式计算流入节点的压力，绘制流入动态曲线。最后根据注入设备的注入能力，在给定井口注入压力的情况下，找出流入、流出曲线的交点——协调点，对于注入系统，该点所对应的注入量即为最佳注入量。当然在给定注入压力时仍需参考地层破裂压力。

1. 注气流入动态曲线

设垂直井口压力为 p_{wh}（MPa）。油管采气时，p_{wh} 指油压，井底流压为 p_{wf}（MPa），气体流量为 q_g（$10^4\mathrm{m}^3/\mathrm{d}$），则油管采气：

$$p_{wf} = \left[p_{wh}^2 \cdot e^{2s} + C_1 \cdot (e^{2s} - 1)/d^5 \right]^{0.5} \tag{7-3}$$

$$p_{wh} = \left[p_{wf}^2 \cdot e^{-2s} - C_1 \cdot (1 - e^{-2s})/d^5 \right]^{0.5} \tag{7-4}$$

$$C_1 = 1.3243\lambda_1 (q_g T_{av} Z_{av})^2 \tag{7-5}$$

$$s = 0.03415 r_g H/(T_{av} Z_{av}) \tag{7-6}$$

式中　λ_1——圆管阻力系数；

　　　q_g——气井产气量或注气量，$10^4\mathrm{m}^3/\mathrm{d}$；

　　　d——油管内径，cm；

　　　T_{av}——垂直井内气流平均温度（井口、井底的平均值），K；

　　　Z_{av}——气体偏差系数；

　　　r_g——气体相对密度；

　　　H——气层中部深度，m。

2. 注气流出动态曲线

已知井的产气二项式方程：

$$p_R^2 - p_{wf}^2 = Aq_{og} + Bq_{og}^2 \tag{7-7}$$

式中　q_{og}——气井的产出量，$10^4\mathrm{m}^3/\mathrm{d}$；

　　　p_R——储层压力，MPa；

　　　p_{wf}——井底流动压力，MPa。

$$A = \frac{1.291 \times 10^{-3}\mu(T + 273.15)Z}{Kh}\left(\ln \frac{0.472 r_e}{r_w} \right) \tag{7-8}$$

$$B = \frac{2.162 \times 10^{-10} r_g Z(T + 273.15)}{K^{1.5} r_w h^2} \tag{7-9}$$

式中　A——层流项系数；

　　　B——紊流项系数。

由于 Z_{av} 是 T_{av} 和 p_{av} 的函数，而 p_{av} 又取决于 p_{wh} 和 p_{wf} 的平均值，因此按以下步骤进行迭代。

(1)以 p_{wh} 或 p_{wf} 作为 p_{av} 的迭代初值，即由 p_{wf} 求 p_{wh} 时用后者，由 p_{wh} 求 p_{wf} 时用前者。

(2)以 $Z_{av} = 1$ 作为 Z_{av} 的迭代初值，即 $Z_{av}^{(0)} = 1$。

(3)求出近似的 p'_{wh} 或 p'_{wf}。用 p'_{wh} 或 p'_{wf} 求 p'_{av}，计算公式为：

$$p_{av}^{(1)} = \frac{2}{3}\left(p'_{wf} + \frac{p'^2_{wh}}{p'_{wf} + p'_{wh}} \right) \tag{7-10}$$

(4)以 T_{av}、$p_{av}^{(1)}$ 及 r_g 求出 $Z_{av}^{(1)}$。

(5)将步骤(3)至(5)各步反复循环计算,直到$|Z_{(n+1)} - Z_{(n)}| < \varepsilon = 10^{-4}$成立。

因注采井深度方向上气体温度和偏差因子等物性参数的变化较大,所以在实际计算过程中将井筒在深度方向上分成若干段,分别进行节点压力分析,最后求出真实的井底流压和井口压力的对应关系。

此外,在研究储气库的注入能力时,由于气井油管的通过能力受冲蚀临界流量的约束,因此还要考虑气井冲蚀临界流量的影响。冲蚀是指材料受到小而松散的流动粒子冲击时表面出现破坏的一类磨损现象。造成冲蚀的粒子通常都比被冲蚀的材料硬度高,但流速高时,软粒子也会造成冲蚀。高速气体在管内流动时会发生冲蚀,产生明显冲蚀作用的流量称为冲蚀流量。

在注采气时,最大极限流量是避免高速流动气体在井筒内对油管及管柱产生冲蚀作用时的注采量,保证实际注采量控制在冲蚀安全产量的范围以内。冲蚀安全流量的计算采用如下公式:

$$q_e = 5.164 \times 10^4 A \left[\frac{p}{Z(T + 273.15)\gamma_g} \right]^{0.5} \tag{7-11}$$

式中　A——油管截面积,m^2;

　　　Z——气体偏差系数;

　　　T——井口温度,℃;

　　　γ_g——气体相对密度。

三、采出能力预测方法

单井采气能力的大小,受到地层渗流能力和井筒流动能力的双重影响,而井筒条件是相对固定的,因此单井产量大小主要受储层渗流能力的制约。描述气井地层渗流能力的基本理论是达西定律,在此基础上进行气井产能的确定。

气井采气能力的确定可采用气井产能方程、统计经验法、产量递减法和节点系统分析法。

(一)气井产能测试确定的产能方程

产能方程可根据试油试气、生产资料、试井资料等确定,气井产能方程为指数式方程或二项式方程:

$$q_g = c(p_R^2 - p_{wf}^2)^n \tag{7-12}$$

$$p_R^2 - p_{wf}^2 = Aq_g + Bq_g^2 \tag{7-13}$$

采气初期储层压力高,单井产量较高,伴随着储层压力的下降,单井产量也逐步下降。

(二)统计经验法

利用已有生产动态资料进行统计分析计算得到相应的经验公式,再结合相渗曲线对气井采气能力进行确定:

$$Q_g = J_g(p_R - p_{wf}) \tag{7-14}$$

(三)产量递减法

气藏首次投入生产,其采气能力相对较高。随着气藏的开采,累计产量增多,气藏中储量减少,导致气藏压力下降,相应的产气能力也下降。建立气藏的压降方程,测算出每口井的流动方程系数后,就可以计算出未来的流量。因此人们在不断寻求一种方法,即采气能力递减与生产井或气田的产量关系相关的一些方法。建立上述关系的递减因子存在不同类型的可能性,Flanigan 提出了递减因子的几种可能的关系式:

$$DF = -\frac{\mathrm{d}D}{\mathrm{d}Q} \tag{7-15}$$

$$DF = -\frac{\mathrm{d}D/D}{\mathrm{d}Q} \tag{7-16}$$

$$DF = -\frac{\mathrm{d}D/D^a}{\mathrm{d}Q} \tag{7-17}$$

式中　DF——递减因子;

　　　D——采气能力;

　　　Q——生产井或气田累积产气量;

　　　a——估算常数。

通过对上述关系式的检验可以看出,关系式(7-17)具有更大的可靠性。进一步说,通过使用常数 a,实际上这个关系式包含了其他两种形式,当 a 为 0 时,式(7-17)即简化为式(7-15);当 a 为"1"时,式(7-17)即简化为式(7-16)。对于任意的 a 值,式(7-17)具有独特的形式。式(7-17)积分后得:

$$DF = \frac{1}{(1-a) \times \Delta Q} \times (D_1^{1-a} - D_2^{1-a}) \tag{7-18}$$

利用这个关系式可以用两个数据点确定递减因子。

整理式(7-18),可以得到气藏开发阶段任何点的采气能力,关系式如下:

$$D = [D_1^{1-a} - (1-a) \times DF \times \Delta Q]^{\frac{1}{1-a}} \tag{7-19}$$

(四)节点系统分析法

储气库的生产系统分为三部分:(1)地面压缩机至井口的水平管段;(2)井口至井底的垂直管段;(3)井底到地层的渗流段。

选取井底为节点,从而生产系统划分为这样两部分:从地层到井底渗流段为系统的流入部分;从井底到井口再到地面压缩机则为系统的流出部分。根据气井产能方程,计算在目前地层压力和一系列采气量条件下流入节点的压力,即井底流动压力,绘制流入压力与产气量的关系曲线,也称流入动态曲线;然后假设一系列井口压力,在相同系列的产气量下,根据垂直管流流动公式计算流出节点的压力,绘制流出动态曲线。当地层流入能力与井筒流出能力协调一致时,即在流入、流出曲线的交点——协调点,气井达到最大稳定生产能力。

其采出和流入曲线的计算方法与前面注气时的算法完全相同。

在采气时,同样有高速流动的气体在井筒内对油管及管柱产生冲蚀作用,因此也要考虑气井冲蚀临界流量的影响,具体计算方法与之前注气时的计算相同。

此外,对于气井采出系统还需考虑气井携液临界流量。当井筒内气体实际流速小于携液临界流速时,气体就不能将井内液体全部排出井口,在井底出现积液,从而使井筒附近地层受到伤害,含液饱和度增大,气相渗透率降低,产能受到伤害。气井开始积液时,井筒内气体的最低流速称为气井携液临界流速,对应的流量称为气井携液临界流量。

气井携液临界流速的表达式为:

$$u_{cr} = 3.1\left[\frac{\sigma g(\rho_1 - \rho_g)}{\rho_g^2}\right]^{0.25} \tag{7-20}$$

气井携液临界流量的表达式为:

$$q_{cr} = 2.5 \times 10^4 \frac{Apu_{cr}}{Z(T + 273.15)} \tag{7-21}$$

第二节　影响注采能力的因素

储气库单井注采能力的大小主要受储层渗流能力和井筒性质的影响。一般来说,井筒的性质是相对稳定的,因此单井注采能力的大小主要受储层渗流能力的影响。

一、井筒的影响

井筒对储气库单井注采能力的影响主要表现在油管尺寸、井筒积液上。

一般来说,油管尺寸越大,储库的单井注采能力越大。但对于采出过程来讲,油管尺寸过大,则可能形成井底积液,反而降低气井产能。因此,油管尺寸的选择还需考虑满足井下作业的要求和气井携液条件,如果油管在机械方面不存在设计问题,那么油管的尺寸应该由井的产能、携液能力以及成本等几项因素综合决定。

井底出现积液,对采出过程来讲,将增大井底回压,降低气井产量,限制气井的生产能力,严重者会使气井停产。对注入过程来讲,将降低气井的注入能力,严重时可能发生气体注不进的状况。

二、储层的影响

储层对储气库单井注采能力的影响主要表现在储层渗透率、表皮效应、紊流、储层有效厚度以及地层破裂压力等对注采能力的影响上。

储层渗透率越高,则储层的渗流阻力越小,储库单井的注采能力越大;表皮效应、紊流越严重,单井的注采能力越小;储层有效厚度越大,储库单井的注采能力越大。

地层破裂压力的影响主要表现在对采气过程的影响,若储层由非胶结的砂子或胶结很差的砂岩构成时,在不控制气井产量(或地层压差,或地层压力梯度)时,储层就会遭到破坏,在井周围形成洞穴,导致盖层及上覆岩层的垮塌和破坏,套管被挤坏,轻者使气井减产,重者迫使气井停产。对注入过程来讲,各种储气库都有一个最大承受压力,储气库运行过程中不能超过此压力极限,否则会发生气体逃逸、泄漏现象。注气时的最大流动压力不能超过岩石破裂压力,否则,在注入流体的同时,将压破地层,使注入流体发生"漏窜"等现象。地层的破裂压力可采用经验公式确定。较常用的确定地层破裂压力的经验公式如下。

(1)威廉斯法。

$$p_F = 0.023H_Z\alpha + (0.4274C - \alpha)p_R \qquad (7-22)$$

（2）迪基法。

形成垂直裂缝的压力：

$$p_F = 0.0227H_Z \qquad (7-23)$$

形成水平裂缝的压力：

$$p_F = CH_Z \qquad (7-24)$$

式中　p_F——注水井油层中部破裂压力，MPa；

　　　H_Z——油层中部深度，m；

　　　α——岩石破裂常数，一般取 0.0325 ~ 0.0493；

　　　C——上覆岩层压力梯度，一般取 0.0227 ~ 0.0247MPa/m。

影响储气库单井注采能力的因素除了储层和井筒外，还包括其他一些因素，如经济因素、气井井口产量等，为保证储库单井的注采能力，还应确保不使井口装置和地面设备发生强烈的震动等。

第三节　油藏注采能力

本节应用前面介绍的储气库注采能力的预测方法，分析研究了封闭型油藏储气库注采能力随注采周期的变化规律。

一、气井注入能力确定

注入井注入能力确定，即确定注入井的注入压力、注入速度等参数。以王场潜三段北断块封闭型油藏王 17 井为例，采用节点系统分析法分析了气井注入能力在 8 个注采周期的变化情况。图 7 – 1 ~ 图 7 – 8 分别为第一次至第八次的注采过程注气井节点分析图。

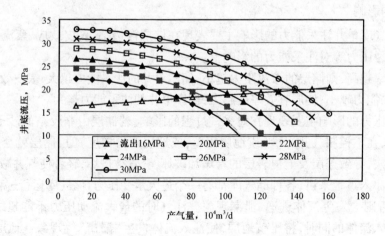

图 7 – 1　第一次注采过程注气井节点分析

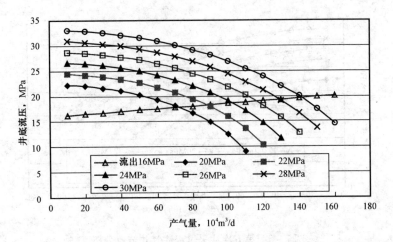

图 7-2 第二次注采过程注气井节点分析

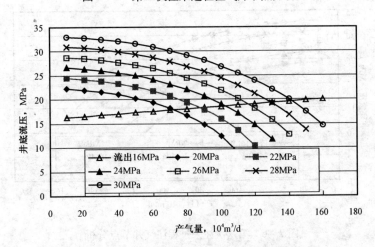

图 7-3 第三次注采过程注气井节点分析

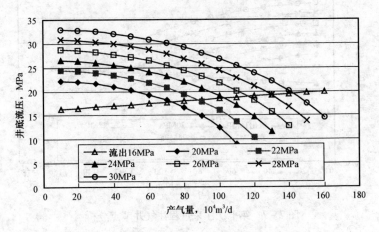

图 7-4 第四次注采过程注气井节点分析

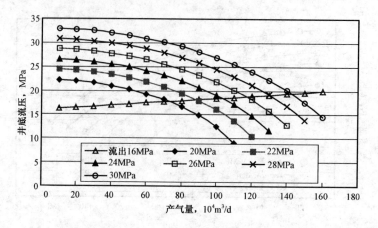

图7-5　第五次注采过程注气井节点分析

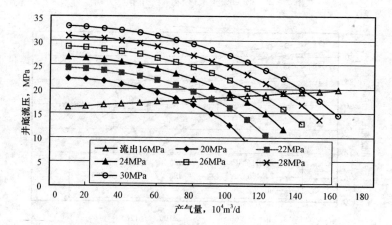

图7-6　第六次注采过程注气井节点分析

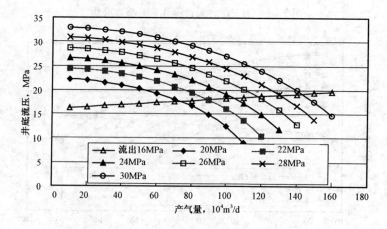

图7-7　第七次注采过程注气井节点分析

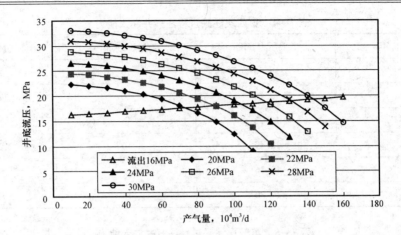

图7-8　第八次注采过程注气井节点分析

节点分析的结论见表7-1~表7-8。

表7-1　第一次注采过程注气井注入能力

井口压力,MPa	井底压力,MPa	地层压力,MPa	注气量,$10^4 m^3/d$
30	19.72	16	140.33
28	19.36	16	126.76
26	19.10	16	117.13
24	18.63	16	99.80
22	18.29	16	87.00
20	17.91	16	72.58

表7-2　第二次注采过程注气井注入能力

井口压力,MPa	井底压力,MPa	地层压力,MPa	注气量,$10^4 m^3/d$
30	19.63	16	140.70
28	19.28	16	127.13
26	19.02	16	117.49
24	18.57	16	100.16
22	18.24	16	87.32
20	17.87	16	72.89

表7-3　第三次注采过程注气井注入能力

井口压力,MPa	井底压力,MPa	地层压力,MPa	注气量,$10^4 m^3/d$
30	19.59	16	140.86
28	19.24	16	127.27
26	18.99	16	117.64
24	18.55	16	100.32
22	18.22	16	87.46
20	17.85	16	73.02

表 7 - 4 第四次注采过程注气井注入能力

井口压力,MPa	井底压力,MPa	地层压力,MPa	注气量,$10^4 m^3/d$
30	19.50	16	141.23
28	19.16	16	127.65
26	18.92	16	118.00
24	18.49	16	100.68
22	18.16	16	87.78
20	17.80	16	73.33

表 7 - 5 第五次注采过程注气井注入能力

井口压力,MPa	井底压力,MPa	地层压力,MPa	注气量,$10^4 m^3/d$
30	19.39	16	141.71
28	19.06	16	128.12
26	18.83	16	118.47
24	18.41	16	101.14
22	18.09	16	88.20
20	17.75	16	73.73

表 7 - 6 第六次注采过程注气井注入能力

井口压力,MPa	井底压力,MPa	地层压力,MPa	注气量,$10^4 m^3/d$
30	19.31	16	142.03
28	18.99	16	128.43
26	18.76	16	118.77
24	18.35	16	101.45
22	18.05	16	88.47
20	17.71	16	74.00

表 7 - 7 第七次注采过程注气井注入能力

井口压力,MPa	井底压力,MPa	地层压力,MPa	注气量,$10^4 m^3/d$
30	19.25	16	142.30
28	18.93	16	128.69
26	18.71	16	119.03
24	18.31	16	101.70
22	18.01	16	88.71
20	17.68	16	74.22

表7-8　第八次注采过程注气井注入能力

井口压力,MPa	井底压力,MPa	地层压力,MPa	注气量,$10^4 m^3/d$
30	19.21	16	142.46
28	18.90	16	128.85
26	18.68	16	119.18
24	18.28	16	101.85
22	17.99	16	88.84
20	17.66	16	74.36

图7-9为8个注采周期中气井日注气量与注入压力的关系曲线。

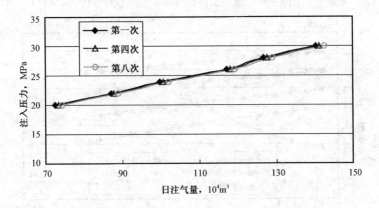

图7-9　不同注采周期中气井日注气量与注入压力的关系

由表7-1~表7-8和图7-9可以看出,随着储气库注采次数的增加,储库的注入能力呈逐渐增强的趋势。在相同的地层压力、注入井口压力下,气井的日注气量随注采次数的增多不断增加。在第一个注采周期,当地层压力为16MPa,井口注入压力分别为20MPa、22MPa、24MPa、26MPa、28MPa、30MPa时,气井的日注气量分别为72.58×$10^4 m^3$、87.00×$10^4 m^3$、99.80×$10^4 m^3$、117.13×$10^4 m^3$、126.76×$10^4 m^3$、140.33×$10^4 m^3$。而在第八个注采周期,当地层压力为16MPa,井口注入压力分别为20MPa、22MPa、24MPa、26MPa、28MPa、30MPa时,气井的日注气量则分别为74.36×$10^4 m^3$、88.84×$10^4 m^3$、101.85×$10^4 m^3$、119.18×$10^4 m^3$、128.85×$10^4 m^3$、142.46×$10^4 m^3$。

二、气井采气能力确定

气井采气能力确定,即确定采气井的采气量。以王场潜三段北断块封闭型油藏为例,采用节点系统分析法分析了气井采气能力在8个注采周期的变化情况。

节点分析曲线如图7-10~图7-17所示。地层压力为10~16MPa。

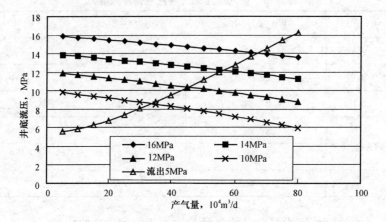

图 7 – 10　第一次注采过程采气井节点分析

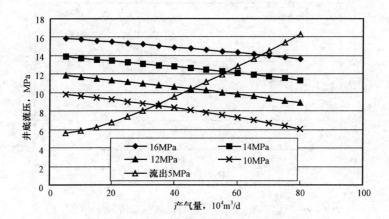

图 7 – 11　第二次注采过程采气井节点分析

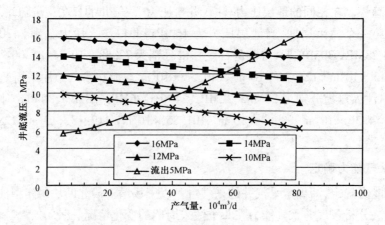

图 7 – 12　第三次注采过程采气井节点分析

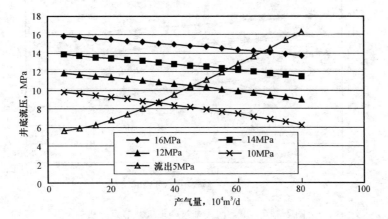

图 7-13　第四次注采过程采气井节点分析

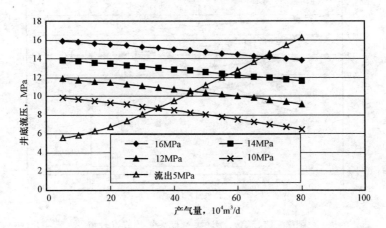

图 7-14　第五次注采过程采气井节点分析

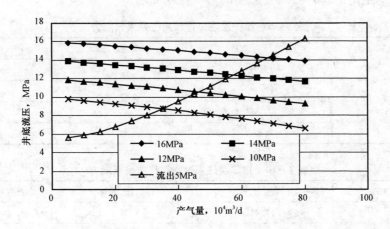

图 7-15　第六次注采过程采气井节点分析

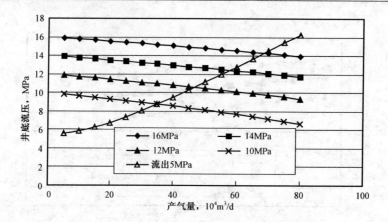

图 7 - 16   第七次注采过程采气井节点分析

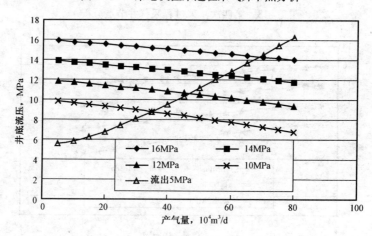

图 7 - 17   第八次注采过程采气井节点分析

节点分析的结论见表 7 - 9 ~ 表 7 - 16。

表 7 - 9   第一次注采过程采气井采气能力

地层压力,MPa	井底压力,MPa	井口压力,MPa	产气量,$10^4 m^3/d$
16	13.97	5	68.13
14	12.15	5	57.09
12	10.38	5	45.91
10	8.61	5	34.20

表 7 - 10   第二次注采过程采气井采气能力

地层压力,MPa	井底压力,MPa	井口压力,MPa	产气量,$10^4 m^3/d$
16	14.01	5	68.37
14	12.18	5	57.30
12	10.41	5	46.11
10	8.62	5	34.33

表 7 – 11 第三次注采过程采气井采气能力

地层压力,MPa	井底压力,MPa	井口压力,MPa	产气量,10⁴m³/d
16	14.07	5	68.71
14	12.23	5	57.58
12	10.42	5	46.18
10	8.63	5	34.38

表 7 – 12 第四次注采过程采气井采气能力

地层压力,MPa	井底压力,MPa	井口压力,MPa	产气量,10⁴m³/d
16	14.11	5	68.95
14	12.26	5	57.76
12	10.45	5	46.35
10	8.65	5	34.51

表 7 – 13 第五次注采过程采气井采气能力

地层压力,MPa	井底压力,MPa	井口压力,MPa	产气量,10⁴m³/d
16	14.16	5	69.23
14	12.34	5	58.23
12	10.50	5	46.72
10	8.67	5	34.67

表 7 – 14 第六次注采过程采气井采气能力

地层压力,MPa	井底压力,MPa	井口压力,MPa	产气量,10⁴m³/d
16	14.19	5	69.44
14	12.36	5	58.42
12	10.53	5	46.87
10	8.69	5	34.78

表 7 – 15 第七次注采过程采气井采气能力

地层压力,MPa	井底压力,MPa	井口压力,MPa	产气量,10⁴m³/d
16	14.26	5	69.86
14	12.39	5	58.57
12	10.57	5	47.13
10	8.81	5	35.55

表 7-16 第八次注采过程采气井采气能力

地层压力,MPa	井底压力,MPa	井口压力,MPa	产气量,$10^4 m^3/d$
16	14.28	5	69.97
14	12.41	5	58.66
12	10.58	5	47.21
10	8.81	5	35.60

图 7-18 为 8 个注采周期中气井日采气量与地层压力的关系曲线。

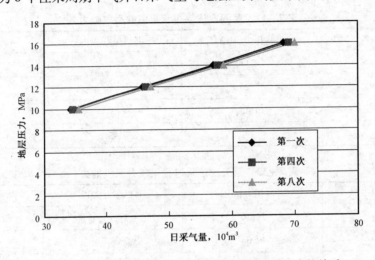

图 7-18   不同注采周期中气井日采气量与地层压力的关系

由表 7-9~表 7-16 和图 7-18 可以看出,随着储气库注采次数的增加,储库的采气能力呈逐渐增强的趋势。在相同的地层压力、井口压力下,气井的日采气量随注采次数的增多不断增大。在第一个注采周期,当井口压力为 5MPa,地层压力分别为 10MPa、12MPa、14MPa、16MPa 时,气井的日采气量分别为 $34.20 \times 10^4 m^3$、$45.91 \times 10^4 m^3$、$57.09 \times 10^4 m^3$、$68.13 \times 10^4 m^3$。而在第八个注采周期,当井口压力为 5MPa,地层压力分别为 10MPa、12MPa、14MPa、16MPa 时,气井的日采气量则分别为 $35.60 \times 10^4 m^3$、$47.21 \times 10^4 m^3$、$58.66 \times 10^4 m^3$、$69.97 \times 10^4 m^3$。

第四节   含水构造注采能力

本节应用前面介绍的储气库注采能力的预测方法,分析研究了封闭型含水构造储气库注采能力随注采周期的变化规律。

一、气井注入能力确定

注入井注入能力确定,即确定注入井的注入压力、注入速度等参数。我们采用节点系统分析法分析了气井注入能力在 8 个注采周期的变化情况。

节点分析曲线如图 7-19~图 7-26 所示。井口注入压力为 20~30MPa。

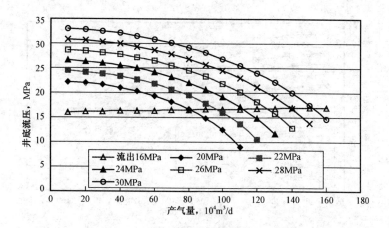

图 7 - 19　第一次注采过程注气井节点分析

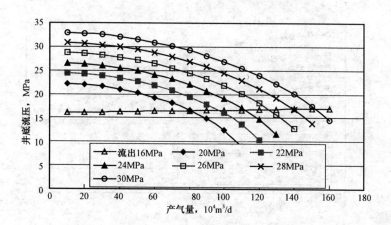

图 7 - 20　第二次注采过程注气井节点分析

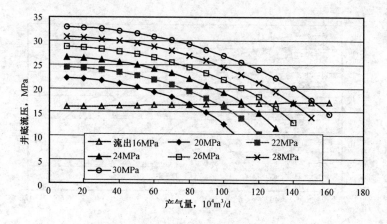

图 7 - 21　第三次注采过程注气井节点分析

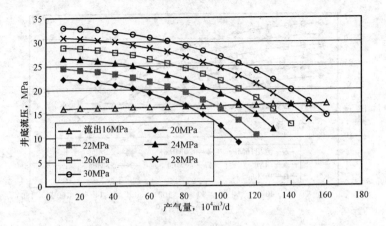

图 7 - 22　第四次注采过程注气井节点分析

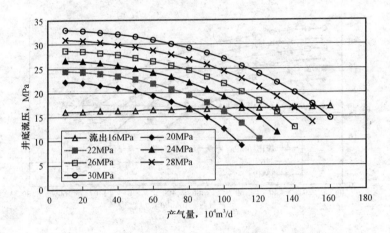

图 7 - 23　第五次注采过程注气井节点分析

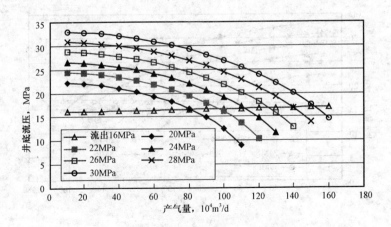

图 7 - 24　第六次注采过程注气井节点分析

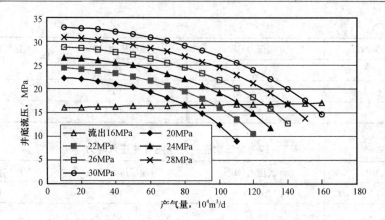

图 7-25 第七次注采过程注气井节点分析

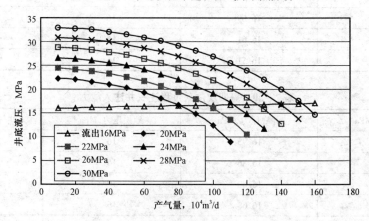

图 7-26 第八次注采过程注气井节点分析

节点分析的结论见表 7-17 ~ 表 7-24。

表 7-17 第一次注采过程注气井注入能力

井口压力,MPa	井底压力,MPa	地层压力,MPa	注气量,$10^4 m^3/d$
30	17.01	16	150.91
28	16.91	16	136.94
26	16.85	16	127.11
24	16.73	16	109.61
22	16.63	16	96.15
20	16.54	16	81.59

表 7-18 第二次注采过程注气井注入能力

井口压力,MPa	井底压力,MPa	地层压力,MPa	注气量,$10^4 m^3/d$
30	16.97	16	151.05
28	16.88	16	137.06
26	16.82	16	127.22

续表

井口压力,MPa	井底压力,MPa	地层压力,MPa	注气量,$10^4m^3/d$
24	16.71	16	109.70
22	16.62	16	96.23
20	16.52	16	81.67

表7-19 第三次注采过程注气井注入能力

井口压力,MPa	井底压力,MPa	地层压力,MPa	注气量,$10^4m^3/d$
30	16.96	16	151.10
28	16.87	16	137.11
26	16.81	16	127.27
24	16.69	16	109.74
22	16.61	16	96.27
20	16.51	16	81.71

表7-20 第四次注采过程注气井注入能力

井口压力,MPa	井底压力,MPa	地层压力,MPa	注气量,$10^4m^3/d$
30	16.95	16	151.13
28	16.86	16	137.14
26	16.80	16	127.31
24	16.68	16	109.80
22	16.60	16	96.33
20	16.50	16	81.78

表7-21 第五次注采过程注气井注入能力

井口压力,MPa	井底压力,MPa	地层压力,MPa	注气量,$10^4m^3/d$
30	16.94	16	151.18
28	16.85	16	137.20
26	16.78	16	127.36
24	16.67	16	109.84
22	16.59	16	96.38
20	16.50	16	81.83

表7-22 第六次注采过程注气井注入能力

井口压力,MPa	井底压力,MPa	地层压力,MPa	注气量,$10^4m^3/d$
30	16.92	16	151.23
28	16.83	16	137.25
26	16.77	16	127.41

续表

井口压力,MPa	井底压力,MPa	地层压力,MPa	注气量,$10^4 m^3/d$
24	16.66	16	109.89
22	16.58	16	96.43
20	16.49	16	81.87

表 7 – 23　第七次注采过程注气井注入能力

井口压力,MPa	井底压力,MPa	地层压力,MPa	注气量,$10^4 m^3/d$
30	16.91	16	151.29
28	16.82	16	137.30
26	16.76	16	127.46
24	16.65	16	109.94
22	16.57	16	96.47
20	16.48	16	81.92

表 7 – 24　第八次注采过程注气井注入能力

井口压力,MPa	井底压力,MPa	地层压力,MPa	注气量,$10^4 m^3/d$
30	16.89	16	151.34
28	16.81	16	137.35
26	16.75	16	127.51
24	16.64	16	109.99
22	16.56	16	96.52
20	16.47	16	81.97

图 7 – 27 为 8 个注采周期中气井日注气量与注入压力的关系。

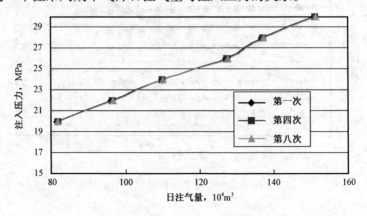

图 7 – 27　不同注采周期中气井日注气量与注入压力关系

由表 7-17~表 7-24 和图 7-27 可以看出,随着储气库注采次数的增加,储库的注入能力呈逐渐增强的趋势。在相同的地层压力、注入井口压力下,气井的日注气量随注采次数的增多不断增加。在第一个注采周期,当地层压力为 16MPa,井口注入压力分别为 20MPa、22MPa、24MPa、26MPa、28MPa、30MPa 时,气井的日注气量分别为 81.59×10⁴m³、96.15×10⁴m³、109.61×10⁴m³、127.11×10⁴m³、136.94×10⁴m³、150.91×10⁴m³。而在第八个注采周期,当地层压力为 16MPa,井口注入压力分别为 20MPa、22MPa、24MPa、26MPa、28MPa、30MPa 时,气井的日注气量则分别为 81.97×10⁴m³、96.52×10⁴m³、109.99×10⁴m³、127.51×10⁴m³、137.35×10⁴m³、151.34×10⁴m³。

二、气井采气能力确定

气井采气能力确定,即确定采气井的采气量。同样采用节点系统分析法分析了气井采气能力在 8 个注采周期的变化情况。

节点分析曲线如图 7-28~图 7-35 所示。地层压力为 10~16MPa。

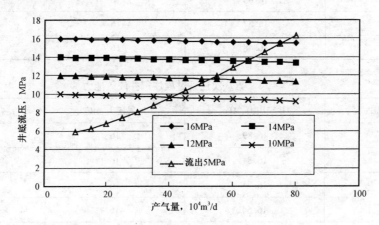

图 7-28　第一次注采过程采气井节点分析

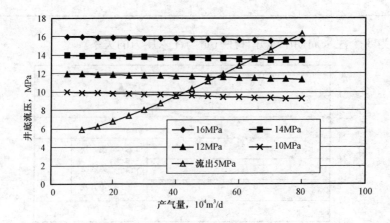

图 7-29　第二次注采过程采气井节点分析

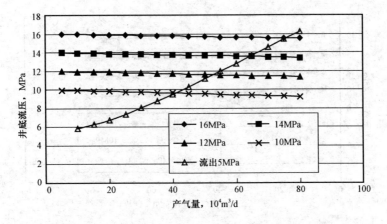

图 7 - 30　第三次注采过程采气井节点分析

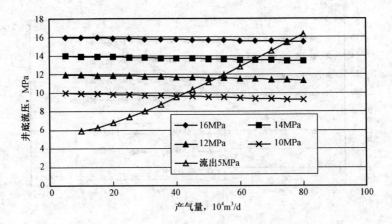

图 7 - 31　第四次注采过程采气井节点分析

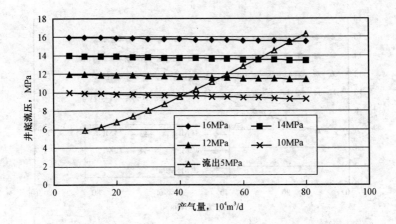

图 7 - 32　第五次注采过程采气井节点分析

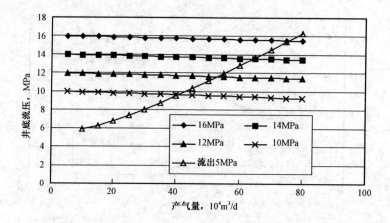

图 7-33 第六次注采过程采气井节点分析

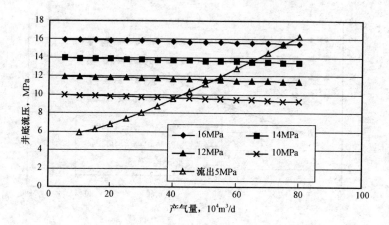

图 7-34 第七次注采过程采气井节点分析

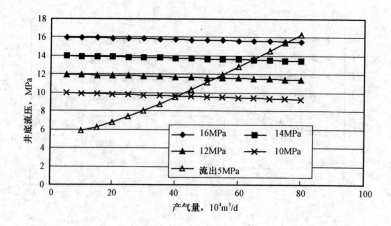

图 7-35 第八次注采过程采气井节点分析

节点分析的结论见表7-25～表7-32。

表7-25 第一次注采过程采气井采气能力

地层压力,MPa	井底压力,MPa	井口压力,MPa	产气量,$10^4 m^3/d$
16	15.50	5	74.82
14	13.54	5	63.73
12	11.57	5	52.21
10	9.62	5	40.23

表7-26 第二次注采过程采气井采气能力

地层压力,MPa	井底压力,MPa	井口压力,MPa	产气量,$10^4 m^3/d$
16	15.51	5	74.89
14	13.55	5	63.78
12	11.58	5	52.27
10	9.62	5	40.28

表7-27 第三次注采过程采气井采气能力

地层压力,MPa	井底压力,MPa	井口压力,MPa	产气量,$10^4 m^3/d$
16	15.52	5	74.93
14	13.55	5	63.82
12	11.59	5	52.30
10	9.63	5	40.30

表7-28 第四次注采过程采气井采气能力

地层压力,MPa	井底压力,MPa	井口压力,MPa	产气量,$10^4 m^3/d$
16	15.53	5	74.97
14	13.56	5	63.86
12	11.59	5	52.33
10	9.63	5	40.33

表7-29 第五次注采过程采气井采气能力

地层压力,MPa	井底压力,MPa	井口压力,MPa	产气量,$10^4 m^3/d$
16	15.53	5	75.01
14	13.56	5	63.89
12	11.60	5	52.36
10	9.64	5	40.36

表7-30 第六次注采过程采气井采气能力

地层压力,MPa	井底压力,MPa	井口压力,MPa	产气量,10⁴m³/d
16	15.54	5	75.05
14	13.57	5	63.92
12	11.60	5	52.39
10	9.64	5	40.38

表7-31 第七次注采过程采气井采气能力

地层压力,MPa	井底压力,MPa	井口压力,MPa	产气量,10⁴m³/d
16	15.55	5	75.09
14	13.58	5	63.96
12	11.61	5	52.42
10	9.65	5	40.41

表7-32 第八次注采过程采气井采气能力

地层压力,MPa	井底压力,MPa	井口压力,MPa	产气量,10⁴m³/d
16	15.56	5	75.13
14	13.58	5	63.99
12	11.62	5	52.46
10	9.65	5	40.43

图7-36为8个注采周期中气井日采气量与地层压力的关系。

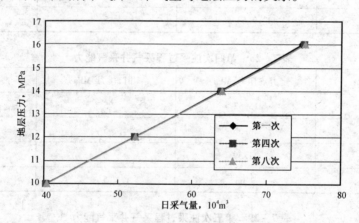

图7-36 不同注采周期中气井日采气量与地层压力关系

由表7-25~表7-32和图7-36可以看出,随着储气库注采次数的增加,储库的采气能力呈逐渐增强的趋势。在相同的地层压力、井口压力下,气井的日采气量随注采次数的增多不断增加。在第一个注采周期,当井口压力为5MPa,地层压力分别为10MPa、12MPa、14MPa、16MPa时,气井的日采气量分别为40.23×10⁴m³、52.21×10⁴m³、63.73×10⁴m³、74.82×10⁴m³。而在第八个注采周期,当井口压力为5MPa,地层压力分别为10MPa、12MPa、14MPa、16MPa时,气井的日采气量则分别为40.43×10⁴m³、54.46×10⁴m³、63.99×10⁴m³、75.13×10⁴m³。

第八章　注采物质平衡方法研究

自从 1936 年 Schilthuis 利用物质守恒原理建立油藏的物质平衡方程式以来,物质平衡方法在油气藏工程中得到了广泛的应用和发展。概括地讲,物质平衡方法可以解决以下四类问题:第一,计算油气藏的原始地质储量;第二,分析判断油气藏的驱动机理;第三,估算油气藏天然水侵量的大小;第四,预测油气藏动态。

对地下储气库,在注采过程中,储集空间中物质的数量、容积和地层压力的关系遵循物质平衡原理。

第一节　油藏注气物质平衡方法

油藏地下储气库是人为地将天然气注入地下枯竭油层中而形成。对注水开发的枯竭油藏而言,储气库最初开始注气时,岩层被油和水所充满,随着注入气量的增加,气逐渐将油、水驱开,同时一部分注入气可溶入原油中。

当储气库回采时,随着储层地层压力的下降,就要引起水的侵入、气体的膨胀以及油中溶解气的分离和膨胀。

一、油藏储气库注采物质平衡方程

在储气库的注采过程中,岩石的弹性膨胀率远低于天然气的膨胀率,因此可以忽略岩石弹性膨胀的影响。根据物质平衡原理,把储气库看成是一个体积不变的储集体,在注采过程的任意时刻,油、自由气和水这三者体积变化的代数和为零。在应用这一物质平衡原理时,通常要作如下的假定:油、气、水三相之间在任一压力下均能在瞬间达到平衡;储层温度在开发过程中保持不变。

油藏地下储气库在注采过程中,根据物质平衡原理,我们可写出如下的物质平衡关系:在注采过程中任意时刻储气库内所含油、气、水体积之和等于原始状况下储气库内所含油、气、水体积之和。

随着回采过程中油、气采出,储气库压力将下降,引起气体膨胀,水不断侵入储气库,油中溶解气也将发生分离和膨胀。

(一)储气库压力为 p 时地层油体积

在压力为 p 时,地层油体积 = 目前剩余油体积 × 地层原油体积系数,即:

$$N_t = (N - N_p)B_o \tag{8-1}$$

式中　N_t——储库压力为 p 时的地层油体积,m^3;

　　　N——油藏原始地质储量,m^3(标准);

　　　N_p——累积采油量,m^3(标准);

　　　B_o——压力为 p 时的地层油体积系数,m^3(地层)/m^3(标准)。

（二）储气库压力为 p 时地层自由气体积

假设在地层条件下，原始状态时自由气体积与原始状态时含油体积之比为 m，即：

$$m = GB_{gi}/(NB_{oi}) \tag{8-2}$$

式中　G——原始条件下气顶自由气体积，m^3（标准）；

　　　B_{gi}——原始条件下气体体积系数，m^3/m^3（标准）；

　　　B_{oi}——原始条件下地层油的体积系数，m^3/m^3（标准）。

$$GB_{gi} = mNB_{oi} \tag{8-3}$$

在储气库注采过程中的某一时刻，地下自由气体积要发生变化，压力为 p 时，其平衡关系为：自由气体积 = 原始自由气体积 + 原始溶解气体积 + 累积注入气体积 – 累积产气体积 – 仍溶在油中的气体体积。即：

$$G_t = \frac{mNB_{oi}}{B_{gi}}B_g + NR_{si}B_g + G_zB_{gz} - N_pR_pB_g - (N - N_p)R_sB_g \tag{8-4}$$

式中　G_t——储气库压力为 p 时自由气的地下体积，m^3；

　　　G_z——储气库压力为 p 时累积注入气体积，m^3（标准）；

　　　R_{si}——原始溶解气油比，m^3/m^3（标准）；

　　　R_s——压力为 p 时的溶解油气比，m^3/m^3（标准）；

　　　R_p——平均累积生产气油比，m^3/m^3（标准）；

　　　B_g——压力为 p 时的气体体积系数，m^3/m^3（标准）；

　　　B_{gz}——注入气在目前地层压力 p 时的体积系数，m^3/m^3（标准）。

（三）储气库压力为 p 时储库中累积净水侵的体积

在储气库注采过程中的某一时刻，储气库中累积净水侵的体积 = 累积注入水的体积 + 累积侵入储气库的水的地下体积 – 累积产出水的地下体积，即：

$$W_t = W_e + W_zB_g - W_pB_w \tag{8-5}$$

式中　W_t——储气库压力为 p 时储气库中累积净水侵的体积，m^3；

　　　W_e——储气库压力为 p 时累积侵入储气库的水的体积，m^3；

　　　W_z——储气库压力为 p 时累积注入储气库的水的体积，m^3；

　　　W_p——储气库压力为 p 时累积产出水的体积，m^3；

　　　B_w——在目前储气库压力 p 时水的体积系数，m^3/m^3（标准）。

（四）注采物质平衡

储气库注采过程中的物质平衡关系表现为：地层油的原始体积与原始气顶自由气体积之和 = 注采过程任意时刻剩余油体积 + 剩余自由气体积 + 累积净水侵。即：

$$NB_{oi} + mNB_{oi} = (NB_o - N_pB_o) + \frac{mNB_{oi}}{B_{gi}}B_g + NR_{si}B_g + G_zB_{gz}$$

$$- (N - N_p) R_s B_g - N_p R_p B_g + W_e + (W_z - W_p) B_w \tag{8-6}$$

若原始油藏无气顶,则物质平衡方程简化为:

$$NB_{oi} = (NB_o - N_p B_o) + NR_{si} B_g + G_z B_{gz} - (N - N_p) R_s B_g - N_p R_p B_g + W_e + (W_z - W_p) B_w$$

$$\tag{8-7}$$

式(8-7)即为油藏储气库注采过程的物质平衡方程。

二、水侵油藏储气库注采物质平衡方程

此时考虑一个气顶驱、溶解气驱、天然气驱、人工注气和人工注水同时存在的混合驱动方式下的油藏物质平衡方程式。

在压力由原始压力 p_i 变化到压力 p 时的物质平衡为:原始状况下地层油体积 + 原始状况下自由气体积 = 压力 p 时地层油体积 + 压力 p 时自由气体积 + 压力 p 时水侵区体积

解出原油储量 N:

$$N = \frac{N_p [B_o + (R_p - R_s) B_g] + G_z B_{gz} - [W_e + (W_z - W_p) B_w]}{B_o - B_{oi} + (R_{si} - R_s) B_g + m B_{oi} \dfrac{B_g - B_{gi}}{B_{gi}}} \tag{8-8}$$

引入两相体积系数 B_t:

$$B_{ti} = B_{oi}$$

$$B_t = B_o + (R_{si} - R_s) B_g \tag{8-9}$$

最终得到一个气顶驱、溶解气驱、天然气驱、人工注气和人工注水同时存在的混合驱动方式下的油藏物质平衡方程式为:

$$N = \frac{N_p [B_t + (R_p - R_s) B_g] + G_z B_{gz} - [W_e + (W_z - W_p) B_w]}{B_t - B_{ti} + m B_{ti} \dfrac{B_g - B_{gi}}{B_{gi}}} \tag{8-10}$$

若在式(8-10)的基础上,再考虑气顶区、含油区的岩石和束缚水的弹性膨胀体积,则可得到更加精确的物质平衡方程式。

气顶区内地层束缚水和岩石的累积弹性膨胀体积膨胀量为:

$$V_{pg} (C_w S_{wi} + C_f) \Delta p = \frac{m N B_{oi}}{1 - S_{wi}} (C_w S_{wi} + C_f) \Delta p \tag{8-11}$$

含油区内地层束缚水和岩石的累积弹性膨胀体积膨胀量为:

$$V_{po} (C_w S_{wi} + C_f) \Delta p = \frac{N B_{oi}}{1 - S_{wi}} (C_w S_{wi} + C_f) \Delta p \tag{8-12}$$

因此,考虑岩石和束缚水的弹性膨胀体积时的物质平衡方程为:

$$N = \frac{N_p [B_t + (R_p - R_s) B_g] + G_z B_{gz} - [W_e + (W_z - W_p) B_w]}{B_t - B_{ti} + m B_{ti} \dfrac{B_g - B_{gi}}{B_{gi}} + (1 + m) B_{ti} \dfrac{C_w S_{wi} + C_f}{1 - S_{wi}} \Delta p} \tag{8-13}$$

式(8-13)即为注水和注气情况下带气顶气和边底水的油藏储气库注采过程的物质平衡方程式。

三、气顶油藏储气库注采物质平衡方程

气顶油藏在改建地下储气库时,油藏人工水驱开发已经达到晚期。气顶自由气体积将受到油藏人工水驱采油过程中注入水的影响,因此可以建立包括人工水驱过程在内的气顶注采气物质平衡方程,其基本表达式为:

地层原油的原始体积与原始气顶自由气体积之和 = 注采过程任意时刻剩余油体积 + 剩余自由气体积

用各项驱动指数表示的物质平衡方程式为:

溶解气驱的驱动指数(DDI) + 气顶驱的驱动指数(SDI) + 人工水驱的驱动指数

$$（W_iDI） + 储气库注气驱动指数（G_iDI） = 1 \qquad (8-14)$$

$$DDI = \frac{N_o\{[(B_o/B_g) - R_s] - [(B_{oi}/B_g) - R_{si}]\}}{N_p[(B_o/B_g) - R_s] + G_p + W_pB_w/B_g}$$

$$SDI = \frac{(mN_oB_{oi}/B_{gi})(1 - B_{gi}/B_g)}{N_p[(B_o/B_g) - R_s] + G_p + W_pB_w/B_g}$$

$$W_iDI = \frac{W_zB_w/B_g}{N_p[(B_o/B_g) - R_s] + G_p + W_pB_w/B_g}$$

$$G_iDI = \frac{G_zB_{gz}/B_g}{N_p[(B_o/B_g) - R_s] + G_p + W_pB_w/B_g}$$

由于气顶油藏原油饱和压力大多在原始地层压力附近,同时油藏在开采过程中气顶气的气侵难以避免,因此气顶油藏在水驱开采末期地层压力保持水平通常很低,剩余油不可避免地在储气库注气过程中逐步二次饱和。

气顶油藏在开采的过程中,气顶驱和人工水驱的作用较强,式(8-14)忽略了天然水驱和岩石的弹性压缩作用。因此,物质平衡方程为:

$$NB_{oi} + mNB_{oi} = (NB_o - N_pB_o) + \frac{mNB_{oi}}{B_{gi}}B_g + NR_{si}B_g + G_zB_{gz}$$

$$- (N - N_p)R_sB_g - G_pB_g + (W_z - W_p)B_w \qquad (8-15)$$

四、稠油底水油藏注氮气物质平衡应用

稠油底水油藏的注气开发过程中,蒸汽携带的热量大幅度降低了油藏中原油的黏度,提高了原油流动能力。稠油底水油藏在经过多轮次蒸汽吞吐后所形成的加热范围为受热降黏后的原油提供了流动空间,生产阶段过大的生产压差极易造成底水在加热范围内快速突破锥进,从而造成极低的采收率和极高的综合含水率。对于底水能量较为充足的底水油藏而言,单井吞吐所形成的加热范围就是水锥的锥进范围。向水锥锥进的生产井井底高压注入非凝析的氮气,注入的氮气占据加热带的顶部形成次生人工气顶,人工气顶下面是氮气启动的原油与水锥

所形成的油水过渡带,油水过渡带的下面为底水层。因此,注氮气压水锥的过程可以简化为气驱油和油驱水两个过程。对于一定量的注入氮气,利用物质平衡法可以确定油气界面以及油水界面的位置,在此基础上确定氮气启动的原油的体积、原油富集带的厚度和使水锥下降到原始油水界面所需的氮气量。

在对注氮气控制水锥增加原油产量机理的分析基础上,作以下假设:(1)注氮气压水锥措施前,已进行几个轮次的蒸汽吞吐作业,形成了一定的加热范围,底水在加热范围内锥进,加热范围外的冷区为不渗透区;(2)地层岩石、油相和水相均不可压缩;(3)气驱油和油驱水的渗流过程为垂向上的一维流动,注氮气过程中,油气界面和油水界面均能稳定下降;(4)油藏不存在原生气顶;(5)氮气在原油中的溶解迅速完成,氮气不溶于地层水。

根据假设,在稠油底水油藏的加热范围内,注氮气压水锥可简化为气驱油、油驱水两个过程,在此过程中油气界面和油水界面均匀下降,因此,可以得到注氮气压水锥的物质平衡方程。

(一)地层内氮气的物质的量

注氮气压水锥第 i 周期时,t 时刻的物质平衡关系为:目前地层内自由氮气的物质的量等于注入氮气的总物质的量与回采氮气的总物质的量、产出油中溶解的氮气物质的量以及地层中残余油中溶解的氮气物质的量之差。即:

$$n = n_i - n_p - n_{sop} - n_{sor} \tag{8-16}$$

根据真实气体状态方程,目前地层内氮气的物质的量为:

$$n = \frac{p}{ZRT}V \tag{8-17}$$

累积注入地层的氮气的物质的量为:

$$n_i = \frac{p_{sc}}{Z_{sc}RT_{sc}}V_{isc} \tag{8-18}$$

累积回采氮气(非产出原油中溶解的氮气)的物质的量为:

$$n_p = \frac{p_{sc}}{Z_{sc}RT_{sc}}V_{psc} \tag{8-19}$$

产出油中溶解的氮气的物质的量为:

$$n_{sop} = \frac{p_{sc}}{Z_{sc}RT_{sc}}N_p(R_s - R_{ssc}) \tag{8-20}$$

溶解于气驱残余油中的氮气的物质的量为:

$$n_{sor} = \frac{p_{sc}}{Z_{sc}RT_{sc}}V_{nf}\phi S_{org}(R_s - R_{ssc}) \tag{8-21}$$

(二)注入氮气的波及体积

由式(8-16)~式(8-21)可以得到目前地层条件下自由氮气的体积为:

$$V = \frac{ZT}{p}\frac{p_{sc}}{Z_{sc}RT_{sc}}\left[V_{isc} - G_{psc} - N_p(R_s - R_{ssc}) - V_{nf}\phi S_{org}(R_s - R_{ssc}) \right] \qquad (8-22)$$

累积注入氮气所占据的地层孔隙体积为：

$$V_\phi = V_{nf}\phi(1 - S_{wi} - S_{org}) \qquad (8-23)$$

因为地层条件下自由氮气体积等于总累积注入氮气所占据的地层孔隙体积,因此,由式(8-22)、式(8-23)可以得到地层内的氮气所占据的岩石体积为：

$$V_{nf} = \frac{B_g\left[V_{isc} - G_{psc} - N_p(R_s - R_{ssc}) \right]}{\phi\left[1 - S_{wi} - S_{org} + B_g S_{org}(R_s - R_{ssc}) \right]} \qquad (8-24)$$

其中,$B_g = \dfrac{ZT}{p}\dfrac{p_{sc}}{Z_{sc}RT_{sc}}$为地层条件下气相的体积系数计算公式。

(三)地层内氮气启动的油量

注入氮气在油层顶部形成次生人工气顶,氮气在运移过程中通过溶解膨胀作用和驱替机理能够启动蒸汽吞吐阶段在加热范围内所形成的残余油,因此,地层内氮气所启动的残余油包括两部分:注入氮气驱动的未溶解氮气的原油和气驱残余油饱和氮气后因体积膨胀而启动的原油。

注入氮气启动的未溶解氮气的原油体积,即氮气驱动的油量为：

$$V_{o1} = V_{nf}\phi(S_{orw} - S_{org}) \qquad (8-25)$$

气驱残余油饱和氮气后因体积膨胀而启动的原油体积为：

$$V_{o2} = \frac{V_{nf}\phi S_{org}}{B_o}B_{on} - V_{nf}\phi S_{org} \qquad (8-26)$$

因此,注入氮气所启动的原油体积为：

$$V_o = V_{nf}\phi\left[S_{orw} + \left(\frac{B_{on}}{B_o} - 2\right)S_{org} \right] \qquad (8-27)$$

(四)富集油带的体积

富集油带的厚度为油气界面和油水界面之间的距离。富集油带的体积通过油带厚度与吞吐加热范围面积的乘积即可获得。油带中的原油包括注入氮气所启动的原油和加热区多轮次蒸汽吞吐后剩余的原油两部分,即：

$$V_o + V_{nf}\phi(\overline{S_o} - S_{orw}) + V_{of}\phi\overline{S_o} = V_{of}\phi S_{oi} \qquad (8-28)$$

因此,油带的体积为：

$$V_{of} = \frac{V_o + V_{nf}\phi(\overline{S_o} - S_{orw})}{\phi(S_{oi} - \overline{S_o})} \qquad (8-29)$$

(五)油水界面的确定

根据氮气层厚度和富集油带厚度,即可计算得到注氮气时任意时刻油水界面所在的位置。

油水界面以上的岩石总体积为：

$$V_f = V_{nf} + V_{of} \tag{8-30}$$

根据蒸汽吞吐后的加热面积即可确定目前油水界面的位置：

$$H_{woc} = H + \frac{V_f}{A} \tag{8-31}$$

当目前油水界面被氮气压回至原始油水界面时，可以计算出所需注入的氮气量、注入氮气启动的油量和原油富集带的厚度。

利用物质平衡法，推导出稠油底水油藏注氮气压水锥的物质平衡方程，在多轮次蒸汽吞吐加热范围计算的基础上，利用该公式可以求出目前油水界面的位置、注入氮气启动的油量、原油富集带的厚度以及将油水界面压回原始油水界面所需的氮气量。

对于稠油底水油藏，利用注氮气可以将锥进的底水压至合适的高度。但是由于氮气的密度和黏度低，容易造成上浮和窜进，因此注氮气结束后开井生产时容易造成底水快速上升，有效期较短。为解决此问题，可以在注氮气的同时注入耐高温的发泡剂溶液，利用泡沫的封堵特性实现控制水锥锥进、增加原油产量的目的。

五、王场油田储气库注采物质平衡研究

王场油田潜三段北断块油藏是在 1965 年由潜深 4 井和潜深 5 井获得高产油流而发现的，其地理位置在湖北省潜江市王场镇，构造处于江汉盆地潜江凹陷北部，张港—浩口断裂带北侧，蚌湖生油凹陷东南侧，为一背斜构造油藏。储层属新生界古近系潜江组油层，分为潜 3^1、潜 3^2 两个油组，埋藏深度分别为 1237.0 ~ 1576.0m 和 1278.0 ~ 1666.0m，油藏中部深度分别为 1411m 和 1472m，有效厚度分别为 11.4m 和 10.9m，含油面积分别为 3.69km² 和 3.19km²；储层有效孔隙度 24.7%，空气渗透率 576.9mD，属中高渗透层；油藏原始地层压力 16.05MPa，地饱压差 13.79MPa，油层平均破裂压力 32.57MPa；油藏温度分别为 67℃ 和 69℃。王场油田潜三段北断块油藏所处相带即属盐湖滩坝相，其上下皆为封闭型或半闭型的沉积物，而且王场油田距离武汉市不到 200km，这些有利因素使得王场油田非常适合进行储气库建设。

应用物质平衡方程对王场油田储气库进行了注气过程的动态预测。王场油田在开发过程中没有天然水侵发生，油藏也没有原始气顶，因此其物质平衡方程简化为如下方程：

$$NB_{oi} = (NB_o - N_pB_o) + NR_{si}B_g + G_zB_{gz} - (N - N_p)R_sB_g - N_pR_pB_g + (W_z - W_p)B_w$$

$$\tag{8-32}$$

王场油田潜三段北断块原始地质储量为 1048×10^4t（1193.72×10^4m³），原始地层原油体积系数为 1.092m³/m³，气油比为 21.2m³/t（18.78m³/m³）。注气之前，王场油田已累积采出原油 665.73×10^4t（758×10^4m³），累积产水 1879.35×10^4m³，累积注水 2807.179×10^4m³。

应用上述物质平衡方程对王场油田储气库进行了注气过程的动态预测，并将预测结果与数值模拟结果进行了比较，见表 8-1。

表 8 – 1　物质平衡与数值模拟预测结果对比

累积产油 $10^4 m^3$	累积产水 $10^4 m^3$	累积产气 $10^8 m^3$	累积注水 $10^4 m^3$	累积注气 $10^8 m^3$	地层压力，MPa	
					数值模拟	物质平衡
774.023	2004.420	3.025	2807.179	4.368	19.17	19.08
792.618	2192.729	12.793	2807.179	21.888	21.25	21.33
804.562	2254.183	21.251	2807.179	34.488	26.04	26.43
816.253	2301.909	29.573	2807.179	44.784	26.79	26.97
823.378	2333.711	38.382	2807.179	54.888	27.08	27.12

由表 8 – 1 可以看出，物质平衡预测结果与数值模拟结果吻合较好，说明应用物质平衡法进行储气库注采过程的动态预测是可行的，且物质平衡预测法应用起来比数值模拟法要简单得多，也便于应用，避免了数值模拟方法复杂的模拟运算。

六、运用物质平衡方程监测与预测 CO_2 驱替

要想使 CO_2 驱替项目获得成功，需要掌握准确的油藏动态和注入流体性质。尽管已有学者针对 CO_2 驱进行了一些数值模拟研究，但还不能全面理解注气过程中复杂的驱替机理以及实际的油藏动态。因此，为了满足工业需要，我们需要从不同方面（现有模拟器可能未考虑这些方面）来建立 CO_2 驱模型，从而为理解 CO_2 驱替过程中的油藏动态变化提供有价值的观点。

本研究的目的是采用物质平衡方程建立模型，从而分析注入 CO_2 前后的油田数据。对油田的历史数据进行拟合之后，建立的模型可以用于评价、监测和预测 CO_2 驱替过程中整个油藏的动态特征。为了准确地解释复杂的驱替过程，如组分影响以及多相流动等，模型引入了油藏流体的 PVT 性质以及四相流体的相对渗透率关系。研究中分析了一系列因素的影响，如油藏压力、注入 CO_2 量、CO_2 在油藏流体中的分配比、自由 CO_2 气顶存在的可能性、与 CO_2 接触的储层流体的比例、CO_2 驱替的开始时间、原油膨胀以及与 CO_2 混合后原油相对渗透率的改善情况等。

（一）模型的建立

油藏的物质平衡方程是一个关于体积的平衡关系，这就是说，由于油藏的体积一定，因此在任意时刻油藏中的原油、自由气、水和岩石的体积变化的代数和必须为零。本研究建立的新的 MBE（物质平衡方程）模型将传统的 MBE 的应用扩展到了 CO_2 的注入过程。新的 MBE 模型不但可以估算油气藏的原始地质储量，分析判断油气藏的驱动机理，还能监测 CO_2 驱替过程中的油藏整体动态，并对 CO_2 的驱替动态进行预测。监测 CO_2 驱替过程中的实际动态可以通过评价驱替效率，研究 CO_2 在油藏流体中的分配以及与流体的接触动态，监测 CO_2 的地下存储能力和监测实际油藏条件下的流体性质变化等过程来实现。

由于驱替机理的复杂性和流体相态行为的变化，在 MBE 模型中需要考虑一系列因素，从而对 CO_2 的驱替动态进行准确的监测和预测。需要考虑的因素包括与 CO_2 接触的油藏原油和盐水的不均匀性、游离 CO_2 气顶存在的可能性、CO_2 与原油混合物的膨胀性、原油黏度和密度的降低以及流体相对渗透率的变化。

定义接触和饱和 CO_2 的油藏流体百分数（油或水，标记为相 x）为 α_x，

$$\alpha_x = \frac{V_{m\_x}}{V_{x,t}} \qquad (8-33)$$

其中:

$$V_{m\_x} = \frac{G_{m\_x} \times B_{CO_2} \times \rho_{CO_2} \times MW_x}{\rho_x \times 44} \times \left(\frac{1}{C_{CO_2,x}} - 1\right) \qquad (8-34)$$

$$v_{x,t} = \overline{S_x} \times V_{pv} \qquad (8-35)$$

事实上,α_x 值会受到以下因素的影响:溶解在油藏流体 x 中的 CO_2 量、油藏中的流体总量以及 CO_2 在油藏流体 x 中的溶解度。随着时间的推移以及 CO_2 注入量的增加,CO_2 驱替过程中的 α_x 值将会变化。

注入的 CO_2 或者与油藏原油接触得更多,或者与油藏中的水接触得更多。为了评估接触和饱和 CO_2 的油藏流体(油和水)的不均匀性,定义储层特征因子 R_{CRF} 为 α_{oil} 与 α_{water} 的比值:

$$R_{CRF} = \frac{\alpha_{oil}}{\alpha_{water}} = \frac{V_{m\_o}/V_{o,t}}{V_{m\_w}/V_{w,t}} = \frac{V_{m\_o}}{V_{m\_w}} \times \frac{V_{w,t}}{V_{o,t}} = \frac{\dfrac{V_{m\_o}}{V_{pv}}}{\dfrac{V_{m\_w}}{V_{pv}}} \times \frac{\dfrac{V_{w,t}}{V_{pv}}}{\dfrac{V_{o,t}}{V_{pv}}} = \frac{S_{m\_o}}{S_{m\_w}} \times \frac{S_w}{S_o} = \frac{\dfrac{S_{m\_o}}{S_o}}{\dfrac{S_{m\_w}}{S_w}} \qquad (8-36)$$

其中,通常 $R_{CRF} \geqslant 1$。

分析表明,对特定的油藏来说 R_{CRF} 是唯一的,因为在一定程度上它主要是受 CO_2 与各相流体接触的可能性、油藏流体分布的非均质性、油藏的非均质性、重力作用和注入过程的影响。如果 $R_{CRF} = 1$,这意味着注入的 CO_2 与油相和水相接触的机会相同,并且整个系统有可能会趋于均匀,这种情况在一个类似 WAG(水气交替)的注入过程中出现的可能性较大。因此,可能的情况是,刚开始注 CO_2 时 R_{CRF} 值为 1,随着注入的进行,重力和储层非均质性的影响将会体现出来,使得油相有更多的机会接触 CO_2,从而 R_{CRF} 值可能增加。总之,通过在 MBE 模型中引入 R_{CRF},并广泛结合油藏特征以及这些特征对 CO_2 注入过程的影响,在一定程度上,选用合适的 R_{CRF} 值时,均质的 MBE 模型能用于分析和评价实际的非均质油藏的特征。

(二)模型的假设条件

模型的建立基于以下假设:

(1)模型是零维的,且未考虑油藏几何形态和井位的影响。

(2)裂缝、溶洞和多孔基质系统可压缩。

(3)油藏条件下,注入的 CO_2 存在于游离气相或油相和水相中。

(4)注入油藏的 CO_2 可以通过:原油中溶解气、水中溶解气以及游离 CO_2 三种方式产出。

(5)与 CO_2 接触的油藏流体瞬间被 CO_2 饱和。

通过称量与 CO_2 接触的油藏流体和未与 CO_2 接触的油藏流体,可以获得油藏流体的平均性质。油藏流体的平均性质可以表述为:

$$\overline{A_x} = (1-\alpha_x)A_{x,\text{uncontacted}} + \alpha_x A_{x,\text{contacted}} \qquad (8-37)$$

(6)整个油藏的岩石孔隙度和流体饱和度是均质的。

(7)任意时刻油藏压力始终保持平衡。

本研究建立的用于监测和预测 CO_2 驱替动态的模型包括以下五个方程:(1)MBE;(2)流体相态和 PVT 性质变化;(3)相对渗透率关系;(4)生产气油比和水油比;(5)流体饱和度。下面将对其进行详细介绍。

1. MBE(物质平衡方程)

对于 CO_2 驱替,MBE 表述如下:

$$V_{cumu,prod} - V_{cumu,inj\_water} = V_{cumu,exp\_unconfluids+formation}$$

$$+ V_{cumu,exp\_cont\_oil} + V_{cumu,exp\_cont\_water} + V_{cumu,free\_CO_2} \qquad (8-38)$$

其中:

$$V_{cumu,prod} = N_p(B_o - R_s B_g) + W_p B_w + G_p B_g \qquad (8-39)$$

$$V_{cumu,inj\_water} = W_i B_w \qquad (8-40)$$

$$V_{cumu,exp\_unconfluids+formation} = N(E_o + E_{fo}) \qquad (8-41)$$

$$V_{cumu,exp\_cont\_oil} = V_{m\_o}(B_{m\_o} - B_o)/B_o \qquad (8-42)$$

$$V_{cumu,exp\_cont\_water} = V_{m\_w}(B_{m\_w} - B_w)/B_w \qquad (8-43)$$

$$V_{cumu,free\_CO_2} = G_{free} B_{CO_2} \qquad (8-44)$$

$$E_o = B_o - B_{oi} + (R_{si} - R_s)B_g \qquad (8-45)$$

$$E_{fo} = B_{oi}\left(\frac{C_{f\_effective} + S_{wi}C_w}{1 - S_{wi}}\right)\Delta p \qquad (8-46)$$

对于注入的 CO_2,MBE 表述如下:

$$G_{t\_CO_2} = G_{m\_o} + G_{m\_w} + G_{free} \qquad (8-47)$$

且:

$$\beta = \frac{G_{m\_o}}{G_{m\_w}} = \frac{R_{so\_CO_2}}{R_{sw\_CO_2}}\frac{\overline{S_o}}{S_w}R_{CRF} \qquad (8-48)$$

采用以下公式确定 CO_2 的地下储集能力 $V_{CO_2\_Re}$ 和储集效率 η:

$$V_{CO_2\_Re} = G_{t\_CO_2} - V_{CO_2\_prod} \qquad (8-49)$$

$$V_{CO_2\_prod} = V_{oil\_prod}(R_{s\_mix} - R_{s\_oil}) + V_{CO_2\_free} + V_{water\_prod} \times R_{CO_2\_water} \qquad (8-50)$$

$$\eta = \frac{V_{CO_2\_Re}}{G_{t\_CO_2}} \qquad (8-51)$$

2. 相态和 PVT 性质

1）Weyburn 油田原油/CO_2 混合物相态

相态研究是三次开采过程中油气藏动态模拟的基础。对于油气藏开发来说,要想进行合理的开发设计和管理,关键在于储层流体和注入流体的相态及体积数据准确可靠。CO_2 驱替过程中涉及了复杂的 PVT 性质和相态变化,当油藏中注入 CO_2 时,CO_2 在原油中溶解并使原油膨胀,原油的饱和压力将发生改变,与此同时,原油的黏度大大降低,溶解气油比显著提高。本研究通过 SRC 实验测试获得了 Weyburn 油田的原油/CO_2 混合物的相态结果,并将此结果耦合到了 MBE 模型中。实验测试中,为了确定油藏原油/CO_2 混合物的 PVT 性质,在一定的 CO_2 浓度范围内将原油样品与 CO_2 进行了重新配制,接下来,测量各油藏原油/CO_2 混合物样品的 PVT 性质。测量的 PVT 性质包括:饱和压力、密度、黏度、气油比、地层体积系数以及膨胀系数。MBE 中耦合的相态关系包括饱和压力与 CO_2 浓度的关系、地层体积系数与压力的关系、原油/CO_2 混合物的气油比和黏度。CO_2 注入原油后,地层体积系数和气油比均将增大,而流体混合物的黏度将降低。

2）水中 CO_2 的溶解度

模拟过程中,CO_2 在水中的溶解度是一个不能忽略的因素,尤其是将 CO_2 注入水驱后的油藏或是为了进行流度控制而将 CO_2 与水混合注入（如 WAG）时,尤其不能忽视水中 CO_2 溶解度的影响。CO_2 在水中的溶解度是温度、压力和地层水矿化度的函数,通常采用经验公式对 CO_2 的溶解度、地层体积系数以及饱和 CO_2 的水的压缩性和黏度进行计算。

3. 相对渗透率方程

为了准确地预测 CO_2 的驱替动态,定量描述油藏流体的相对渗透率是非常重要的。CO_2 驱替过程中,复杂的相态变化导致了相对渗透率关系的复杂性。当油藏压力低于 MMP 时,CO_2 和原油之间存在很大的界面张力,并且驱替是非混相的。在这种情况下,CO_2 是非润湿相,需要使用三相相对渗透率模型。在另一种情况下,由于油藏的非均质性、流体分布的非均匀性以及重力的影响等,注入 CO_2 并没有与未饱和原油进行进一步接触,而是聚集在了油藏顶部,那么在油藏中的 CO_2 将会以气顶的形式存在。另外,当 CO_2 与原油接触时,原油/CO_2 混合物的流动能力将会发生变化,并且此时混合物的流动能力与未与 CO_2 接触的原油的流动能力不同。因而,有必要将油藏流体考虑为四相:未接触 CO_2 的原油、原油/CO_2 混合物、水和气。因此,在油藏模型中要求引入能表明接触和未接触 CO_2 的原油差异的相对渗透率曲线。本研究基于两相流动,通过加权得到了相对渗透率关系。两相相对渗透率关系包括油 – 水、油 – 非混相气以及水 – 混相流体的相对渗透率曲线。为了评估接触和未接触 CO_2 的原油之间的流动能力差异,在模型中引入了一个参数,即与 CO_2 接触的油藏流体百分数 α,且平均油相相对渗透率可以表述为:

$$K_{\text{roeff}} = (1 - \alpha_{\text{oil}})K_{\text{ro}} + \alpha_{\text{oil}}K_{\text{rm}} \qquad (8 - 52)$$

式中 K_{ro}——基于三相（原油、水和非混相气）流动的原油相对渗透率;

K_{rm}——基于两相（混相流体和水）流动的混相流体的相对渗透率。

在此使用的两相相对渗透率曲线,包括原油 – 水、油 – 非混相气以及混相流体 – 水的相对渗透率曲线是通过解析方程近似得到的,并通过实际油田数据与生产动态的拟合对这些方程进行了校正。

4. 生产气油比和生产水油比方程

生产气油比和水油比反映了产出流体之间的关系,这些参数与流体黏度、相对渗透率以及流体饱和度有关。预测 CO_2 驱替的未来动态,就需要了解这些生产关系。生产气油比和水油比方程可表述如下:

$$WOR = \frac{K_{ro}\mu_o}{K_{roeff}\mu_w} \tag{8-53}$$

$$GOR = \frac{K_{rg}\mu_o}{K_{roeff}\mu_g} \tag{8-54}$$

5. 流体饱和度方程

CO_2 驱替过程中,随着油藏中注入和产出流体数量的变化,平均流体饱和度也会发生变化,这些变化将导致生产气油比和水油比发生改变。平均流体饱和度表述如下:

$$S_o = (1 - S_{wc})\left(\frac{N - N_p}{NB_{oi}}\right)B_o \tag{8-55}$$

$$S_w = (1 - S_{wc})\left(\frac{W_t - W_{inf} - W_p}{NB_{oi}}\right)B_w \tag{8-56}$$

$$S_g = (1 - S_{wc})\frac{G_t B_g}{NB_{oi}} \tag{8-57}$$

(三) MBE 的求解

1. CO_2 驱替监测模型的求解过程

CO_2 的驱替动态是通过 MBE[方程(8-38)和方程(8-47)]和实际油田数据进行监测的。观察的参数包括原油和水中溶解的 CO_2 量、以气顶形式存在的游离 CO_2、CO_2 的地下储集能力和效率、与 CO_2 接触的油藏流体以及不同 CO_2 驱替时期油藏流体的性质。输入数据包括月注入(水、CO_2)数据、生产(油、气、水)数据、油藏压力数据、油藏流体和 CO_2/油藏流体混合物的 PVT 性质。未知参数包括整个油藏中原油和水中的 CO_2 月溶解量 G_{m_o} 和 G_{m_w}、自由气相中按月计的 CO_2 量 G_{free}、与 CO_2 接触的油藏原油体积 V_{m_o} 以及与 CO_2 接触的油藏水体积 V_{m_w}。利用方程(8-33)、方程(8-34)、方程(8-38)、方程(8-47)和方程(8-48)能直接得到以上提到的五个未知参数,以下为最终求解结果:

$$G_{m\_o} = \frac{N_p(B_o - R_s B_g) + W_p B_w + G_p B_g - W_t B_w - N(E_o + E_{free}) - G_{i\_CO_2}B_{CO_2}}{\dfrac{D_1(B_{m\_o} - B_o)}{B_o} + \dfrac{R_{sw\_CO_2}S_w}{R_{so\_CO_2}S_o} \cdot \dfrac{1}{R_{CRF}}\left[\dfrac{D_2(B_{m\_w} - B_w)}{B_w} - B_{CO_2}\right] - B_{CO_2}} \tag{8-58}$$

$$G_{m\_w} = \frac{N_p(B_o - R_s B_g) + W_p B_w + G_p B_g - W_t B_w - N(E_o + E_{free}) - G_{i\_CO_2}B_{CO_2}}{\dfrac{D_1(B_{m\_o} - B_o)}{B_o} + \dfrac{R_{sw\_CO_2}S_w}{R_{so\_CO_2}S_o} \cdot \dfrac{1}{R_{CRF}}\left[\dfrac{D_2(B_{m\_w} - B_w)}{B_w} - B_{CO_2}\right] - B_{CO_2}} \times \frac{R_{sw\_CO_2}S_w}{R_{so\_CO_2}S_o} \cdot \frac{1}{R_{CRF}} \tag{8-59}$$

$$G_{\text{free}} = G_{\text{i\_CO}_2} - G_{\text{m\_o}} - G_{\text{m\_w}} \tag{8-60}$$

$$V_{\text{m\_o}} = \cfrac{D_1\left[N_p(B_o - R_s B_g) + W_p B_w + G_p B_g - W_t B_w - N(E_o + E_{\text{free}}) - G_{\text{i\_CO}_2} B_{\text{CO}_2}\right]}{\cfrac{D_1(B_{\text{m\_o}} - B_o)}{B_o} + \cfrac{R_{\text{sw\_CO}_2} S_w}{R_{\text{so\_CO}_2} S_o} \cdot \cfrac{1}{R_{\text{CRF}}}\left[\cfrac{D_2(B_{\text{m\_w}} - B_w)}{B_w} - B_{\text{CO}_2}\right] - B_{\text{CO}_2}} \tag{8-61}$$

$$V_{\text{m\_w}} = \cfrac{D_2\left[N_p(B_o - R_s B_g) + W_p B_w + G_p B_g - W_t B_w - N(E_o + E_{\text{free}}) - G_{\text{i\_CO}_2} B_{\text{CO}_2}\right]}{\cfrac{D_1(B_{\text{m\_o}} - B_o)}{B_o} + \cfrac{R_{\text{sw\_CO}_2} S_w}{R_{\text{so\_CO}_2} S_o} \cdot \cfrac{1}{R_{\text{CRF}}}\left[\cfrac{D_2(B_{\text{m\_w}} - B_w)}{B_w} - B_{\text{CO}_2}\right] - B_{\text{CO}_2}} \times \cfrac{R_{\text{sw\_CO}_2} S_w}{R_{\text{so\_CO}_2} S_o} \cdot \cfrac{1}{R_{\text{CRF}}} \tag{8-62}$$

其中:

$$D_1 = \frac{B_{\text{CO}_2} \rho_{\text{CO}_2} \times MW_{\text{oil}}}{\rho_{\text{oil}} \times 44} \times \left(\frac{1}{C_{\text{CO}_2,\text{oil}}} - 1\right)$$

$$D_2 = \frac{B_{\text{CO}_2} \rho_{\text{CO}_2} \times MW_{\text{water}}}{\rho_{\text{water}} \times 44} \times \left(\frac{1}{C_{\text{CO}_2,\text{water}}} - 1\right) \tag{8-63}$$

2. CO_2 驱替预测模型的求解过程

预测 CO_2 驱替动态需要同时求解六种类型的方程,因为未知参数和已知参数之间呈隐式关系,因而预测模型的求解需要使用试算法和迭代法。

(四)现场应用实例:Weyburn 油田

Weyburn 油田位于加拿大萨斯喀彻温省 Regina 东南方向约 130km 处,从 1310~1500m 深的密西西比纪查尔斯地层的 Madale 河床产出中质原油。油田发现于 1954 年,且到 1964 年 4 月一直采用衰竭式开发,1964 年开始采用反九点井网进行水驱开发。1994 年,一次采油和二次采油的累积采收率达到了近 28%。对于 Weyburn 油藏来说,水驱几乎达到了其经济极限,很有必要进行三次采油来开采水驱后的剩余原油储量。因此,提高原油采收率对原油增产和延长油藏生产年限起着重要作用。2000 年,泛加拿大(现今为内加拿大)开始在 Weyburn 油田实施 CO_2 驱替项目,预计可额外增加 $(120 \sim 140) \times 10^6$ bbl 的原油产量。2003 年 5 月,将 $1731 \times 10^6 \text{m}^3$ 的 CO_2 注入了相 1a 地区。目前,该地区有 88 口采油井、32 口注水井和 30 口 CO_2 注入井。每口井的平均原油产量从 CO_2 驱替前的 6.2m³/d 增加到了 11.4m³/d,这表明通过 CO_2 的注入获得了额外的原油产量。

尽管在 CO_2 驱替过程中原油产量得到了增加,但是仍然存在一些技术问题需要解决。例如,实施 CO_2 驱大约 3 年后,只有 30 口井的产量增加了,这表明 CO_2 的驱油响应发生得相对较慢。另外,一些井的生产气油比显著增加。例如,在实施 CO_2 注入的第 15 个月,91 - 11 - 19 - 06 - 13 - W2 井的生产气油比从 36m³/m³ 升高到了 200m³/m³。这里需要重点解决的问题包括:在实际油藏条件下,注入 CO_2 以及整个 CO_2 驱替过程的动态是怎样的? 是否所有注入 CO_2 均与原油发生了接触? CO_2 的地下储集能力和效率是多少? 何时会从井中采出游离 CO_2? 当 CO_2 与油藏流体接触时,油藏压力如何影响 CO_2 的驱油响应和动态特征? 在 Weyburn

油田,能否达到提高采收率和 CO_2 储集联合优化的目的? 实际注入 CO_2 的动态响应监测和分析将帮助我们解决这些问题,进而准确理解驱替机理,最终优化 CO_2 驱替措施,达到原油采收率和 CO_2 地下储集能力联合优化的目的。

(五)结果和讨论

1. 监测结果

在总体积平衡的基础上研究了 CO_2 驱替过程中油藏流体的体积变化情况,研究参数包括:溶解于原油/水中的 CO_2 量、以游离气相存在的 CO_2 量、CO_2 的地下储集能力和效率、与 CO_2 接触的油藏流体数量以及不同 CO_2 驱替时期油藏流体的性质变化。表 8 – 2 列出了 Weyburn 油田的其他储层岩石及流体性质。

表 8 – 2　Weyburn 油田的油藏岩石和流体性质

储层	
地层深度,m	1400m(补心海拔)
参考深度,m	847.34(海底)
原始油藏压力,MPa	14.6
油藏温度,℃	61
平均孔隙度(灰泥质),%	26
平均孔隙度(多孔),%	11.2
平均渗透率(灰泥质),mD	10
平均渗透率(多孔),mD	15
原生水饱和度,%	36
原油	
地面脱气原油重度,°API	28
地面脱气原油密度,kg/m³	887
泡点压力,MPa	6
溶解气油比,m³/m³	20
地层体积系数,m³/m³	1.17
黏度,mPa·s	4.7
原油压缩系数,10^{-6}psia^{-1}	7.5
气	
相对密度(空气 = 1.0)	1.231
临界压力,MPa	4.265
临界温度,K	296.3
水	
相对密度	1.04
溶解固体总量,mg/L	85000
束缚水饱和度,%	15
黏度,mPa·s	0.5
水的压缩系数,10^{-6}psia^{-1}	3

图 8-1 给出了在油藏压力为 14.8MPa、温度为 61℃、地层综合压缩系数为 1.7×10^{-5} psi^{-1} 的条件下,不同驱替时期溶解于油藏原油中的 CO_2 量。如图 8-1 所示,随着驱替时间的增加,越来越多的 CO_2 被注入油藏并且溶解于原油中,溶解于原油中的 CO_2 量小于注入油藏的 CO_2 总量。驱替早期,溶解于原油中的 CO_2 量与注入油藏的 CO_2 量之间的差别较小,这表明几乎所有注入的 CO_2 都溶解到了油相中。随着驱替时间的增加,二者之间的差异越来越大,这表明,在此时的 CO_2 驱替过程中,虽然油藏压力大于 MMP,但并不是所有注入的 CO_2 都溶解到了原油中。其原因在于,CO_2 驱替早期注入的 CO_2 量相对较少,因而此时大部分注入的 CO_2 都能比较容易地与油藏原油接触并溶于其中。随着驱替过程的进行,注入的 CO_2 越来越多,那么对于此时注入的 CO_2 来说,就需要更长的时间与原油发生接触并溶解。此外,在实际的油藏环境中原油与水是共存的,因此注入的 CO_2 不仅会与原油发生接触,也会与水发生接触。通常来说,随着时间的增加,水驱之后的三次采油过程,如 WAG 以及 CO_2 驱,其含水饱和度会越来越高。因此,未与油藏原油接触的 CO_2 量会随着注入 CO_2 量的增加而增加。

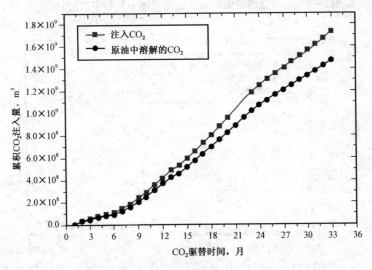

图 8-1　不同驱替时期溶解于油藏原油中的 CO_2 量(监测结果)

图 8-2 给出了实际油藏中注入 CO_2 与 CO_2 驱替时间的关系。从图 8-2 中可以看出,注入 CO_2 中有近 86% 能够溶于油藏原油,7% 溶于水,7% 以游离气相的形式存在。溶于原油的 CO_2 百分数高于溶于水中和以游离气相形式存在的 CO_2 百分数。随着驱替的进行,溶于原油的 CO_2 百分数会有一定程度的减少,与此同时,溶于地层水和以游离气相形式存在的 CO_2 百分数会略微增加。这是因为,随着开采的进行,从油藏中采出的原油体积增加,因而油藏中的含油饱和度降低,含水饱和度趋于增加。因此,虽然在地层条件下 CO_2 在原油中的溶解度比其在水中的溶解度要大得多,但相对于原油来说,此时注入的 CO_2 与地层水接触的机会更大。

就 CO_2 在油藏流体中的分布与 CO_2 累积注入量的关系来说,图 8-3 呈现出与图 8-2 相同的结果。如图 8-3 所示,溶解于原油中的累积 CO_2 量高于溶解于水中和以游离气相形式存在的 CO_2 量。并且随着累积 CO_2 注入量的增加,溶解于原油中的 CO_2 量快速增加,且快于溶解于水中和以游离气相形式存在的 CO_2 的增长速度。

一般来说,目前的油藏条件下同时存在两种驱替机理,即混相驱与非混相驱。有人认为,

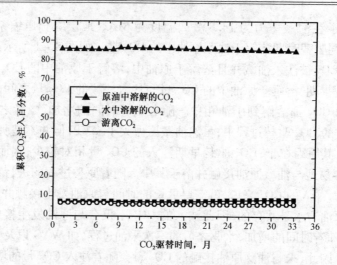

图 8-2 不同驱替时期 CO_2 在油藏流体中的分布(监测结果)

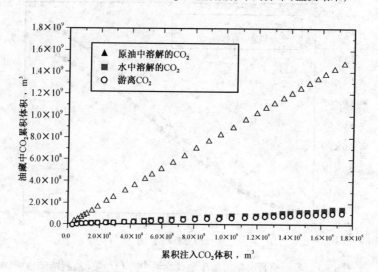

图 8-3 CO_2 在油藏流体中的分布与 CO_2 注入量的关系(监测结果)

当油藏压力大于 MMP 时,注入的 CO_2 在地层条件下 100%溶于油藏流体(原油和水),这种观点是不正确的。对于混相驱替过程,多次接触混相发生在一个相对较长的时期和较大的油藏范围内,虽然油藏压力大于 MMP,但对于所有的注入 CO_2 来说,混相驱替不会马上发生。

图 8-4 给出了 CO_2 地下储集效率 η 与累积 CO_2 注入量[以孔隙体积百分数,(%PV)表示]的关系。如图 8-4 所示,CO_2 地下储集效率随 CO_2 注入量和驱替时间的增加而减小。在驱替开始阶段,虽然所有注入 CO_2 都溶解和/或储集到了油藏流体中,但是在注入 32% PV 后,CO_2 地下储集效率减小到了 91.8%。CO_2 的地下储集能力反映了注入 CO_2 与产出 CO_2 之间的平衡关系。

当向油藏中注入 CO_2 时,CO_2 便与油藏流体接触并溶于其中,且在油藏流体中以溶解气的形式存在。当被 CO_2 所饱和的油藏流体在地表产出时,溶解的 CO_2 将会被释放出来。CO_2 驱替早期,注入并/或与油藏流体接触的 CO_2 量较小,原油的平均溶解气油比不会发生太大变

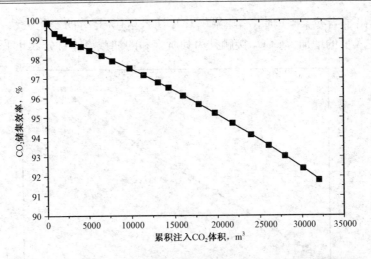

图 8 - 4　CO_2 地下储集效率与累积 CO_2 注入量的关系(监测结果)

化,因而此时只产出少量 CO_2。如图 8 - 5 所示,随着驱替的进行以及注入 CO_2 体积的增加,大部分的油藏流体与 CO_2 接触,这使得平均溶解气油比大大增加。因此,地表产出的 CO_2 与溶解于油藏流体中的 CO_2 量增加。图 8 - 5 还给出了根据实际生产数据得到的溶解气油比与通过 MBE 预测模型得到的溶解气油比的对比情况。未与 CO_2 接触的原油的原始溶解气油比约为 $20m^3/m^3$。CO_2 驱早期,由 MBE 模型得到的气油比与实际数据十分接近,这是由于此阶段注入的 CO_2 量很少,并且 CO_2 驱替过程还未占优势。图 8 - 5 中,在 6 ~ 18 月阶段,两条曲线(实际气油比与通过 MBE 模型计算得到的气油比)的差异变得越来越大,造成此差异的原因是,我们假设与 CO_2 接触的油藏流体瞬间被 CO_2 饱和,然而实际情况是,注入 CO_2 主要是从注入井开始逐渐扩散。因此,MBE 模型在驱替中期获得的结果不佳是可以解释的。然而,若油藏系统达到均匀,在经过一个很长的驱替时间后 MBE 模型可以得到较好的结果。由图 8 - 5 可以看出,注 $CO_2$18 个月以后,可以计算得到准确的预测信息,并且随着时间的增加两条曲线的差异逐渐减小。

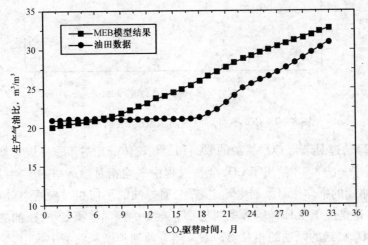

图 8 - 5　平均生产气油比与 CO_2 驱替时间的关系(监测结果)

图 8-6 给出了当 $R_{CRF} = 1$ 时，α_{oil} 随累积 CO_2 注入量($\%PV$) 的变化关系。从图中可以看出，随着 CO_2 注入量的增加，与 CO_2 接触且为其所饱和的油藏流体百分数几乎呈线性增加。

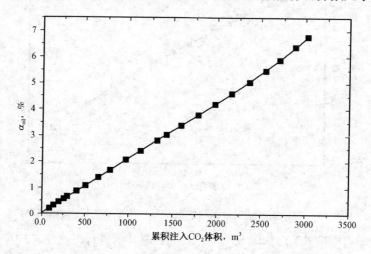

图 8-6　与 CO_2 接触的油藏原油与累积 CO_2 注入量的关系(监测结果)

图 8-7 给出了 CO_2 驱替过程中不同流度比条件下的监测结果。从图 8-7 中可以看出，随着注入 CO_2 量的增加，流度比逐渐减小，这主要是由于原油黏度大幅度降低所引起的。流度比的降低将提高波及效率和最终采收率。

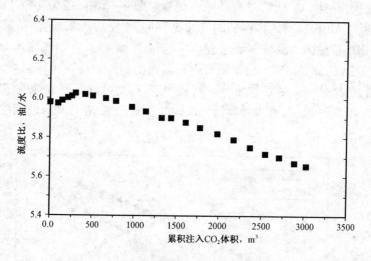

图 8-7　CO_2 驱替阶段的油水流度比(监测结果)

方程(8-52)通过对未与 CO_2 接触的原油和混相流体的相对渗透率进行加权评价了平均原油的相对渗透率。图 8-8 给出了 CO_2 驱替过程中平均相对渗透率的监测结果。随着 CO_2 注入量的增加，水相的平均相对渗透率随之增加，而原油的平均相对渗透率最初有略微减小，然后逐渐增大。这是由于在 CO_2 驱替早期与 CO_2 接触的原油体积很小，原油的平均相对渗透率取决于未与 CO_2 接触的原油的相对渗透率。随着原油不断从油藏中采出，原油饱和度逐渐减小，未与 CO_2 接触的原油的相对渗透率也逐渐减小。于是，原油的平均相对渗透率便略微降低。随着 CO_2 驱替时间的推移和 CO_2 注入量的增加,更多的原油与 CO_2 接触,此时原油的平均相对渗透率取决于与 CO_2 接触的原油百分数及其相对渗透率。因此,随着与 CO_2 接触的原油越来越多,原油的平均相对渗透率逐渐增加。

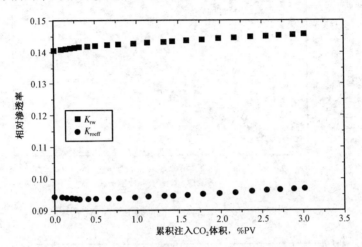

图 8-8　不同 CO_2 驱替阶段的相对渗透率(监测结果)

2. 敏感性分析和预测结果

为了优化和预测 Weyburn 油田的 CO_2 驱替动态,接下来进行了敏感参数分析。考虑的参数包括:油藏压力保持水平、注气开始时间、CO_2 的注入速度以及相对渗透率关系。在 CO_2 驱替的预测模型中,未知参数包括:按月计的流体产量以及整个油藏范围内分布于原油、水和游离气相中的 CO_2 量。已知参数包括:按月计的流体注入数据、油藏压力数据、油藏流体以及 CO_2/流体混合物的 PVT 和相态数据。

1)油藏压力保持水平的影响

图 8-9 给出了油藏压力保持水平对累积采油量的影响。通常来说,油藏压力越高,累积采油量越大。然而,当油藏压力较低(14.8MPa 和 12.6MPa)时,在最初的 24 个月内,二者的累积采油量差异不大。其原因在于,当油藏压力为 14.8MPa 时(接近 MMP),大量的 CO_2 溶解于原油并使其膨胀,这有助于油藏中原油的驱替。当油藏压力为 12.6MPa 时,虽然 CO_2 在原油中的溶解度以及对原油膨胀的影响均小于油藏压力较高的情况,但此时存在于油藏中的 CO_2 气顶要大于油藏压力较高的情况,而此 CO_2 气顶有利于原油的采出。

图 8-10 给出了油藏压力保持水平对 CO_2 在原油中的溶解百分数的影响。在此选择了三个油藏压力水平进行代表性研究:16MPa、14.8MPa(目前油藏压力值)和 12.6MPa。研究发现,油藏压力越高,CO_2 在原油中的溶解百分数就越高。当油藏压力为 16MPa 时,溶解于原油中的 CO_2 百分数为 90%;当油藏压力较低为 12.6MPa 时,CO_2 在原油中的溶解百分数为 66%,这比压力为 16MPa 时的 CO_2 溶解百分数低 24%。此现象表明,油藏压力越高越有利于 CO_2 在原油中的溶解,且 CO_2 越容易与原油混相。随着注入 CO_2 量的增加和驱替时间的推移,不同油藏压力下的曲线具有相同的走势,即溶于原油的 CO_2 量略微减少。

2)CO_2 注入开始时间的影响

图 8-11 给出了不同 CO_2 注入开始时间对累积采油量的影响。如图 8-11 所示,CO_2 注

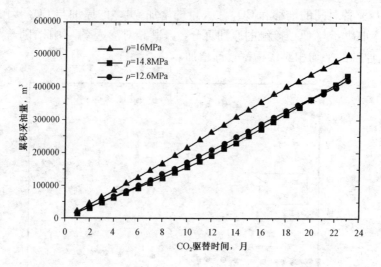

图 8 - 9　不同油藏压力保持水平下的累积采油量(预测结果)

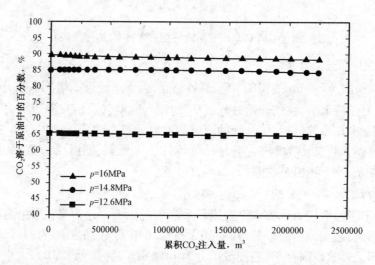

图 8 - 10　不同油藏压力保持水平下 CO_2 在原油中的溶解量(预测结果)

入开始时间较早(1998 年 1 月)时的累积采油量高于注入开始时间较晚的情况(1999 年 1 月和 2000 年 9 月)。图 8 - 11 上三条曲线代表了三种 CO_2 注入开始时间,三种情况下的油藏压力和 CO_2 注入量相同。CO_2 驱替早期,三种情况下的累积采油量差别不大;随着驱替的进行,累积采油量间的差异逐渐增大,这是由于这三种情况下的油藏流体饱和度分布不同。当注 CO_2 开始时间较早时,更多的 CO_2 能与原油接触并溶于其中,只有相对较少的 CO_2 溶于水。同时与另外两种情况相比,注 CO_2 较早时,与 CO_2 接触的原油的体积膨胀更大。因此,注气时间越早,累积采油量越高。总之,较早地进行 CO_2 驱会获得较高的原油采收率。

图 8 - 12 给出了不同 CO_2 注入开始时间对 CO_2 在原油中的溶解百分数的影响。相对于其他情况来说,若较早地进行 CO_2 注入,则溶解于原油中的 CO_2 百分数会更高,这是由于油藏中的流体饱和度分布不同而造成的。三种注气开始时间下的 CO_2 溶解百分数曲线的趋势相同,即随着 CO_2 注入量的增加,溶解于原油中的 CO_2 百分数持续减小。

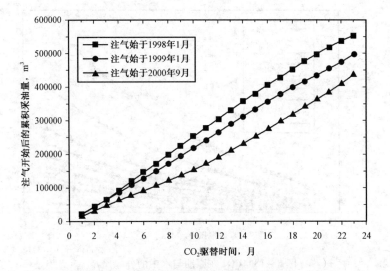

图 8-11　不同 CO_2 注入开始时间下的累积采油量(预测结果)

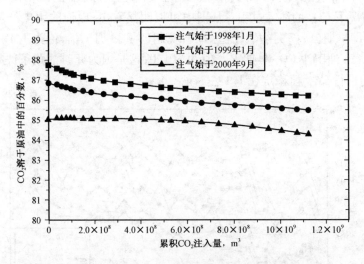

图 8-12　不同 CO_2 注入开始时间下 CO_2 在原油中的溶解量

3)油藏压力和流体饱和度对 CO_2 在原油和水中分布的影响

图 8-13 给出了 Weyburn 油田注入 CO_2 在油藏原油和水中的分配比 β[由方程(8-48)定义]的变化曲线。从图 8-13 中可以得到两种趋势:首先,随着油藏压力的增加,油/水中的 CO_2 分配比随之增加,这表明 CO_2 更多地溶解于油相;其次,随着油藏含油饱和度的降低,CO_2 分配比 β 也随之减小。图 8-13 也说明了较早地注入 CO_2,由于油藏的含油饱和度较高,可以使更多的 CO_2 与原油接触并溶于其中,从而显著提高原油的最终采收率。

4)R_{CRF} 对 CO_2 驱替动态的影响

由于 R_{CRF}[储层特征因子,由方程(8-36)定义]有助于人们了解油藏特征对 CO_2 驱替过程的影响,因而确定 R_{CRF} 值显得十分重要。然而,对于一个特定的油藏来说,R_{CRF} 值通常是唯一的,且会随着 CO_2 驱替阶段的不同而发生变化,因而现在还没有直接/准确的方法来确定

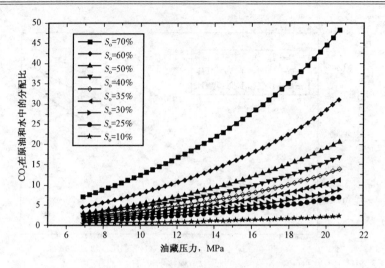

图 8 – 13　CO_2 在原油与水中的分配比 β

CO_2 驱替过程中 R_{CRF} 值的大小。图 8 – 14 给出了 R_{CRF} 值的敏感性分析,研究了压力一定但 R_{CRF} 值不同的情况下 CO_2 的注入过程。从图中可以明显看出,原油的历史产量能与通过 R_{CRF} 值算出的产量[即早期(1～7 月)R_{CRF} 值为 1.0,晚期(8～33 月)R_{CRF} 值为 1.1]进行良好拟合。一般来说,Weyburn 油田注 CO_2 早期 R_{CRF} 值约为 1.0,这是因为此时油藏条件趋于均质。随着 CO_2 注入过程的进行,R_{CRF} 值稳定在 1.1 左右。

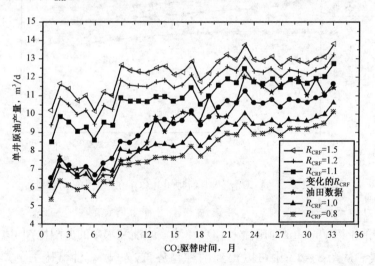

图 8 – 14　R_{CRF} 对原油产量的影响

　　事实上,在 CO_2 驱替过程中,若 R_{CRF} 值增大,就表明越来越多的 CO_2 溶解于油相。这是因为重力以及 Weyburn 碳酸盐岩油藏中的天然裂缝系统及/或其他非均质性质会使得较轻的 CO_2 逐渐上升到油藏顶部。于是,相对于水来说,注入的 CO_2 与油藏原油接触的机会更大,这就导致了 R_{CRF} 值的增大。经过较长时间的 CO_2 驱替,油藏会接近于均质,此时 R_{CRF} 会稳定在某个值。目前已知的影响 Weyburn 油田 CO_2 驱过程中 R_{CRF} 值的主要因素包括重力和天然裂缝系统。随着 CO_2 驱替时间的推移以及 CO_2 注入量的增加,存在于油藏顶部的 CO_2 气顶越来越大,这使得重力的影响越来越明显。虽然利用 MBE 模型来估计 R_{CRF} 值是一个不错的方法,但是仍然建议进行不同原油和岩心样品的综合实验研究,从而更好地研究 R_{CRF} 这一重要参数。

3. CO_2 驱替动态预测(2003 年 9 月至 2006 年 9 月)

本研究利用 MBE 模型预测了 2003 年 9 月至 2006 年 9 月的 CO_2 驱替动态。我们研究了三种不同恒定注入速度的注气方案。第一个方案的注气速度为 $8.7 \times 10^7 \mathrm{m}^3/$月,第二个方案的注气速度为 $1.305 \times 10^8 \mathrm{m}^3/$月,第三个方案的注气速度为 $1.74 \times 10^8 \mathrm{m}^3/$月。在对应的 CO_2 注入阶段中,各方案的注气速度都保持恒定。

图 8 – 15 给出了不同 CO_2 注入速度对原油产量的影响。可以看出,随着 CO_2 注入速度的增加,原油产量也随之增加。但是,如图 8 – 16 所示,从气顶产出的游离 CO_2 的产量也随之增加。

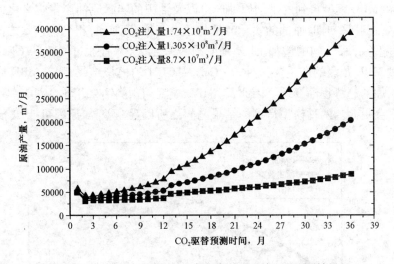

图 8 – 15　不同 CO_2 注入速度方案的原油产量(预测结果)

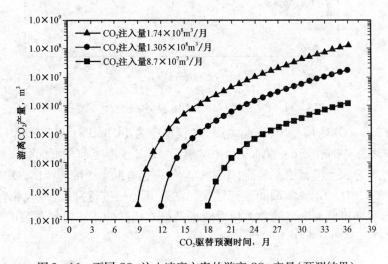

图 8 – 16　不同 CO_2 注入速度方案的游离 CO_2 产量(预测结果)

4. MBE 模型与 CMG - GEM 的对比

为了对比利用 MBE 模型得到的 CO_2 驱替结果,我们采用商业软件 CMG - GEM 建立了理想的数值模拟模型。GEM 是 CMG 的一个模拟器,其主要用于组分模拟,并可处理多烃组分和非烃组分。GEM 适用于解决涉及相态和组分变化的问题。由于 MBE 模型是零维模型,且其将油藏处理为均质的,因此,我们采用以下方法建立数值模拟模型,从而辅助对比的进行。

首先,数值模拟模型的初始条件和参数与 MBE 模型相同。其次,在数值模拟模型中,油藏也被处理为均质的,因此各网格的油藏性质均相同。所建立的 3D 笛卡尔模型共有 726 个网格,i 方向的网格步长为 200m,j 方向的网格步长为 133.33m,k 方向的网格步长为 13m。模型中共 121 口井(75 口采油井,30 口注水井以及 16 口 CO_2 注入井)。

CMG - GEM 模型用来模拟注入 CO_2 三年后的油藏动态。图 8 - 17 给出了分别利用 CMG - GEM 模型和 MBE 模型得到的平均原油产量以及油田的实际原油产量三者之间的对比。如图 8 - 17 所示,在开采初期,原油的实际产量与通过两种模型计算得到的产量之间的差别相对较小。然而,随着开采时间的增加,此差别变得越来越大,并且通过 CMG - GEM 预测的原油产量高于通过 MBE 预测的产量。另外,与 CMG - GEM 的模拟结果相比,MBE 模型计算得到的原油产量增加的趋势逐渐变缓。因此,与 MBE 模型的预测结果相比,CMG - GEM 模型预测的原油采收率会更高。两种模型得到的结果之间之所以存在差异,原因可能如下:

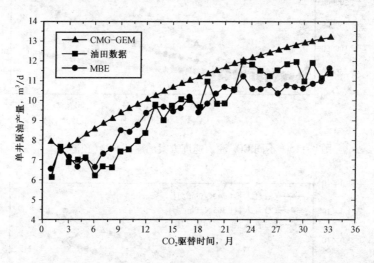

图 8 - 17 CMG - GEM 与 MBE 模型的模拟结果对比

第一,在 CMG - GEM 模型中,当油藏压力(模型中为 14.8MPa)高于 MMP(13.3MPa)时,注入的 CO_2 被认为 100% 溶解于原油和水中。然而,MBE 模型考虑了可能存在游离 CO_2 气相的影响,并将此整合到了模型中。然而,即使 CO_2 气顶也有助于原油的产出,MBE 模型预测的原油产量仍小于 CMG - GEM 模型的预测结果。随着开采的进行,以游离气相存在的 CO_2 量也随之增加,这就使得原油产量的增加相对较慢。第二,通过 GEM 模型预测的原油中的 CO_2 浓度比室内实验的测量值要高。

(六)结论

本研究通过建立 MBE 模型来分析现场的动态数据,进而监测和预测 Weyburn 油田 CO_2

驱替过程中的动态响应。所建立的 MBE 模型是一个新颖的罐模型,它为人们提供了一个评估油藏整体动态的简单有效的方法。基于对现场 CO_2 驱替动态和模型结果的分析,可以得到以下结论。

1. 一般结论

(1)在三次采油过程中,罐模型仍然是分析和监测整个油藏动态的必不可少的有效工具。一般来说,MBE 模型和 CMG – GEM 模拟器得出的结果是一致的。

(2)对于碳酸盐岩油藏,尤其是对于一次采油过程来说,地层的压缩性是一个非常重要的驱替来源,忽略地层压缩性的影响将会使得分析结果不合理。

(3)目前,Weyburn 油田不能实现提高采收率和 CO_2 地下储集能力的联合优化。

2. CO_2 驱替监测、预测和储集的结论

(1)在 Weyburn 油田,即使其目前油藏压力高于 MMP,注入的 CO_2 也没有 100% 溶于原油,在实际油藏条件下存在游离 CO_2 气顶。

(2)不同的 CO_2 驱替阶段储层特征因子 R_{CRF}[由方程(8 – 36)定义]不同。在 Weyburn 油田的相 1a 地区,随着 CO_2 驱替的进行和注入 CO_2 数量的增加,R_{CRF} 值从 1.0 增加到 1.1 左右。一般来说,实际驱替过程中 $R_{CRF} \geq 1$。

(3)随着 CO_2 注入量的增加,接触 CO_2 的原油和与 CO_2 接触的原油的百分数 α_{oil}[由方程(8 – 33)定义]增加,原油相对渗透率也增加。

(4)CO_2 在油和水中的体积分配比 β[由方程(8 – 48)定义]受流体饱和度分布、油藏压力以及温度的影响。

(5)CO_2 注入开始时间不同,原油的生产情况也不同。油藏开采初期便开始 CO_2 驱替能获得更高的原油采收率。

(6)油藏压力保持水平不同,原油产量也不同。油藏压力越高,原油采收率也越高。然而,一般来说油藏压力应低于地层破裂压力。

(7)CO_2 驱替过程中,在实际油藏条件下不能忽略 CO_2 在水中溶解度的影响,特别是对于水驱后的开采过程和 WAG 过程。

(8)开采过程中,原油与 CO_2 混合后的膨胀起着重要的作用,这主要受到油藏压力的影响。油藏压力、注入流体体积和流体饱和度决定了与 CO_2 接触的油藏流体体积。

(9)CO_2 的地下储集能力主要受流体饱和度分布、油藏压力、注入 CO_2 量和产出流体量的影响。随着注入流体和产出流体数量的增加,CO_2 的地下储集效率降低。例如,在油藏中注入 32% PVCO_2 后,CO_2 的地下储集效率降低至 91.8%。

本节公式符号说明:

$A_{x,contacted}$——与 CO_2 接触的油藏流体 x 的性质的值;

$\overline{A}_x$——油藏流体 x 性质的平均值;

$A_{x,uncontacted}$——未与 CO_2 接触的油藏流体 x 的性质的值;

B_{CO_2}——CO_2 的体积系数,m^3/m^3;

B_g——气体的体积系数,m^3/m^3;

B_{m-o}——溶有 CO_2 的原油的体积系数,m^3/m^3;

B_{m-w}——溶有 CO_2 的水的体积系数,m^3/m^3;

B_o——原油体积系数,m^3/m^3;

B_{oi}——原油的初始体积系数,m^3/m^3;

B_w——水的体积系数,m^3/m^3;

$B_{CO_2,x=CO_2}$——CO_2 在油藏流体中的浓度,摩尔分数;

C_w——水的压缩系数,psi^{-1};

$C_{f-effective}$——有效地层压缩系数,psi^{-1};

G_{free}——非混相 CO_2 的累积体积,m^3;

G_i——油藏中的游离气顶,m^3;

G_{i-CO_2}——累积 CO_2 注入量,m^3;

G_{m-x}——溶解于油藏流体 x 中的累积 CO_2 体积,m^3;

G_p——累积产气量,m^3;

GOR——地层条件下的生产气油比,m^3/m^3;

K_{rg}——气相相对渗透率;

K_{rm}——混相原油的相对渗透率;

K_{ro}——未与 CO_2 接触的原油的相对渗透率;

K_{rw}——水相相对渗透率;

K_{roeff}——油相相对渗透率;

N——原始原油储量,m^3;

MW_x——油藏流体 x 的摩尔质量;

N_p——累积采油量,m^3;

R_{CRF}——储层特征因子;

R_s——原油溶解气油比,m^3/m^3;

R_{si}——原油初始溶解气油比,m^3/m^3;

R_{so-CO_2}——原油中 CO_2 的溶解度,m^3/m^3;

R_{sw-CO_2}——水中 CO_2 的溶解度,m^3/m^3;

R_{s-mix}——CO_2/原油混合物中的溶解气油比,m^3/m^3;

S_g——含气饱和度;

R_{s-oil}——未与 CO_2 接触的原油中的溶解气油比,m^3/m^3;

S_o——含油饱和度;

$R_{CO_2-water}$——水中 CO_2 的平均溶解度,m^3/m^3;

S_w——含水饱和度;

S_{wi}——初始含水饱和度;

S_{wc}——束缚水饱和度;

$\overline{S}_x$——油藏中流体 x 的平均饱和度;

$\overline{S}_{m-o}$——与 CO_2 接触的平均原油饱和度;

$\overline{S}_{m-w}$——与 CO_2 接触的平均含水饱和度;

V_{CO_2-Re}——存在于油藏中的 CO_2 体积,m^3;

V_{CO_2-free}——产出到地表的游离 CO_2 体积,m^3;

V_{CO_2-prod}——产出的 CO_2 体积,m^3;

$V_{cumu,prod}$——地下累积产出流体体积,m^3;

$V_{cumu,inj-water}$——地下累积注入水体积,m^3;

$V_{cumu,exp-uncontfluid+formation}$——未与 CO_2 接触的原油、水的体积膨胀量以及由于油藏压力改变而产生的孔隙体积膨胀量之和,m^3;

$V_{cumu,exp-cont-oil}$——原油/CO_2 混合物的体积膨胀量,m^3;

$V_{cumu,exp-cont-water}$——水/CO_2 混合物的体积膨胀量,m^3;

$V_{cumu,free-CO_2}$——地层条件下游离 CO_2 的体积,m^3;

V_{m-x}——与 CO_2 接触的油藏流体 x 的体积;

$V_{oil-prod}$——产出的油藏原油体积,m^3;

V_{pv}——油藏孔隙体积,m^3;

$V_{water-prod}$——产出的地层水体积,m^3;

$V_{x,t}$——油藏流体总体积,m^3;

W_i——初始含水体积,m^3;

W_{inj}——累积注水量,m^3;

W_p——累积产水量,m^3;

WOR——地层条件下的生产水油比,m^3/m^3;

Δp——油藏压差,MPa;

α_x——与 CO_2 接触的油藏流体 x 的百分比;

β——溶解于原油和水中的 CO_2 体积比,m^3/m^3;

ρ_x——油藏流体 x 的密度,kg/m^3;

ρ_{CO_2}——地层条件下 CO_2 的密度,kg/m^3;

μ_o——原油黏度,$mPa \cdot s$;

μ_g——气体黏度,$mPa \cdot s$;

μ_w——水的黏度,$mPa \cdot s$;

η——CO_2 的地下储集效率,%。

第二节 考虑相混合带的油藏注气物质平衡方法

以往的物质平衡方程没有考虑注入气与原油之间的物质交换问题。由混相驱替机理可知,无论是混相还是非混相,注入的气体与油藏油接触将发生传质作用并形成一过渡带,这一过渡带将注入气和油藏油分隔开。因此,在开发的某一时刻,在油藏中将形成三个带,即自由气相、自由油相和过渡带。注气驱物质平衡方程的建立仍然基于体积平衡,即孔隙体积等于油藏中油相体积、气相体积、过渡带体积和束缚水体积之和。在建立物质平衡方程时这样处理：自由油带等于地层中总的油的体积减去过渡带中所消耗的油的体积、自由气带等于地层中总的气体体积减去过渡带中所消耗的气体体积。问题的关键在于过渡带的描述，注入气体与油藏油接触，将会引起油的体积膨胀。

一、过渡带的研究

由上述描述可知，注气驱替过程中，气体突破前的任一时刻，油藏中将形成自由油相、自由气相和过渡带三个带。因此，研究考虑相间传质作用的注气混相及非混相驱替过程的物质平衡方程，关键在于相间传质带，即过渡带的大小，本文将利用混相驱替的数值模拟结论从宏观角度来分析过渡带的变化情况。

利用柯克亚凝析气田西五二挥发性油藏流体注富气的模拟细管实验数据，根据多次接触过程中油气组成、黏度、密度、界面张力等诸多因素的综合变化来研究过渡带的变化情况，对一维模型也可以说是过渡带长度的变化情况。

由前面的混相驱替机理可知，气体注入油藏将会引起油、气性质的变化，比如油的密度、黏度、中间组分含量降低，气的密度、黏度、中间组分含量增加，界面张力降低等。根据这些性质的变化、混相机理和模型的假设得出过渡带所占的网格数（即过渡带的尺寸），由细管实验知，在注入 3/5 孔隙体积的气体后，在细管中就建立起了油气传质带，即过渡带。由分析结果得到这样的认识：在各注入压力下，随着注气量的增加，油相的密度、黏度逐渐减小，油相中中间组分 $C_2 \sim C_5$ 的摩尔分数逐渐降低；气相的密度、黏度逐渐增加，气相中中间组分 $C_2 \sim C_5$ 的摩尔分数逐渐增加；油气界面张力减小。在注气压力低于最小混相压力时，气体很快就突破了，所以当压力为 30.34MPa、34.47MPa 和 41.37MPa 时，在注入 57% 孔隙体积气体时，气体已经突破，存在一个很大的油气传质带即过渡带，大约为孔隙体积的 80% ~ 90%。由图 8 – 18 可知，无论是混相还是非混相过程，在同一压力下过渡带的大小随着注入量的增加而增大；由表 8 – 3 可知，在同一注入量下过渡带的大小随着压力的增加而减小。

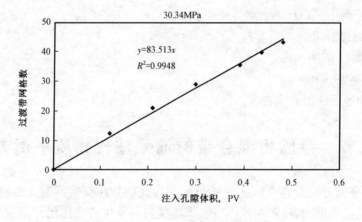

图 8 – 18　各压力下过渡带随注入孔隙体积的变化

表 8 – 3 注入 0. 57PV 气体时过渡带的大小

压力, MPa	总网格数	过渡带占的网格数	过渡带占的孔隙体积
44. 13	40	18	0.450
45. 00	40	17	0.425
46. 88	40	13	0.325
48. 00	40	11	0.275
49. 50	40	8	0.200

由上述对过渡带在同一压力下与注入量的关系和在同一注入量下与压力关系的研究,可以得到气体突破之前过渡带与压力和注入量相关的经验关系式,混相驱替过程和非混相驱替过程的过渡带大小的经验关系式如下。

(1)混相驱的经验关系式:

$$V_m = Q_i(-3.3207p + 177.44) \qquad (8-64)$$

(2)非混相驱的经验关系式:

$$V_m = Q_i(-3.9937p + 203.28) \qquad (8-65)$$

式中　V_m——过渡带体积;

　　　Q_i——气体注入的孔隙体积倍数;

　　　p——饱和压力,MPa。

二、物质平衡方程式的建立

考虑一个没有气顶、有边底水作用的封闭性未饱和油藏,注气方式为顶部连续注气。考虑油藏中油、气之间的扩散和对流作用,在开发过程中气体突破之前油相组分不变。不考虑油藏岩石和流体的压缩性。该油藏有$(k+j)$口油井,过渡带前缘突破的油井为j口,在原始地层条件下,即在原始地层压力p_i和地层温度下,原油原始地质储量在地面标准条件下为N,它所占的地下体积为NB_{oi};各油井的累积采油量为N_p,累积采出水的地面体积为W_p。根据地下体积平衡的原理,在任一时刻,孔隙体积等于油藏中油相体积、气相体积、过渡带体积和水相体积之和,即:

$$\{孔隙体积\} = \{油相体积\} + \{气相体积\} + \{过渡带体积\} + \{水相体积\} \quad (8-66)$$

混相驱替物质平衡示意图见图 8 – 19。

图 8 – 19　混相驱替物质平衡示意图

$$\{油相体积\} = N_{fo}B_o = NB_o - \sum_k N_{pk}B_o - \sum_j N_{pj}B_{oj} - V_{mo} \qquad (8-67)$$

$$\{气相体积\} = G_{fg}B_g = G_iB_g - V_{mg} \qquad (8-68)$$

$$\{过渡带体积\} = V_m - \sum_j [N_{pj} - (N_{pj})_t]B_{oj} \qquad (8-69)$$

$$\{水相体积\} = W_e - W_p \qquad (8-70)$$

将方程(8-67)~方程(8-70)代入方程(8-66)中,得:

$$V_{HC} = NB_o - \sum_k N_{pk}B_o - \sum_j N_{pj}B_{oj} - V_{mo} + G_iB_g - V_{mg} +$$

$$V_m - \sum_j [N_{pj} - (N_{pj})_t]B_{oj} + W_e - W_p \qquad (8-71)$$

通过膨胀实验可以得到膨胀系数和饱和压力与注入气体摩尔分数的关系,膨胀系数为溶解气后的油在饱和压力下的体积和未溶解气的油在饱和压力下的体积之比,在注气过程中膨胀系数即为过渡带的体积与形成这一过渡带所需原油的体积之比,如式(8-72)所示。注入气体的摩尔分数比即为形成这一过渡带所需的气体物质的量与过渡带中气体和原油物质的量之比,如式(8-74)所示。

$$B_s = \frac{V_m}{(V_{mo})_{p_b}} \qquad (8-72)$$

$$V_r = \frac{V_{mo}}{(V_{mo})_{p_b}} \qquad (8-73)$$

$$x = \frac{\dfrac{10^3 V_{mg}}{24.056B_g}}{\dfrac{10^3 V_{mg}}{24.056B_g} + \dfrac{\rho_o V_{mo}}{M} \times 1000} \qquad (8-74)$$

由方程(8-72)~方程(8-74)得注入压力下过渡带中油和气的体积:

$$V_{mo} = \frac{V_r}{B_s}V_m \qquad (8-75)$$

$$V_{mg} = \frac{24.056\rho_o x V_r B_g}{M(1-x)B_s}V_m \qquad (8-76)$$

将式(8-64)和式(8-65)分别代入式(8-75)和式(8-76),分别得到气体突破之前混相驱替和非混相驱替过程中过渡带中的油量和气量的具体表达式。

混相驱替过程:

$$V_{mo} = \frac{V_r}{B_s}(-3.3207p + 177.44)Q_i \qquad (8-77)$$

$$V_{mg} = \frac{24.056\rho_o x V_r B_g}{M(1-x)B_s}(-3.3207p + 177.44)Q_i \qquad (8-78)$$

非混相驱替过程：

$$V_{mo} = \frac{V_r}{B_s}(-3.9937p + 203.28)Q_i \tag{8-79}$$

$$V_{mg} = \frac{24.056(\rho_o)_p x V_r B_g}{M(1-x)B_s}(-3.9937p + 203.28)Q_i \tag{8-80}$$

又：

$$V_{HC} = NB_{oi} \tag{8-81}$$

假设气体突破过渡带前缘后，采出的油是过渡带中的油，即溶解了注入气的油，气体突破过渡带前缘后各油井采出油的体积系数为 B_{oj}，B_{oj} 是气油比的函数，根据膨胀实验求得：

$$B_{oj} = f(R_j) \tag{8-82}$$

将式(8-75)~式(8-76)代入方程(8-71)并化简得到混相驱替和非混相驱替过程的物质平衡方程为：

$$N = \frac{G_i B_g - \sum_k N_{pk}B_o - \sum_j \left[2N_{pj} - (N_{pj})_t\right]B_{oj} + \left[1 - \dfrac{V_r}{B_s} - \dfrac{24.056\rho_o x V_r B_g}{B_s M(1-x)}\right]V_m + W_e - W_p}{B_{oi} - B_o} \tag{8-83}$$

其中，混相驱替过程：

$$V_m = Q_i(-3.3207p + 177.44)$$

非混相驱替过程：

$$V_m = Q_i(-3.9937p + 203.28)$$

$$B_{oj} = f(R_j)$$

本节公式符号说明：

B_{oi}——原油在地层条件下的体积系数，m^3/m^3；

B_o——原油在目前压力 p 下的体积系数，m^3/m^3；

B_{oj}——第 j 口井原油在目前压力 p 下的体积系数，m^3/m^3；

B_w——目前压力 p 下水的体积系数，m^3/m^3；

B_g——目前压力 p 下气体的体积系数，m^3/m^3；

G_i——注入气在地面标准条件下的体积，m^3；

G_{fg}——目前压力 p 下自由气在地面标准条件下的体积，m^3；

M——地层原油的摩尔质量，$kg/kmol$；

N——原油地质储量在地面标准条件下的体积，m^3；

N_p——累积产油量，m^3；

N_{pk}——气体未突破的第 k 口井的累积产油量，m^3；

N_{pj}——气体突破的第 j 口井的累积产油量，m^3；

$(N_{pj})_t$——第 k 口井突破时的累积产油量，m^3；

N_{fo}——目前压力 p 下自由油相在地面标准条件下的体积，m^3；

p——目前地层压力，MPa；

Q_i——气体注入孔隙体积倍数；

R_j——第 j 口井气体突破后的生产气油比，m^3/m^3；

V_{mo}——过渡带中的油在目前压力 p 下的体积，m^3；

V_{mg}——过渡带中的气在目前压力 p 下的体积，m^3；

$(V_{mo})_{p_b}$——过渡带中的油在饱和压力下的体积，m^3；

V_m——过渡带在目前压力 p 下的体积，m^3；

V_{HC}——碳氢流体所占的体积，m^3；

V_r——恒质膨胀体积比，无量纲；

W_e——水侵量，m^3；

W_i——注水量，m^3；

W_p——累积产水量，m^3；

x——过渡带中气体含量分数，小数；

ρ_o——目前压力 p 下油的密度，kg/m^3。

第三节 含水构造注采物质平衡方程

含水层型地下储气库是人为地将天然气注入地下含水层中而形成的人工气藏。当最初开始注气时岩层为水充满，水的饱和度为 100%，随着注入气量的增加，气逐渐将水驱开，在储层中形成气区、气水两相区和纯水区，如图 8-20 所示，被驱开的水以边水或底水的形式存在，作为储气库的边界起密封作用。

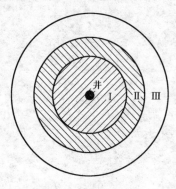

注气达到某一含水饱和度时，水不再是连续网格，而且无论气体压力多高都不能进一步驱替水，水占据着岩石的"犄角旮旯"而成为束缚水。

同时注气驱水不是活塞式驱替，而是非活塞式驱替，在驱替过程中形成两相区，饱和度变化如图 8-21 所示。

这主要是由于一方面气水黏度差较大，在外来压差的作用下，储层内大孔道断面大，渗流阻力小，气优先进入大孔道，而气的黏度远比水小，大孔道的阻力越来越小，大孔道中气窜越来越快，形成指进现象；另一方面，由于储层岩石表面长期与水接触，岩石表面亲水，水是润湿相，由于界面张力而产生的毛细管力是驱替的阻力，而毛细管力与孔道半径成反比，在

图 8-20 含水层型地下储气库形成示意图

非均质地层中，气也必然优先进入大孔道，小孔道依然为水占据，最终形成气水共存的区域。

同样，在回采时，伴随着储层压力的下降，要引起水的入侵，水会以两相区的形式跟进，同

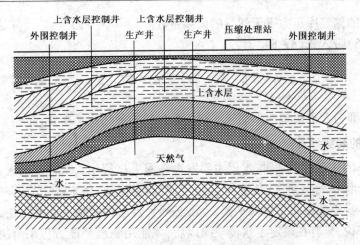

图 8 - 21 含水层型地下储气库剖面示意图

时气体会发生膨胀。在原来气体所到达的区域内,有一部分气体由于吸附作用、相弥散、毛细管堵塞等而成为残余气不能流动而无法采出。

一、含水构造储气库注采物质平衡方程

在储气库的注采过程中,岩石的弹性膨胀率远低于天然气,因此可以忽略岩石弹性膨胀的影响。根据物质平衡原理,把储气库看成是一个体积不变的储集体,在注采过程的任意时刻,自由气和水体积变化的代数和为零。在应用这一物质平衡原理时,通常要作如下假定:气、水两相之间在任一压力下均能在瞬间达到平衡;储层温度在注采过程中保持不变。

含水层型地下储气库在注采过程中,根据物质平衡原理,可写出如下的物质平衡关系,即储层孔隙中气体所占体积与侵入水所占据体积之和等于采出水所占据的体积:

$$W_p B_w = W_e + (G_i - G_p) B_g \qquad (8 - 84)$$

式中 W_p——累积产水量,m^3;

B_w——目前地层压力下水的体积系数;

W_e——累积水侵量,m^3;

G_i——累积注气量,m^3;

G_p——累积产气量,m^3;

B_g——目前地层压力下天然气的体积系数。

由于:

$$B_g = \frac{p_{sc} Z T}{p Z_{sc} T_{sc}} = 3.447 \times 10^{-4} \frac{ZT}{p} \qquad (8 - 85)$$

式中 p_{sc}——地面标准状态压力,MPa;

T_{sc}——地面标准状态温度,K;

Z_{sc}——地面标准状态下天然气的偏差系数;

p——目前储气库压力,MPa;

T——储气库温度,K;

Z——目前储气库压力下天然气的偏差系数。

将式(8-85)带入式(8-84)有：

$$W_p B_w - W_e = 3.447 \times 10^{-4} \frac{ZT}{p}(G_i - G_p) \qquad (8-86)$$

式(8-86)即为含水层型地下储气库在注采过程中的物质平衡方程。

二、水侵量的解析计算

对于储气库的注采过程来讲，水侵主要发生在回采过程中。水侵量的大小主要取决于供水区域的几何形状和大小、地层渗透率、孔隙度、气水黏度比、供水区中岩石和水的压缩性等。水侵量计算的本身不能依赖于物质平衡方程，必须另外采用水动力学的方法或动态数据处理的方法。反过来说，只有在确定了水侵规律以后，才能用物质平衡方程来解决问题，所以两者必须同时考虑。各个水侵公式来源于含水区流体弹性渗流诸问题的求解。

（一）稳定状态公式

最简单的是 Schilthuis 稳态模型，它适用于储层有着充足的边水连续补给的情况，或因采气速度不高，储层压降相对稳定、水侵速度与采出速度几乎相等的情况。

假定：水侵速度正比于压力降，其中压力 p 是气水界面处测定的压力；水层外边界压力为常数，且等于初始压力 p_i；进入储气库的流体流量与压差成正比，即符合达西定律；水的黏度、水区的平均渗透率和几何形状都保持恒定。

这一方程为：

$$q_e = \frac{dW_e}{dt} = C_s(p_i - p) \qquad (8-87)$$

$$W_e = C_s \int_0^t (p_i - p)\,dt \qquad (8-88)$$

式中　p_i——原始边界压力，MPa；

　　　p——某时间 t 时气水边界处压力（一般用气藏平均压力代替），MPa；

　　　C_s——水侵系数，m³/（月·MPa）或 m³/（季·MPa）；

　　　q_e——水侵速度，m³/月或 m³/季；

　　　t——时间，月（或季）。

研究边水的活动规律，主要是求出水侵系数，其大小表示了边水的活跃程度。如果找到 C_s 值，则累积水侵量可由储气库动态压力资料计算出来。如果在很长的时间周期内，产气量和储气库压力基本恒定，则体积采出量或储气库孔隙体积变化率必须等于水侵速度。为应用方便，将积分转化为求和，图8-22为按时间划分的压力动态。

如果用几个时间值，则累积水侵量可表示为：

$$(W_e)_n = C_s \sum_{j=1}^{n} \left[p_i - 0.5(p_{av,j-1} + p_{av,j}) \right] \Delta t_j \qquad (8-89)$$

$$\Delta p_0 = p_i - \bar{p}_1 = p_i - 0.5(p_i + p_1) = 0.5(p_i - p_1)$$

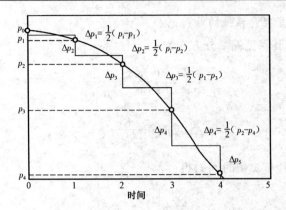

图8-22　按时间划分的压力动态

$$\Delta p_1 = \bar{p}_1 - \bar{p}_2 = 0.5(p_i + p_1) - 0.5(p_1 + p_2) = 0.5(p_i - p_2)$$

$$\Delta p_2 = \bar{p}_2 - \bar{p}_3 = 0.5(p_1 + p_2) - 0.5(p_2 + p_3) = 0.5(p_1 - p_3)$$

$$\Delta p_3 = \bar{p}_3 - \bar{p}_4 = 0.5(p_2 + p_3) - 0.5(p_3 + p_4) = 0.5(p_2 - p_4)$$

$$\cdots\cdots$$

$$\Delta p_j = 0.5(p_{j-1} - p_{j+1})$$

$$\Delta t_j = t_j - t_{j-1}$$

此模型未考虑系统的压缩性,这与实际情况不符。但此方法便于使用,至少可认为是首次近似。采用该模型和物质平衡方程,人们可计算出稳态水侵系数 C_s。

（二）修正稳态公式

赫斯特(Hurst)提出了一个修正稳态方程。它的使用条件是:与含气区相比,供水区很大;储气库产生的压降不断向外传播,使流动阻力增大,因而水侵速度逐渐减小,即水侵系数变小,其数学表达式为:

$$\frac{\mathrm{d}W_e}{\mathrm{d}t} = C_s \frac{p_i - p}{\lg at} \qquad (8-90)$$

$$W_e = C_s \int_0^t \frac{p_i - p}{\lg at} \mathrm{d}t \qquad (8-91)$$

式中　C_s——水侵系数,$\mathrm{m}^3/(\mathrm{d} \cdot \mathrm{MPa})$;

　　　a——时间换算系数,它取决于所选用时间(t)的单位。

式(8-88)与式(8-91)的区别在于:式(8-91)在积分符号内引入了一个时间的对数函数,$\lg at$ 反映在压降区不断扩大的情况下储气库水侵的不稳定性和水侵量逐渐减小,C_s 也变小。

（三）非稳态公式

当储气库发生水侵的原因主要是由于含水区岩石和流体的弹性膨胀作用时,则水侵是非稳态的。Hurst 和 van Everdingen 曾推导了计算水侵量的方法。

1. 适用于供水区呈径向系统的非稳态公式

对于径向流系统,其渗流偏微分方程为:

$$\frac{\partial^2 p}{\partial r^2} + \frac{1}{r}\frac{\partial p}{\partial r} = \frac{1}{\eta}\frac{\partial p}{\partial t} \tag{8-92}$$

$$\eta = \frac{K}{\mu_\mathrm{w}\phi C_\mathrm{e}'}$$

用无量纲时间 t_D 代替真实时间 t,得:

$$\frac{\partial^2 p}{\partial r^2} + \frac{1}{r}\frac{\partial p}{\partial r} = \frac{\partial p}{\partial t_\mathrm{D}} \tag{8-93}$$

$$t_\mathrm{D} = 8.64 \times 10^{-2}\frac{Kt}{\phi\mu_\mathrm{w}C_\mathrm{e}'r_\mathrm{g}^2} \tag{8-94}$$

式中　C_e'——含水区水和岩石的综合压缩系数,MPa^{-1},$C_\mathrm{e}' = C_\mathrm{f} + C_\mathrm{w}$;

　　　ϕ——水区岩石孔隙度,%;

　　　μ_w——水的黏度,$\mathrm{mPa \cdot s}$;

　　　r_g——含气区半径,m;

　　　K——供水区岩石渗透率,mD;

　　　t——回采时间,d。

公式提出者应用拉普拉斯变换得出式(8-91)的解:

$$W_\mathrm{e} = B\sum \Delta p_\mathrm{D} \cdot Q(t_\mathrm{D}) \tag{8-95}$$

式中　B——水侵系数,$\mathrm{m}^3/\mathrm{MPa}$,若用静态资料进行计算,则:$B = 2\pi r_\mathrm{g}^2 h\phi C_\mathrm{e}'$,通常应用储气库
　　　动态资料计算的结果更符合实际;

　　　Δp_D——阶段压力降;

　　　$Q(t_\mathrm{D})$——无量纲水侵量,由无量纲时间(t_D)和无量纲半径$\left(\dfrac{r_\mathrm{w}}{r_\mathrm{g}}\right)$确定;

　　　W_e——发生在阶段压力降Δp_D下的累积水侵量,m^3;

　　　r_w——水区半径,m。

若水不是对储气库的全部方向侵入,或储气库本身不是圆形的,此时对方程要作相应的修正:

$$B = 2\pi r_\mathrm{g}^2 h\phi C_\mathrm{e}'\varphi \tag{8-96}$$

$$\phi = \theta/360 \tag{8-97}$$

θ 为储气库的水侵圆周角,ϕ 为水侵入储气库的圆周系数,如图8-23所示。

若实测的储气库压力等于原始气水界面处的压力,并且在时间为 $0, t_1, t_2, \cdots, t_j$ 时相应的压力为 $p_\mathrm{i}, p_1, p_2, \cdots, p_j$,那么各时间间隔的平均压力值为:

$$\bar{p}_1 = \frac{p_i + p_1}{2}$$

$$\bar{p}_2 = \frac{p_1 + p_2}{2}$$

$$\cdots\cdots$$

$$\bar{p}_j = \frac{p_{j-1} + p_j}{2}$$

因此,在时间为 $0, t_1, t_2, \cdots, t_j$ 时发生的压力降(图 $8-24$)为:

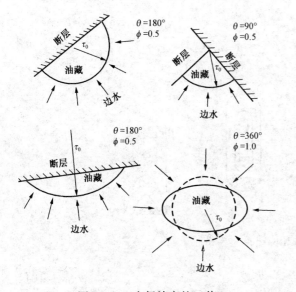

图 $8-23$　水侵储库的 ψ 值

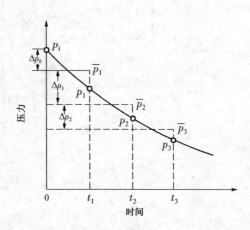

图 $8-24$　用压力台阶计算水侵量

$$\Delta p_0 = p_i - \bar{p}_1 = p_i - \frac{(p_i + p_1)}{2} = \frac{p_i - p_1}{2}$$

$$\Delta p_1 = \bar{p}_1 - \bar{p}_2 = \frac{p_i + p_1}{2} - \frac{p_i + p_2}{2} = \frac{p_i - p_2}{2}$$

$$\Delta p_2 = \bar{p}_2 - \bar{p}_3 = \frac{p_1 + p_2}{2} - \frac{p_2 + p_3}{2} = \frac{p_1 - p_3}{2}$$

$$\cdots\cdots$$

$$\Delta p_j = \bar{p}_j - \bar{p}_{j+1} = \frac{p_{j-1} + p_j}{2} - \frac{p_j + p_{j+1}}{2}$$

$$\hspace{9cm}(8-98)$$

$$= \frac{p_{j-1} - p_{j+1}}{2}$$

这样,累积水侵量的计算公式为:

$$W_e = B\left[\Delta p_o Q(t_j - t_o)_D + \Delta p_1 Q(t_j - t_1)_D + \Delta p_2 Q(t_j - t_2)_D + \cdots + \Delta p_{j-1} Q(t_j - t_{j-1})_D\right]$$

$$(8-99)$$

$$或\ W_e = B\sum_{i=0}^{j-1} \Delta p_i Q(t_j - t_i)_D \qquad (8-100)$$

2. 适用于供水区呈线性系统的不稳态公式

若供水区与储气库中的渗流情况为如图 8-25 所示的线性渗流,那么弹性液体在弹性介质中的平面渗流符合以下偏微分方程:

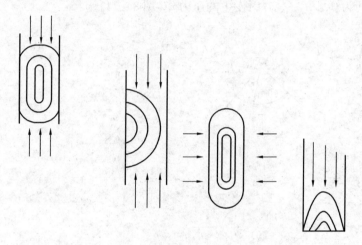

图 8-25 储气库中线性渗流示意图

$$\frac{\partial^2 p}{\partial x^2} = \frac{1}{\eta}\frac{\partial p}{\partial t} \qquad (8-101)$$

$$\eta = \frac{K}{\phi \mu_w C'_e} \qquad (8-102)$$

用 t_D(无量纲时间)代替 t,然后用同样的拉普拉斯变换得出解为:

$$W_e = B\sum \Delta p_D F_k(t_D) \qquad (8-103)$$

式中 B——水侵系数,压力每降低 1 MPa 时,靠水驱弹性能驱入储库中水的体积;

Δp_D——阶段压力降,Δp_D 的计算与径向流相同;

$F_k(t_D)$——无量纲水侵量。

$$B = \phi b L h C'_e \qquad (8-104)$$

式中 b——供水区的宽度;

L——供水区的长度。

$$\Delta p_j = \frac{p_{j-1} - p_{j+1}}{2} \qquad (8-105)$$

三、解析的底水驱动水体模型

本研究提出了一种新的解析模型来预测有限底水驱动水体(BWDA)的水侵量,这一新模型可用于油藏模拟器和物质平衡分析中的水体表述。此模型的计算速度很快,且得到了 Coats (1962)、Allard 和 Chen(1988)的模型结果的验证。使用这个新模型,我们对比了底水驱动(BWD)和边水驱动(EWD)水体的累积水侵量。

在第二部分,我们将新的水体模型和物质平衡方程(MBE)耦合在一起,并阐述了其在储量估计中的应用;另外,还分析了 Allard 和 Chen(1988)模拟的底水驱动(BWD)油藏的生产数据;进行了 McEwen 分析(1962)以预测储量。

(一)简介

根据驱替机理可以对油气藏进行分类。靠近水体的油气藏,水驱可能是其主要的生产机制。在这些油气藏中,烃类的生产会引起烃/水界面张力的下降,由于此压力的降低,水体中的水会侵入油气藏并充满其孔隙空间。水体中的水侵入油气藏岩石可能对油气藏的动态产生显著的影响,因此,必须对油气藏的水侵量进行准确预测,将其表示为时间、油气藏/水体界面的压力变化、油气藏/水体体积比以及水体特征的函数。

为了预测水驱油气藏的动态,就需要建立一个对流体在水体中的流动以及流体从水体流入油气藏的流动进行模拟的水体模型。水体模型可以根据流态和流动的几何形态进行分类:根据流态可以将水体模型分为罐模型、稳态模型、拟稳态模型和非稳态模型;根据流动的几何形态可以将水体/油气藏系统分为零维模型、线性模型和径向模型;而考虑到径向流的几何形态,还可以将水体模型分成边水驱动(EWD)模型和底水驱动(BWD)模型。

通常,水体模型有两种油藏工程用途:储量评估和油藏模拟。水体模型的主要作用就是根据物质平衡计算预测累积水侵量,根据这个思路,Allard 和 Chen(1988)的模型以及其他一些模型就被耦合进了一些商业软件中,如 Oilwat/Gaswat。在大规模的模拟研究中,需要优化网格的数量从而使计算时间和花费更加合理。在大规模的模拟中通常使用解析模型隐式地表示水体,在商业油藏模拟器中,一些解析模型也可以用来隐式地表示水体。

在目前的文献中,有两种模型可以预测 BWD 系统的累积水侵量,分别是 Coats 模型(1962)和 Allard – Chen(1988)模型。半解析的 Coats 模型(1962)考虑的是无限大的水体,而 Allard 和 Chen 建立了有限水体(1988)的数值模型。Coats、Allard 和 Chen 把无量纲的界面压力降和无量纲的累积水侵量分别制成表格,将其表示为无量纲时间、无量纲水体半径和无量纲水体厚度的函数。两个模型得到的无量纲水体厚度范围均在 0.05 ~ 1.0。不幸的是,当涉及现场应用时,两个模型中考虑的无量纲水体厚度均不切实际地偏大了。因此,Coats 和 Allard – Chen 模型的制表结果的实际应用存在局限性。

本研究的目的是开发显式的解析水体模型,从而预测有限底水驱动水体(BWDA)的累积水侵量,对其进行证实并阐述其应用。

(二)文献回顾

对流入油气藏的累积水侵量进行准确预测是非常重要的。以往的文献中涉及了很多水体模型,根据已知的水体模型,可以得到以下结论:水体动态由水体/油气藏的几何尺寸、水体/油气藏的体积比以及水体的岩石物理特性所决定。这里,简单地对石油工程文献中应用最广泛的不稳定水侵模型进行讨论。

1. EWDA 模型

van Everdingen 和 Hurst(1949)提出了一个无限线性水体的简单求解方法。它们的简单模型假设水体的水侵发生在油气藏外缘。Havlena 和 Odeh(1963,1964)指出无限线性水体模型可能很好地拟合油田历史生产数据。后来,Nabor 和 Barham(1964)开发了一个针对有限线性水体的解析模型,Nabor – Barham 模型假设水体为 EWD,并采用无穷级数的形式进行表示。

van Everdingen 和 Hurst(1949)建立了不稳定流动模型,此模型自建立以来就一直被作为工业标准。van Everdingen 和 Hurst 模型(vEH)考虑的是径向流和 EWD。在 vEH 物理模型中,可以将水体和油气藏看做两个同心圆柱,水以水平流动的形式进入油气藏,垂向流动可以忽略。van Everdingen 和 Hurst 采用解析方法对无量纲扩散方程进行了求解,并以无量纲水侵量的形式对结果进行了表述。无量纲水侵量被表示成了无量纲时间和无量纲水体半径的函数。vEH 的求解包括无限水体和有限水体。

采用与 van Everdingen 和 Hurst 相同的物理模型,Fetkovich(1971)假设通过水体的流动为拟稳定流动,得到了一个更为简化的结果。

2. BWDA 模型

1962 年,Coats 考虑了 BWD,并提出了它的数值解。Coats 模型中,圆柱水体位于油气藏底部,且通过油气藏/水体边界的水的流动大多数为垂直方向;水体无限大;除了油气藏/水体界面,水体的顶部和底部边界均封闭。Coats(1962)假设油气藏/水体界面的流动速率恒定,并应用 Laplace 和 Hankel 转换进行了求解,它最后的解包含了贝塞尔函数的积分。在油气藏/水体界面,Coats 采用无量纲压力降的形式表示了模型的结果,将无量纲压力降表示为无量纲时间和无量纲水体厚度的函数。另外,Coats(1962)将他的 BWDA 模型与气体的物质平衡方程结合起来,分析了气田的资源量。

1988 年,Allard – Chen 建立了有限 BWDA 的数值模型。除了水体尺寸,Coats 的物理模型与 Allard 和 Chen(1988)的模型是一样的。然而,Allard 和 Chen 的模型中考虑的边界压力降是恒定的。Allard 和 Chen 采用无量纲累积水侵量的形式对他们的数值模型结果进行了表述。

Coats(1962)和 Allard – Chen(1988)都将他们的最后结果制成了表,包括界面处的无量纲压力降以及无量纲累积水侵量,其无量纲水体厚度范围为 $0.1 < h_a(K_H/K_V)^{0.5}/r_a < 1.0$。为了使用 Coats(1962)和 Allard – Chen(1988)的制表中的一些数据,实际现场应用中的水体必须非常厚。两个模型中考虑的一些无量纲水体厚度值均不切实际地过大,因此,Coats 和 Allard – Chen 模型的制表结果的应用具有局限性。

(三)BWDA 的解析模型

在这一部分,我们提出了用于计算 BWDA 的水侵量的解析的不稳定流动模型的建立过程。此解析模型可用于求解油气藏/水体边界为恒定速率或恒定压力的情况。物理模型见图 8 – 26:油气藏和水体都是圆柱状的;坐标系位于水体的底部和中心;油气藏位于水体顶部;水体具有恒定厚度 h_a 和恒定半径 r_a;油气藏半径为 r_R;水通过 $0 < r < r_R$ 的环形范围并在油气藏岩石中流动;封闭了所有其他的外部水体边界。模型假设如下:(1)水体的孔隙度和厚度为常数;(2)水体的渗透率一致但存在各向异性,水平渗透率和垂向渗透率分别为 K_H 和 K_V;(3)水

体岩石和水的压缩性恒定;(4)油气藏/水体界面的压力已知;(5)水体岩石完全充满水;(6)油气藏和水体同心分布。

模型的最终解用拉普拉斯空间解表示,并采用 Stehfest(1970)算法将拉普拉斯空间解转换为实际空间解。

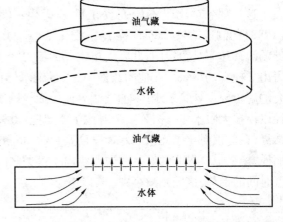

图 8-26 本研究中考虑的 BWDA 模型

1. BWDA 的罐模型

根据罐模型,BWDA 的累积水侵量可表示为:

$$W_e = \frac{\pi r_a^2 h_a \varphi_a}{5.615} c_{ea} \Delta p_x \quad (8-106)$$

采用无量纲形式还可以将其表示为:

$$W_{eD-vEH} = r_{aD}^2/2 \quad (8-107)$$

$$W_{eD-bwd} = h_{aD} r_{aD}^2 \quad (8-108)$$

注意:BWDA 的罐模型方程与 EWDA 的罐模型方程差别很小。在 EWDAs 的情况下,罐模型变为:

$$W_e = \frac{\pi(r_a^2 - r_R^2) h_a \varphi_a}{5.615} c_{ea} \Delta p_x \quad (8-109)$$

采用无量纲形式还可以将其表示为:

$$W_{eD-vEH} = (r_{aD}^2 - 1)/2 \quad (8-110)$$

$$W_{eD-bwd} = h_{aD}(r_{aD}^2 - 1) \quad (8-111)$$

罐模型预测的累积水侵量是油气藏/水体界面在一定的恒定压降下可以达到的最大值。当水体动态与罐模型一致时,方程(8-106)和方程(8-109)或方程(8-108)和方程(8-111)的对比表明 BWDA 将允许更多的水进入油藏。由 BWDA 提供的额外水侵量为:

$$\Delta W_{eD-vEH} = W_{eD-vEH}\big|_{bwd} - W_{eD-vEH}\big|_{ewd} = 1/2 \quad (8-112)$$

$$\Delta W_{eD-bwd} = W_{eD-bwd}\big|_{bwd} - W_{eD-bwd}\big|_{ewd} = h_{aD} \quad (8-113)$$

根据罐模型预测的 EWD-累积水侵量和 BWD-累积水侵量值的比值为:

$$R = \frac{W_{eD-bwd}\big|_{ewd}}{W_{eD-bwd}\big|_{bwd}} = 1 - 1/r_{aD}^2 \quad (8-114)$$

方程(8-114)说明,随着水体尺寸的增加,EWDA 和 BWDA 的累积水侵量的比值趋于 1。例如,当 $r_{aD} = 5$ 时,EWD 水侵量与 BWD 水侵量比值为 0.96。换句话说,如果无量纲水体半径很大,那么由 EWD 和 BWD 提供的最大水侵量近似相同。

2. 模型检验

这一部分对比了本研究提出的解析模型得到的结果与 Coats(1962)和 Allard – Chen (1988)的制表结果。Coats 提出了无限大 BWDA 的解析模型，他假设油气藏和水体之间界面处的流动速率是恒定的，并将无量纲界面压力降表示成无量纲时间、无量纲水体厚度的函数，得出了模型的结果。在他的数据中，无量纲水体厚度的范围为 0.05 ~ 1.0。我们还采用本研究的解析模型计算了水体/油气藏界面的无量纲压力降。在模拟中，给定了一个很大的水体半径以模拟无限水体。图 8 – 27 对比了本研究的解析模型得到的结果以及 Coats(1962)的制表结果，在此仅对比了无量纲水体厚度 h_{aD} = 0.05 和 1.0 的情况。正如从图 8 – 27 中可以看到的那样，模型拟合得非常好。图中还给出了模型之间的偏差：早期模型间的偏差为 2% ~ 4%，随着时间的推移，该偏差减小到 1% 以下。

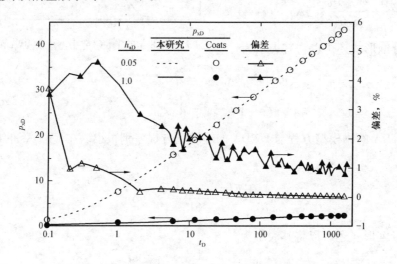

图 8 – 27　本研究的解析模型和 Coats 模型对比（无限水体）

Allard 和 Chen(1988)使用数值模型模拟了 BWD 油气藏的累积水侵量。他们的基本假设是水体/油气藏界面的边界压力是恒定的，并可适用于有限水体和无限水体。通过将无量纲水侵量表示成无量纲时间、无量纲水体厚度和无量纲水体半径的函数，他们得到了模型的结果。Allard 和 Chen(1988)将选择的 r_{aD} 和 h_{aD} 组合制成数据表。将本研究的解析模型得到的结果与 Allard 和 Chen 提出的数据进行了对比，在此只给出了 r_{aD} = 10, h_{aD} = 0.05 和 1.0 的结果，见图 8 – 28。总的来说，本研究的解析模型和 Allard – Chen 模型得到的结果拟合得很好。然而，对于非常厚的水体，模型早期存在一些误差，为 10% ~ 20%。图 8 – 28 中还给出了模型间的偏差，当 t_D < 2.5 且 h_{aD} = 1.0 时，模型间偏差达 20%，而当 t_D > 2.5 时，模型间的偏差显著下降。

Allard 和 Chen(1988)还模拟了油气藏/水体界面处的压力随时间变化的 BWD 油气藏的动态，但是在 Allard 和 Chen 的报告中，没有给出他们使用的模拟器和模拟模型的详细描述。表 8 – 4 中为 Allard 和 Chen 的模型中考虑的输入数据。除了界面处的压力外，Allard 和 Chen 还给出了平均油藏压力、累积产油量以及累积水侵量随时间的变化关系，见表 8 – 5。使用表 8 – 4中给出的输入数据以及表 8 – 5 中的油气藏/水体的界面压力，采用本研究的解析模型预测了累积水侵量随时间的变化情况。本研究的解析模型、Allard – Chen 模型以及模拟器的结

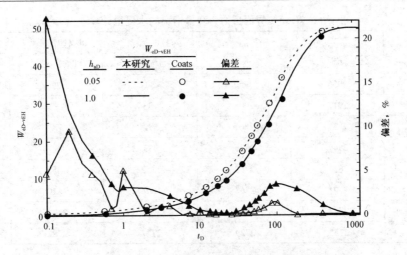

图 8 – 28 本研究的解析模型和 Allard – Chen 模型对比($r_{aD} = 10$)

果对比见表 8 – 5。本研究的解析模型预测的累积水侵量值与 Allard – Chen 模型预测的累积水侵量值几乎一致,而本研究的模型与 Allard – Chen 模型预测的累积水侵量结果在一定程度上与模拟器的结果存在差别,这是由于两个模型均假设界面的压力是逐步变化的。如果能更频繁地测定平均油藏压力并将界面压力历史分成更多份,从而使得压降步长更小,将会提高本研究的解析模型和模拟器间的拟合程度。

表 8 – 4   界面压力为变量情况的输入数据

r_R, ft	2000
r_a, ft	∞
h_a, ft	200
K_H, mD	50
K_V, mD	2
ϕ_a, %	0.10
μ_w, mPa·s	0.395
C_{ea}, 10^{-6}psi^{-1}	8
C_o, 10^{-6}psi^{-1}	15
C_{eR}, 10^{-6}psi^{-1}	22
p_i, psi	3000
p_b, psi	1000
B_w, bbl(地下)/bbl	1.0
B_{oi}, bbl(地下)/bbl	1.432
N, 10^6 bbl	25
r_{aD}	∞
h_{aD}	0.5
a_{tD}, d^{-1}	0.25
C_{vEH}, bbl(地下)/psi	716.2

表 8 - 5　界面压力为变量情况的水侵量计算

t d	$p_{o/w}$ psi	p_R psi	W_e, 10^3 bbl		
			本研究	Allard - Chen	模拟器
30	2956	2950	80	79	110
60	2917	2905	283	282	314
90	2877	2861	572	572	606
120	2844	2825	933	933	964
150	2811	2788	1252	1353	1382
180	2791	2768	1808	1810	1829
210	2773	2749	2281	2284	2295
240	2755	2729	2777	2782	2785

　　针对罐模型,也对本研究的解析模型进行了测试。当时间较长且水体为有限水体时,本研究的解析模型可以转变成罐模型。正如图 8 - 28 所示,经过较长的时间后,无量纲累积水侵量达到恒定值。对于 $r_{aD} = 10$ 的情况,恒定值为 $W_{eD-vEH} = 50$,与方程(8 - 107)预测的结果一致。

　　(四)BWD 油藏的 McEwen 法

　　接下来,采用新的 BWDA 模型进行了储量预测研究。首先,简单地对物质平衡方程进行回顾,并讨论了 McEwen(1962)提出的图形技术。水驱/未饱和油藏的物质平衡方程表示如下:

$$F_p = NE_t + W_e \qquad (8 - 115)$$

其中:

$$F_p = N_p[B_o + (R_p - R_s)B_g] + W_pB_w \qquad (8 - 116)$$

$$E_t = B_o - B_{oi} + (R_{si} - R_s)B_g + B_{oi}C_{eR}(p_i - p) \qquad (8 - 117)$$

$$C_{eR} = (C_wS_{wc} + C_f)/(1 - S_{wc}) \qquad (8 - 118)$$

如果生产储层的压力比泡点压力高很多,那么油藏孔隙度和总膨胀量减小到:

$$F_p = N_pB_o + W_pB_w \qquad (8 - 119)$$

$$E_t = B_{oi}C_{tR}(p_i - p) \qquad (8 - 120)$$

$$C_{tR} = [C_o(1 - S_{wc}) + C_wS_{wc} + C_f]/(1 - S_{wc}) \qquad (8 - 121)$$

McEwen(1962)提出水体常量 C_{vEH} 可能与石油地质储量(OIP)有关:

$$C_{vEH} = 2NB_{oi}C_{ea}\beta_{aR}/(1 - S_{wc}) \qquad (8 - 122)$$

其中 $\beta_{aR} = \phi_ah_a/\phi_Rh_R$。接下来,累积水侵量可表示成如下形式:

$$W_e(t) = \frac{2NB_{oi}C_{ea}\beta_{aR}}{1 - S_{wc}}\sum_{j=1}^{n}\Delta p_{xj}W_{eD-vEH} \qquad (8 - 123)$$

$$W_{\text{e}}(t) = \frac{NB_{\text{oi}}C_{\text{ea}}\beta_{\text{aR}}}{(1 - S_{\text{wc}})h_{\text{aD}}} \sum_{j=1}^{n} \Delta p_{xj} W_{\text{eD-bwd}} \tag{8-124}$$

将方程(8-123)或方程(8-124)代入方程(8-115)并重新整理得：

$$F_{\text{p}} = NE_{\text{taR}} \tag{8-125}$$

其中：

$$E_{\text{taR}} = E_{\text{t}} + \frac{2NB_{\text{oi}}C_{\text{ea}}\beta_{\text{aR}}}{1 - S_{\text{wc}}} \sum_{j=1}^{n} \Delta p_{xj} W_{\text{eD-vEH}} \tag{8-126}$$

$$E_{\text{taR}} = E_{\text{t}} + \frac{NB_{\text{oi}}C_{\text{ea}}\beta_{\text{aR}}}{(1 - S_{\text{wc}})h_{\text{aD}}} \sum_{j=1}^{n} \Delta p_{xj} W_{\text{eD-vEH}} \tag{8-127}$$

方程(8-125)表明,在直角坐标图上 F_{p} 与 E_{taR} 的关系曲线应该通过坐标原点并且斜率等于 OIP。然而,为了得到这一直线并对 OIP 进行良好估计,还需要知道无量纲时间因子 a_{tD}、无量纲水体半径 r_{aD}、无量纲水体厚度 h_{aD} 以及孔隙度/厚度（β_{aR}）。通常在现场应用中并没有足够的数据对四个无量纲参数进行可靠预测,因此在实践中通常将生产和压力数据进行迭代从而获得 $N, a_{\text{tD}}, r_{\text{aD}}, h_{\text{aD}}$ 及 β_{aR}。一般来说, $N, a_{\text{tD}}, r_{\text{aD}}, h_{\text{aD}}$ 及 β_{aR} 的许多不同组合均能与现场数据获得良好的拟合。因此,在水驱油藏中,要获得一个唯一的 OIP 值一般是相当困难的。通常,在水驱油藏中,我们能预测一个 OIP 值范围而不是单一的或唯一的值。

（五）讨论

在这一部分,我们对作为无量纲时间、无量纲水体厚度以及无量纲水体半径的函数的无量纲累积水侵量进行了检验,并对比了 BWDA 和 EWDA 的结果。

1. 无量纲水侵量的定义

首先,检验了无量纲累积水侵量的定义。考虑一个 $r_{\text{aD}} = 2$ 的有限水体,计算了其 BWDA 和 EWDA 的无量纲累积水侵量值,结果分别用 $W_{\text{eD-vEH}}$ 和 $W_{\text{eD-bwd}}$ 表示。图 8-29 根据 van Everdingen 和 Hurst(1949)定义的无量纲累积水侵量对结果进行了表示,给出了作为无量纲时间和无量纲水体厚度的函数的 $W_{\text{eD-vEH}}$ 的曲线。实线表示 BWDA 的结果,带实圈的虚线代表 EWDA 的结果。

首先,仅观察 BWDA 的结果。图 8-29 表明,薄水体(低 h_{aD})的 $W_{\text{eD-vEH}}$ 值比厚水体(高 h_{aD})的 $W_{\text{eD-vEH}}$ 值更高。然而,不应将此结果解释为薄水体能提供更大的实际累积水量。事实上,厚水体而不是薄水体能让更多的水流入油藏中。图 8-29 中所示的不正常结果是由 $W_{\text{eD-vEH}}$ 的定义导致的。根据方程显示, $W_{\text{eD-vEH}}$ 的定义与水体 h_{a} 有关,当比较不同 h_{aD} 值的 BWDA 反映时,这个定义导致了一些干扰。然而, $W_{\text{eD-vEH}}$ 的定义使得 EWDA 的曲线是唯一的。

从图 8-29 中可以看出,在早期和中期,BWDA 的每一个 h_{aD} 对应的 $W_{\text{eD-vEH}}$ 是有差别的,且这些曲线几乎相互平行。还应该注意的是,经历相当长的时间后($t_{\text{D}} > 8$),所有不同 h_{aD} 值的 $W_{\text{eD-vEH}}$ 曲线发生了重合。当 $t_{\text{D}} > 8$ 时, $W_{\text{eD-vEH}}$ 达到常数值 2。这符合方程(8-107)表示的罐模型动态。图 8-29 中分析的是一个 $r_{\text{aD}} = 2$ 的 EWDA 的情况。注意,当 $h_{\text{aD}} = 0.5$ 时,早期和中期($t_{\text{D}} < 1$)EWDA 和 BWDA 的 $W_{\text{eD-vEH}}$ 值几乎相同。 $h_{\text{aD}} < 0.5$ 时,薄 BWDA 的 $W_{\text{eD-vEH}}$ 值比

薄 EWDA 的 W_{eD-vEH} 值高。而 $h_{aD} > 0.5$ 时，厚 BWDA 的 W_{eD-vEH} 值比厚 EWDA 的 W_{eD-vEH} 值低。经历相当长的时间后($t_D > 2$)，EWDA 的 W_{eD-vEH} 值稳定在 1.5。这个稳定值也符合 EWDA 的罐模型动态，正如方程(8-110)所表示的那样。

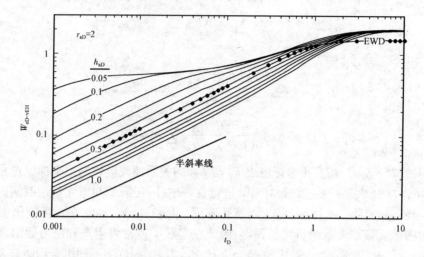

图 8-29 $r_{aD} = 2$ 的无限 BWDA 和 EWDA 的 W_{eD-vEH} 与 t_D 关系曲线

根据方程给出的 W_{eD-bwd} 定义，可以得到 BWDA 和 EWDA 的无量纲累积水侵量动态。图 8-30 给出的是 BWDA 的结果，从图中可以看出，与早期不同，W_{eD-bwd} 值随水体厚度的增加而增加，这与预期趋势相同，即符合物理上的合理趋势。

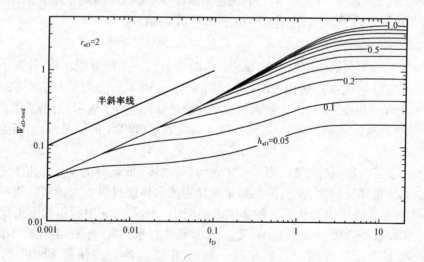

图 8-30 $r_{aD} = 2$ 的有限 BWDA 的 W_{eD-bwd} 与 t_D 关系曲线

图 8-30 表明，早期所有 h_{aD} 值的 W_{eD-bwd} 值动态相同。然而，中期和后期 W_{eD-bwd} 值会受到无量纲水体厚度的影响。早期，薄水体的动态很快就与常规动态不同。经历相当长的时间后，W_{eD-bwd} 值开始稳定。W_{eD-bwd} 的稳定值是无量纲水体厚度的函数，如方程(8-108)所示。

图 8-31 给出了不同无量纲水体厚度的 EWDA 的 W_{eD-bwd} 动态。当根据 W_{eD-bwd} 的定义表示 EWDA 的结果时，我们得到了多条曲线，然而根据 W_{eD-vEH} 的定义只得到了一条曲线。

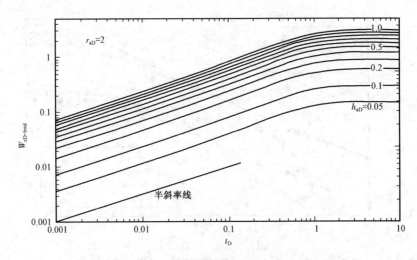

图 8 – 31　$r_{aD} = 2$ 的有限 EWDA 的 W_{eD-bwd} 与 t_D 关系曲线

根据图 8 – 29 ~ 图 8 – 31 的结果讨论，我们得出以下结论：针对 BWDA 使用 W_{eD-vEH} 的定义是不合理的；而 W_{eD-bwd} 更适合于检验 BWDA 的结果，而可能并不适用于 EWDA。尽管如此，在余下的部分仍根据之前的定义无量纲累积水侵量对结果进行讨论。

2. 流态

流态可以通过 W_{eD-bwd} 与 t_D 的双对数关系曲线进行识别。图 8 – 30 是 $r_{aD} = 2$ 的有限水体的 W_{eD-bwd} 与 t_D 的双对数关系图。从图中可以看出，早期 BWDA 存在一个线性流动期，线性流动期在双对数图上以半斜率线为特征，其持续时间取决于水体的厚度，水体越厚，线性流动期的持续时间越长。对于 $h_{aD} = 0.1$ 的薄水体，线性流动大约在 $t_D = 4 \times 10^{-3}$ 时终止。对于 $h_{aD} = 0.5$ 的厚水体，线性流动期持续到 $t_D = 4 \times 10^{-2}$。在线性流动期，流动主要是垂向的，径向面的流动可以忽略。

图 8 – 30 还表明，经历相当长的时间后，水体的不稳定流动停止且 W_{eD-bwd} 变为常数。经过相当长的时间后水体的动态能通过罐模型来进行准确表述，因此可将此流动期称为罐流期。罐流期的 W_{eD-bwd} 值是无量纲水体厚度的函数，并保持稳定。

从图 8 – 31 中也可以识别线性流流态，图 8 – 31 为 EWDA 的 W_{eD-bwd} 与 t_D 关系曲线。在 EWDA 的情况下，线性流动发生在水平面，其线性流动期持续的时间更长。另外，对固定的 h_{aD}，线性流动期的持续时间与水体厚度无关。

3. BWD 和 EWD 的比较

本小节对比了底水驱动水体（BWDA）和边水驱动水体（EWDA）的累积水侵量。比较的基础是，在 BWDA 和 EWDA 中，尽管油/水界面的几何尺寸不同，但界面处的压力降相同。以下将具体阐述小、中等、大、无限水体的比较结果。

1）小水体

考虑半径 $r_{aD} = 2$ 的无量纲水体。图 8 – 32 根据三种给定的无量纲水体厚度值，比较了两种类型水体的无量纲累积水侵量。

图 8 – 32 表明，$h_{aD} = 0.1$ 时，BWDA 的水侵量一直都比 EWDA 的水侵量高。最初，BWDA

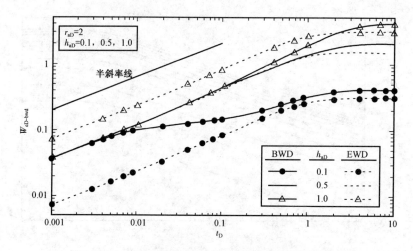

图 8 – 32　$r_{aD}=2$ 的 BWDA 和 EWDA 累积水侵量比较

和 EWDA 的水侵量值差异很大。$t_D = 5 \times 10^{-3}$ 时,水侵量值的差距开始变小,且在 $0.5 < t_D < 1.0$ 的时间间隔内差值达到最小。在罐流期间,水侵量值的差距保持稳定且等于 h_{aD}。虽然图 8 – 32 并没有给出 $h_{aD} = 0.2, 0.3, 0.4$ 的结果,但其结果与 $h_{aD} = 0.1$ 的情况类似。更特别的是,只要 $h_{aD} < 0.5$,BWDA 提供的水体积就比 EWDA 所提供的要大。

现在,检验 $h_{aD} = 0.5$ 的结果。当 $h_{aD} = 0.5$ 时,$t_D = 1$ 之前,BWDA 和 EWDA 的水侵量值几乎相同。$t_D > 1$ 时,BWDA 的水侵量体积更大。

图 8 – 32 还给出了很厚的水体,即 $h_{aD} = 1.0$ 的水体的 BWDA 和 EWDA 的对比结果。对于 $h_{aD} > 0.5$ 的情况,$h_{aD} = 1.0$ 的结果也是典型的。图 8 – 32 表明,除了罐流期,EWDA 的累积水侵量更大。$h_{aD} = 1.0$ 时,EWDA 在无量纲时间早于 2.5 时提供的水的体积更大。约 $t_D > 2.5$ 时,EWDA 达到罐流期且不能再提供额外体积的水。与方程(8 – 113)一致,BWDA 在罐流期的累积水侵量更大。事实上,方程(8 – 113)表明 $W_{eD-bwd} = h_{aD} = 1$。

当水体很厚($h_{aD} > 0.5$)时,除了罐流期,BWDA 与 EWDA 的累积水侵量值的差异随着无量纲水体厚度的增加而增加。

BWDA 的体积比 EWDA 的体积大,因此,预期在薄水体($h_{aD} < 0.5$)的情况下,BWDA 能产生更高的累积水侵量。然而,当水体很厚时,我们观察到了相反的趋势,即 EWDA 产生了更大的累积水侵量。为什么体积更小的 EWDA 能传送更多的水?这主要是由于:(1)油气藏和水体之间的接触区域;(2)水体/油气藏界面的几何尺寸和位置;(3)两种水体类型界面处的压降相同。其中接触区域是主要原因。在 BWDA 的情况下,接触区域是:

$$A_{bwd} = \pi r_R^2 \tag{8 – 128}$$

相反,EWD 的接触区域是:

$$A_{ewd} = 2 \pi r_R h_a \tag{8 – 129}$$

EWD 方案和 BWD 方案的接触区域比值为:

$$R_{cA} = \frac{A_{ewd}}{A_{bwd}} = \frac{h_a}{r_R/2} \tag{8 – 130}$$

现在考虑 $h_a < r_R/2$ 的均质薄水体。在此情况下，$h_{aD} < 0.5$，$R_{cA} < 1$ 且 $A_{bwd} > A_{ewd}$。另外，若 $h_a = r_R/2$ 则 $h_{aD} = 0.5$，$R_{cA} = 1$ 且 $A_{bwd} = A_{ewd}$。而 $h_a < r_R/2$ 的厚水体的无量纲参数为 $h_{aD} > 0.5$，$R_{cA} > 1$，且 $A_{bwd} < A_{ewd}$。基本上，水体/油气藏系统的接触面积越大，传送的水的体积越大，而界面的几何尺寸和位置的影响位于其次。

图 8-33 对比了 BWDA 和 EWDA 的几何形状以及流体界面的位置和特性。在 EWDA 的情况下，界面是 $r = r_R$ 的垂直径向面；界面处产生的压力干扰只对径向方向产生干扰，且水体的压力分布不受地层厚度的影响。另外，在 BWDA 的情况下，界面是水平面，水在径向面和垂直面流动，界面处的压力干扰影响垂直和径向两个方向。因此在 BWDA 中，$r = r_R$ 处的垂直径向面的压力降（EWDA 中界面的位置）比界面处的压力降要低。由于 BWDA 中超出 $r = r_R$ 的部分的压力降比界面处的压力降更低，因此与 EWDA 相比它提供的水的体积更少。

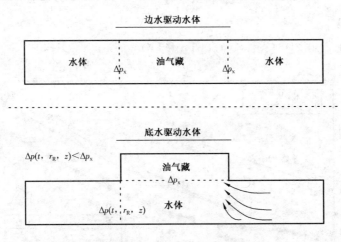

图 8-33　BWDA 和 EWDA 的累积水侵量的比较

2）中等和大水体

为了研究中等和大水体的特征，在此研究了一个 $r_{aD} = 5$ 的水体，图 8-34 比较了 BWDA 和 EWDA 的累积水侵量，在此主要分析 $h_{aD} = 0.1$ 的情况。正如 $r_{aD} = 2$ 的小水体的情况，早期 BWDA 能传送相当大量的水，而 $t_D > 1.0$ 时 BWDA 和 EWDA 的累积水侵量变得几乎相同，而这种情况并没有在更小的水体中出现。当 $h_{aD} = 0.5$ 时，在早期和经历较长的时间后 BWDA 和 EWDA 的动态几乎相同。但是，在 $1.0 < t_D < 20$ 的时间间隔内，累积水侵量值存在 10% ~ 18% 的差异。在 $1.0 < t_D < 20$ 期间，EWDA 的水侵量更大。图 8-34 中最上面的两条曲线代表 $h_{aD} = 1.0$ 的厚水体的动态。对 $h_{aD} > 0.5$ 的水体，EWDA 的水侵量更大并能一直持续到罐流期。在罐流期，EWD 和 BWD 的结果几乎相同，证实方程为方程（8-114）。

对于 $r_{aD} > 5$ 的所有水体，图 8-34 的分析都是合理的，但是无限水体除外。

3）无限大水体

图 8-35 给出了无限大 BWDA 和 EWDA 的累积水侵量的比较结果，在此也仅给出了 $h_{aD} = 0.1，0.5$ 及 1.0 的结果。对于非常厚和薄的水体，即 $h_{aD} = 0.1$ 和 1.0 的情况，无限大水体和有限中等或大水体的结果几乎一样，唯一的差别就是无限大水体的动态中不存在罐流期。

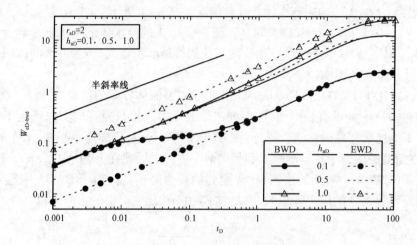

图 8 – 34　$r_{aD}=5$ 的 BWDA 和 EWDA 的累积水侵量比较

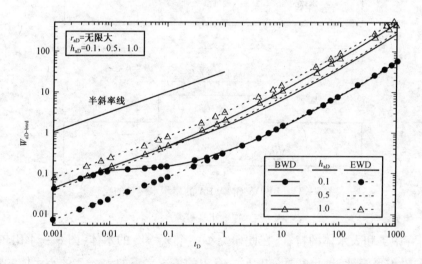

图 8 – 35　无限大水体 BWDA 和 EWDA 的累积水侵量比较

当 $h_{aD}=0.5$ 时,无限大水体与有限水体的结果在一定程度上并不相似,图 8 – 35 中这种差别并不明显,因此重新在图 8 – 36 中绘制了 $h_{aD}=0.5$ 的结果。与小、中等、大水体不同,$h_{aD}=0.5$ 时无限大的 BWDA 和 EWDA 不能提供相同体积的水。在无限大水体的情况下,当 t_D <0.35 时,BWDA 的累积水侵量较大;$t_D=0.35$ 时,BWDA 和 EWDA 的累积水侵量大致相同;而当 $t_D>0.35$ 时,EWDA 的累积水侵量更大。

(六)应用

这一部分阐述了本研究的新解析水体模型在物质平衡分析中的应用。考虑假设的带 BWDA 的未饱和油藏,油藏数据及其动态数据从 Allard 和 Chen(1988)的模型中获取。表8 – 4 和表8 – 5 中给出了所有相关数据。

Allard 和 Chen(1988)重新整理了方程(8 – 115)并计算了 OIP,他们分别采用 BWDA 模型和 EWDA 模型计算了累积水侵量。根据 BWDA 模型,他们获得了 OIP 的合理估计值及累积水

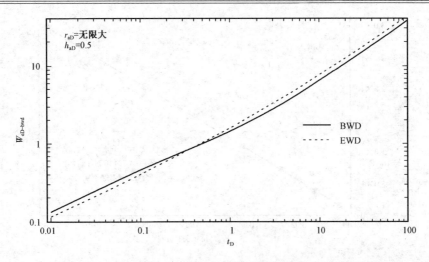

图 8-36　无量纲厚度 $h_{aD}=0.5$ 的无限大水体的累积水侵量比较

侵量值。然而,当他们使用 EWDA 模型估计累积水侵量值时,获得的 OIP 值不准确,并出现了负值。

在此,首先采用 McEwen 法和 BWDA 模型,分析表 8-4~表 8-6 中给出的油藏数据和生产数据。表 8-4 中 $a_{tD}=0.25d^{-1}$,$r_{aD}=\infty$,$h_{aD}=0.5$,$\beta_{aR}=1$,根据这些数据采用方程(8-127)预测无量纲累积水侵量。在图 8-36 中已经给出 $r_{aD}=\infty$,$h_{aD}=0.5$ 的无量纲累积水侵量曲线。表 8-6 以 F_p 与 E_{taR} 的形式,给出了 BWDA 实例的计算结果。本实例的 McEwen 曲线见图 8-37,McEwen 直线的斜率和截距分别是 25×10^6bbl 和 4.7×10^4bbl(地下)。因此,预测 OIP 为 25×10^6bbl,这个值与模型中使用的输入值相同。在方程(8-122)中令 OIP = 25×10^6bbl,计算得 $C_{vEH}=714$bbl(地下)/psi,这同输入值 716.2bbl(地下)/psi 拟合得很好。

表 8-6　假想油藏的 McEwen 分析——BWDA

t d	$p_{o/w}$ psi	N_p 10^3bbl	B_o bbl(地下)/bbl	F_p bbl(地下)	E_{taR} bbl(地下)/bbl
30	2956	106	1.4331	1.52×10^5	0.004576
60	2917	273	1.4340	3.92×10^5	0.013920
90	2877	501	1.4350	7.19×10^5	0.026770
120	2844	771	1.4358	1.11×10^6	0.042230
150	2811	1082	1.4366	1.55×10^6	0.060030
180	2791	1403	1.4371	2.02×10^6	0.078900
210	2773	1738	1.4375	2.50×10^6	0.098390
240	2775	2090	1.4379	3.02×10^6	0.118800

使用 EWDA 模型重复了 McEwen 分析。EWDA 模型的结果见表 8-7 及图 8-38。如图 8-38 所示,EWDA 实例的 McEwen 曲线的线性关系也很好,根据这条直线的斜率,我们估计出 OIP 为 21×10^6bbl,水体常量 $C_{vEH}=616$bbl(地下)/psi。估算的 OIP 和水体常量约比输入值 [25×10^6bbl 和 716.2bbl(地下)/psi]低 15%。

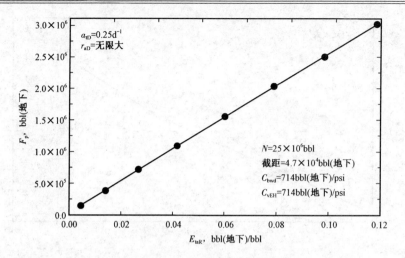

图 8 - 37 假想 BWD 油藏的 BWDA 模型的 McEwen 分析

表 8 - 7 假设油藏的 McEwen 分析——EWDA

t d	$p_{o/w}$ psi	N_p 10^3 bbl	B_o bbl(地下)/bbl	F_p bbl(地下)	E_{taR} bbl(地下)/bbl
30	2956	106	1.4331	1.52×10^5	0.005182
60	2917	273	1.4340	3.92×10^5	0.016050
90	2877	501	1.4350	7.19×10^5	0.031000
120	2844	771	1.4358	1.11×10^6	0.049020
150	2811	1082	1.4366	1.55×10^6	0.069700
180	2791	1403	1.4371	2.02×10^6	0.091610
210	2773	1738	1.4375	2.50×10^6	0.114100
240	2775	2090	1.4379	3.02×10^6	0.137700

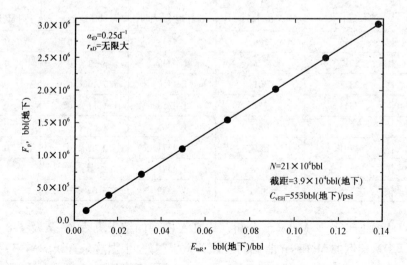

图 8 - 38 假想 EWD 油藏的 EWDA 模型的 McEwen 分析

这里的应用表明解析 BWDA 模型或许能增加此类烃储层的预测精度。如果使用 EWDA 模型预测 BWDA 的累积水侵量,那么物质平衡分析将出现错误。然而,错误范围也取决于物质平衡方程的形式和内容。如果我们重新整理物质平衡方程[方程(8 – 115)],并使用 EWDA 模型的水侵量预测值计算 OIP,那么如 Allard 和 Chen(1988)所得的结果那样,我们可能得到负的储量值。另外,如果联合 EWDA 模型的水侵量估计值进行 McEwen 分析,那么我们能得到物理上合理但存在一定误差的储量值。

(七)结论

本研究建立了一个新的解析模型以预测 BWDA 的累积水侵量,并将本研究提出的解析模型与现有文献提出的两个 BWDA 模型进行了对比。比较结果显示,新解析模型与 Coats 和 Allard – Chen 模型的结果拟合得很好,从而证实了新解析模型的准确性。

另外,对 BWDA 和 EWDA 的累积水侵量值进行了比较。观察得知,在某些情况下,BWDA 和 EWDA 传送进油藏的水量几乎相同。

通过对一个假想油藏进行储量研究,阐述了新解析方法在物质平衡分析中的应用,得到的主要结论如下:

(1)对于有限 BWDA,其无量纲累积水侵量与无量纲时间曲线存在两个特定的流动阶段。早期为线性流动期,在双对数曲线上以半斜率线为特征,线性流发生在油藏下方的垂直方向。所有有限的 BWDA 在经历相当长的一段时间后均表现为罐流期。

(2)当水体很薄且半径很小时,BWDA 在任意时期的水侵量均比 EWDA 大。如果水体薄而半径大,那么 BWDA 仅在早期具有较大的累积水侵量;中期和经历很长时间后,BWDA 和 EWDA 的累积水侵量几乎相同。

(3)对于无量纲厚度 $h_{aD} = 0.5$ 的有限水体,BWDA 和 EWDA 的累积水侵量动态几乎相同,除了半径较小的水体的罐流期。

(4)对于 $h_{aD} > 0.5$ 的厚水体,除了有限水体的罐流期之外,EWDA 的累积水侵量均较大。在罐流期,如果水体半径较小,则 BWDA 的水侵量较大。然而,如果水体尺寸中等或很大($r_{aD} > 5$),那么罐流期 BWDA 和 EWDA 的累积水侵量几乎没有区别。

(5)如果将 EWDA 模型用于预测 BWDA 的累积水侵量,那么物质平衡分析可能出错。然而,错误的范围也取决于物质平衡方程的形式和内容。

四、水侵量计算的简化方法——有限水体系统

(一)简介

一般而言,所有的油气藏都不同程度地与地层水相连。研究地层水向油气藏内部膨胀或入侵的影响有多种方式,包括油气藏内部原生水膨胀的影响识别,水侵量或通过边界的流量计算(此类水体边界通常也是油气藏的边界)。

目前,用于油气藏水侵量计算的常用方法主要有四种,分别为:(1)Schilthuis 方法,稳态法;(2)简化的 Hurst 方法,非稳态法;(3)阻力函数或影响函数法,非稳态法;(4)van Everdingen – Hurst 径向法,非稳态法。

研究已经证明,如果我们能获取足够的历史数据来确定必要的水侵常数,那么前三种水侵量计算方法均能有效地预测水侵动态。当历史动态数据较少或没有历史数据时,得到的结果会不理想,此时,通常将 van Everdingen – Hurst 径向法与地质资料和岩心数据结合在一起应用。当获取足够的历史生产数据从而可以确定水侵常数 t_D 和 C 时,此方法还可以用来预测油气藏动态。

在引入了几何形状而非简单的径向系统的尝试过程中,有限与无限系统派生出了线性、球形、椭球形、厚砂体以及楔形的油气藏 – 水体模型。

目前已形成的许多严格的几何描述并不能很好地处理层间干扰的影响。例如,Bruce 对 Arkansas 的 Smackover 石灰岩水体、Rumble 等人对东得克萨斯的 Woodbine 水体以及 Moore 和 Truby 对东得克萨斯的爱丁堡水体的电子分析器研究表明:具有共同水体的油气藏会发生严重的层间干扰,而对具有共同水体的单一油气藏而言,不考虑层间干扰的水侵动态计算会产生很大的误差。

Mortaba 建立了一种能处理无限大径向水体系统的层间干扰的数学方法,现在该方法已经应用到现场开发实例中。Coats 从自己的研究中得出结论认为:预测位于共同水体上方的气藏的压力 – 体积动态时,必须解释说明水体上方其他油气藏对其产生的干扰影响。

想要真实地预测水驱油气藏的动态,就必须开发一种简单的方法,从而能更容易地处理所有基本几何形态、层间干扰以及水体中的注水和生产等问题。

在此我们应该提出一种方法,这种方法能应用稳态或拟稳态水体生产指数和水体物质平衡方程来表征有限可压缩的油气藏体系。许多文献的处理方法通常采用单井问题求解以及油气藏物质平衡推导。由于某些原因(可能是对早期非稳态效应的考虑),将这种可用技术应用于水体或水驱问题的早期研究并没有被报道。

通过实例对比 PI – 水体物质平衡解法与 van Everdingen – Hurst 解法,我们希望能形成这样的观点,即:这种简化方法对工程应用,尤其是对涉及 10~20 年的现场生产动态的预测具有足够精度。求解主要包括:为目标问题寻求一个合理的产量方程,同时假设只有可以应用基本测定方程时物质平衡方程中的侵入水体体积与边界的几何形状无关。

(二)基本方程

当不考虑水体的几何形状或定义某类特定的流动类型时,广义的水体产量方程为:

$$q_w = J_w(\bar{p} - p_{wf})^n \tag{8-131}$$

当流体流动满足达西定律并且为拟稳态或稳态时,n 取 1。J_w 为水体产水指数(PI),这与油井或气井回压曲线系数的 PI 类似。

当压缩系数为常数时,水体的物质平衡方程可用最简单的形式表示,即:

$$\bar{p} = -\left(\frac{p_i}{W_{ei}}\right)W_e + p_i \tag{8-132}$$

式中 $\bar{p}$——平均水体压力(关井时);

W_{ei}——原始压力 p_i 下的地下原始水侵量;

W_e——从水体中流出的累积水量或流入油藏的累积水侵量。

联立方程(8-131)和方程(8-132),可以得到表示瞬时水侵速度与时间和内边界压力 p_{wf} 关系的方程:

$$e_{w(t)} = \frac{J_w(p_i - p_{wf})}{e^{[(q_{wi})_{max}/W_{ei}]t}} \tag{8-133}$$

式中　$(q_{wi})_{max}$——水体的初始无阻流量,同样与油井或气井的无阻流量类似。

图 8-39 是方程(8-131)所描述的广义产量方程与上述水体无阻流量的图形表述。需要注意的是,如果增大 W_{ei},方程(8-133)可化简为 Schilthuis 稳态方程:

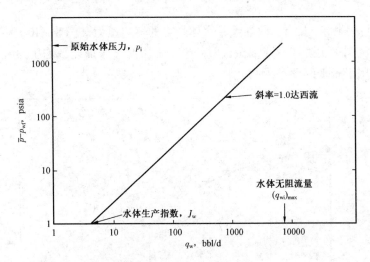

图 8-39　表示水体无阻流量的"回压"曲线——双对数曲线

$$e_w = J_w(p_i - p_{wf}) \tag{8-134}$$

累积水侵量方程最终可表示为:

$$W_e = \frac{W_{ei}}{p_i}(p_i - p_{wf})\{1 - e^{-[(q_{wi})_{max}/W_{ei}]t}\} \tag{8-135}$$

该方程本身用处并不大,这是由于当水体压力始终保持在初始水平时,它不能解决内边界压力 p_{wf} 的变化问题。Hurst 和其他人采用叠加原理解决了这一问题。

因此,通过改写方程(8-135)可用来表征时间步长 Δt 内的累积水侵量,接着,每增加一个时间步长后再次进行水侵量计算(类似于物质平衡问题)。在水体物质平衡方程的辅助下,可以重新确定一个新的水体关井压力 $\bar{p}_n$,然后,在下一个时间步长 Δt 上进行求解。每个时间步长内对水体关井压力的重新估算减少了叠加的需要。

在此非常重要的一点是我们不需要总是回到原始压力来计算水侵量,只要我们能获得代表水体关井压力的压力值,就可以从任意时刻进行计算。

步长方程表示如下:

$$\Delta W_{en} = \frac{W_{ei}}{p_i}[\bar{p}_{(n-1)} - \bar{p}_{wfn}] \cdot \{1 - e^{-[(q_{wi})_{max}/W_{ei}]\Delta t_n}\} \tag{8-136}$$

进一步简化表达式中的比值 W_{ei}/p_i 和 $(q_{wi})_{max}/W_{ei}$ 能消去 p_i,之后便不需要在新的关井压力下重新进行计算。保留这些形式的目的是保留它们的物理意义。

时间步长可通过下式来确定：

$$\Delta t_n = t_n - t_{(n-1)} \tag{8-137}$$

平均压力表示为：

$$\bar{p}_{\mathrm{wfn}} = \frac{p_{\mathrm{wf}(n-1)} + p_{\mathrm{wf}(n)}}{2} \tag{8-138}$$

平均压力代表时间步长 Δt_n 内油藏 – 水体边界的恒定压力。图 8 – 40 中给出了此压力与时间的关系，并试图采用阶梯曲线来做近似处理。采用此方法描述平均压力 $\bar{p}_{\mathrm{wfn}}$ 适用于过去的历史拟合，也适用于未来的动态预测。

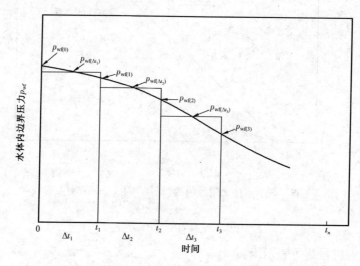

图 8 – 40　通过阶梯函数近似得到的水体内边界的压力 – 时间关系

为了重新计算水体的关井压力 $\bar{p}$，我们采用了广义的水体物质平衡方程：

$$\bar{p} = -\left[\frac{W_e + \sum_2^i W_{ei} + (W_p - W_i)B_w}{W_{ei}}\right]p_i + p_i \tag{8-139}$$

其中 $W_e = \sum_1^n W_{en}$，表示侵入油气藏的累积水侵量（t_n 时刻）。$\sum_2^i W_{ei}$ 是共用水体流入其他油气藏的累积水侵量，对此将会在下面的水体干扰一节进行进一步讨论。

图 8 – 41 给出了 Δt 的时间步长内实际水侵速率和累积水侵量的关系，以及将任意瞬时水侵速率方程中的恒压采用阶梯函数做近似处理得到的瞬时水侵速率结果。

（三）阶梯函数求解

到目前为止，水侵量问题的简化结果仍然不太简单。尽管如此，在现实中我们简化了这个问题，从而发现，当允许 Δt 变小时，一个采用产量方程 $q_{\mathrm{w}} = J_{\mathrm{w}}(\bar{p} - p_{\mathrm{wf}})$ 确定一个时间段内的恒定产量，并用水体的物质平衡方程 $\bar{p} = -\left(\dfrac{p_i}{W_{ei}}\right)W_e + p_i$ 估算水从水体流出后水体的关井压力的

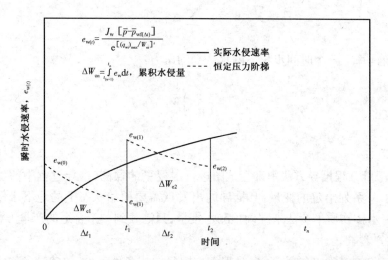

图 8 - 41　在水体内边界使用恒定压力阶梯计算的水侵速率与实际水侵速率对比

简单的时间步长增加的阶梯函数解法,能得到问题的解析解。

在常规油气藏问题中,通常以月为时间步长进行解析计算[在本研究中,对于所有 $r_a/r_r \geqslant$ 5 的实例,在以 1 年为时间步长恒定生产时,得到的结果与采用方程(8 - 136)计算所得的结果相同]。这一直接的阶梯函数法在图 8 - 42 中得到了证明。

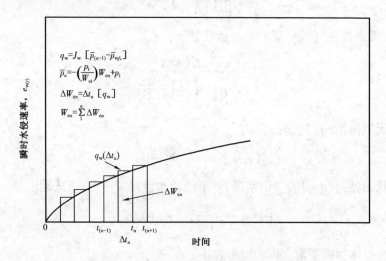

图 8 - 42　短时间间隔内水侵量恒定速率的阶梯函数近似

对于从 $t_{(n-1)}$ 到 t_n 的时间步长 Δt_n,其产量方程表示为:

$$q_w = J_w[\bar{p}_{(n-1)} - \bar{p}_{wfn}] \tag{8-140}$$

在时间步长 Δt_n 内,水体中的累积流出量为:

$$\Delta W_{en} = \Delta t_n(q_w) \tag{8-141}$$

到 t_n 时刻,总的累积流出量为:

$$W_{en} = \sum_{1}^{n} \Delta W_{en} \qquad (8-142)$$

然后,重新计算下一个时间步长下的水体平均压力:

$$\bar{p}_n = -\left(\frac{p_i}{W_{ei}}\right) W_e + p_i \qquad (8-143)$$

(四)产量方程

在现在的产量方程推导方法中都会试图进行水侵量的预测,推导过程中假设压缩系数是一个常数,对于一系列给定的变量,其推导的出发点需要原始状态下的地下水侵量相同。因此,为了用 PI - 水体物质平衡法来准确预测水侵量,只需找到一个合适的产量方程即可。

1. 水体生产指数

本研究中采用的水体生产指数 J_w 是根据有限径向流条件下($\theta = 360°$)的稳定回压方程计算而来的,忽略了早期的不稳定流阶段。对于有限、微可压缩的径向水体研究而言,采用的是"稳定的"拟稳态产量方程,即:

$$q_w = \frac{7.08Kh(\bar{p} - p_{wf})}{\mu\left[\ln\left(\frac{r_a}{r_r}\right) - \frac{3}{4}\right]} \qquad (8-144)$$

接下来,可得到径向"稳定"流的生产指数如下:

$$J_w = \frac{7.08Kh}{\mu\left[\ln\left(\frac{r_a}{r_r}\right) - \frac{3}{4}\right]} \qquad (8-145)$$

原始水体无阻流量$(q_{wi})_{max}$为:

$$(q_{wi})_{max} = J_w(p_i - 0) \qquad (8-146)$$

对边界形状为径向($\theta = 360°$)的情况,地下原始水侵量 W_{ei} 可由下式确定:

$$W_{ei} = \frac{\pi}{5.61}(r_a^2 - r_r^2)\theta h c_t p_i \qquad (8-147)$$

图 8 - 43 为水体物质平衡方程的图形表述。

表 8 - 8 总结了能计算拟稳态和稳态条件下有限径向系统和线性系统 PI 的产量方程,表中还给出了研究期间流动未达到拟稳态和稳态的系统的径向和线性不稳定流的非稳态产量方程。需要注意的是,表 8 - 8 中给出的有限径向流方程只不过是简化的 Hurst 水侵量方程。

对单井而言,我们可以将表皮系数的概念引入方程从而让理论与观察数据相匹配。当改变水体的内径 r_r 时会引起水体体积 W_{ei} 的变化,表皮系数的概念能让我们在不改变 r_r 的情况下改变 PI。在努力保持现有系统的几何形态时根据 $J_w - W_{ei}$ 的最佳组合来拟合历史水侵数据时,表皮系数的概念就显得尤为重要。

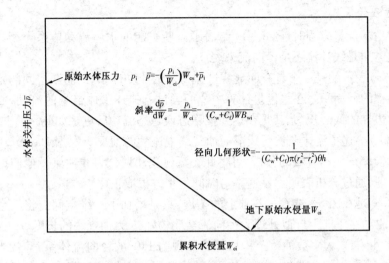

图 8－43　水体物质平衡方程的图形表示

表 8－8　径向流和线性流水体的产量方程

边界类型	径向流	线性流
有限－封闭外边界 （外边界无流动）	$q_{\mathrm w}=\dfrac{7.08Kh(\bar p-p_{\mathrm{wf}})}{\mu\left[\ln\left(\dfrac{r_{\mathrm a}}{r_{\mathrm r}}\right)-\dfrac34\right]}$	$q_{\mathrm w}=\dfrac{3\times1.127Kbh(\bar p-p_{\mathrm{wf}})}{\mu L}$
有限－外边界压力恒定	$q_{\mathrm w}=\dfrac{7.08Kh(p_{\mathrm e}-p_{\mathrm{wf}})}{\mu\left[\ln\left(\dfrac{r_{\mathrm a}}{r_{\mathrm r}}\right)\right]}$	$q_{\mathrm w}=\dfrac{1.127Kbh(p_{\mathrm e}-p_{\mathrm{wf}})}{\mu L}$
无限大	$q_{\mathrm w}=\dfrac{7.08Kh(p_{\mathrm i}-p_{\mathrm{wf}})}{\mu\left[\ln\sqrt{\dfrac{14.23Kt}{\varphi\mu c_{\mathrm t}r_{\mathrm r}^2}}\right]}$ 简化的 Hurst 公式	$q_{\mathrm w}=\dfrac{Kbh(p_{\mathrm i}-p_{\mathrm{wf}})}{\mu\sqrt{\dfrac{6.33Kt}{\varphi\mu c_{\mathrm t}}}}$

为了确定径向流达到拟稳态或稳态的时间,可将此方程用于拟稳态流动:

$$t_{\mathrm{ps}}\cong\frac{0.02\mu c_{\mathrm t}\phi r_{\mathrm a}^2}{K} \tag{8-148}$$

而将此方程应用于稳态有:

$$t_{\mathrm s}\cong\frac{0.04\mu c_{\mathrm t}\phi r_{\mathrm a}^2}{K} \tag{8-149}$$

用于线性流系统的方程可按照径向流系统的推导方法获得。上述方程的所有单位分别为:d、mPa・s、psi^{-1}、ft 和 D。

在估算时间时,我们必须考虑泄流边界,且在确定泄流边界时要考虑具有共同水体的其他油气藏的干扰。

2. 产量方程的选择

在选择合适的产量方程时,图8－44给出了一些可能的水体流动体系类型作为指导。许多问题能通过本质是线性流还是径向流来表征。

图8－44(a)表示的是一个具有明显线性流特征的流动体系,封闭断层间的距离描述了用于水体产量方程的截面积。在水侵量计算中我们尝试着描述水体自身的流动,而未必采用位于油气藏水体边界的截面积,尤其是在达到拟稳态或稳态流动后更是如此。

图8－44(b)描述了流体在长而狭窄的油气藏中流动的情况。根据 Havlena 和 Odeh 对某个长 11mile、宽 1.5mile 的气藏的分析,可将此类流体流动划分为线性流。他们把物质平衡作为线性方程处理,通过分析表明水侵速率与时间的平方根成正比。

图8－44(c)是在图8－44(b)基础上的拓展,只是增加了一维空间。将一个长而狭窄的油气藏的底水驱动在垂向上近似处理为径向流会比较好,h 为油气藏的长度。

对于图8－44(d),大多数油藏工程师都将其视为 180° 的径向流体系,等效半径为 r_r。然而,通过重新定义体系,把虚线作为新的边界,并将断层与实际油气藏边界之间的水体处理为油气藏的一部分(因此,水体这一部分的膨胀将不存在流动阻力),我们可以很容易地看到,出于实用目的,此体系可看做一个线性流体系。此方法应该能得到一个较好的结果,但是不如将此问题作为径向流体系处理得到的结果好。

图8－44(e)给出了一个位于两个平行封闭断层之间并被一大水体截断的油气藏。流体流入油气藏时是线性的,且外边界的压力基本上恒定不变。这时需要采用稳态法近似得到生产指数 J_w,J_w 是封闭断层长度与二者之间距离的函数。

图8－44(f)描述的是楔形砂体的情况。文献中对此问题的处理是将其作为线性流的拓展,也可以将其处理为径向流,倾角为 θ,宽度用 h 表示。

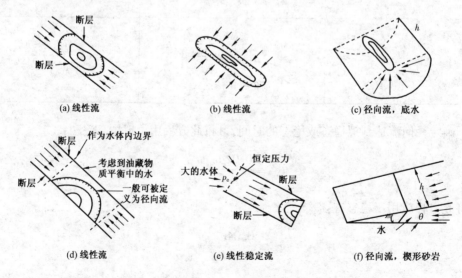

图8－44 流动系统的类型

图8－44 及其描述仅仅是为了说明很多水体－油气藏系统可以从径向流或线性流角度来定义。如果从寻求合适的有代表性的产量方程的角度来看待这个问题,那么简便方法和 van

Everdingen – Hurst 法均可用。然而,对于一个给定问题,在定义水体生产指数和水体体积时,简便方法允许我们采用不同的维数和几何形状。

（五）水体干扰

通过把水侵量计算问题分解成产量方程和物质平衡方程,我们可以分别检验其对干扰的影响。假设半径为 r 的水体含有两个类似的油(气)藏 A 和 B(当应用简便方法时,两者不需要类似)。假设油(气)藏 A 的生产时间已足够长并达到了稳定流动状态。令油(气)藏 A 的生产指数为 $J_w = f(r)$。当油(气)藏 B 开始生产时,油(气)藏 A 的生产指数将会增加,变为 $J_w = f(r/2)$。从产量方程的角度来看,当油(气)藏 B 开始生产时,油(气)藏 A 的水体产能会增加。正如 Bruce 对 Smackover 水体的研究得到的结论一样,干扰效应完全是"油气藏之间对同一水体供应的竞争现象"。

从水体物质平衡的角度来看,最初水体可用于侵入油(气)藏 A 的体积为 W_{ei},然而,当油(气)藏 B 开始进行生产后,水体可用于侵入油(气)藏 A 的体积就减少了,其减少量可用 Matthews 等人给出的基本关系式进行近似计算。

$$W_{eiA}(t) = \frac{J_{wA}(\bar{p} - p_{wfA})}{J_{wA}(\bar{p} - p_{wfA}) + J_{wB}(\bar{p} - p_{wfB})} \cdot [W_{ei} - W_{eA}(t)] \qquad (8 - 150)$$

式中　$W_{eiA}(t)$——时刻 t 油(气)藏 A 可用的地下水侵体积。

为了简单起见,假设油(气)藏 B 开始生产且达到拟稳态之后,油(气)藏 A 和油(气)藏 B 的内边界压力和 PI 指数相等(水侵速率相等),即:

$$W_{eiA}(t) = \frac{W_{ei}(t)}{2} \qquad (8 - 151)$$

此时,体系的不稳定流动期将比油(气)藏 A 单独生产的不稳定流动期短。

在建立的水体物质平衡方程中,对于给定的油气藏,其他油气藏的干扰项可用 $\sum_{2}^{j} W_{ej}$ 表示,它表示共用水体侵入其他油气藏的累积水侵量。由于这些油气藏也存在水侵,因此就导致了附加的衰竭,或者共用水体平均压力的下降。

在时间步长 Δt 内采用时间增加的阶梯函数方法时,膨胀量的表达将更加直观。侵入所有其他油(气)藏,即油(气)藏 2 到 j 的累积水侵量[研究目标为油(气)藏 1]为:

$$\Delta W_e(\Delta t) = J_{w(2)}[\bar{p} - p_{wf(2)}]\Delta t + J_{w(3)}[\bar{p} - p_{wf(3)}]\Delta t + \ldots + J_{w(j)}[\bar{p} - p_{wf(j)}]\Delta t$$

$$(8 - 152)$$

同样,当从时间增加的角度来处理问题时,为了保持完整性,我们甚至在一定程度上可以通过改变具有共同水体的所有油气藏的压缩性来改变整个体系的压缩性,即:

$$C_t = S_o C_o + S_g C_g + S_w C_w + C_f \qquad (8 - 153)$$

如果引入除目标油(气)藏[油(气)藏 1]以外的所有油(气)藏,则上式变为:

$$C = \sum_{2}^{j} \left(\frac{NB_o C_o + GB_g C_g}{V_p} \right)_f + S_w C_w + C_f \qquad (8 - 154)$$

式中　V_p——水体和未投入开发的油(气)藏的总孔隙体积。

Muskat 指出得克萨斯州东部的 Woodbine 水体具有异常高的压缩性,可达 $C_t = 36 \times 10^{-6}$ psi^{-1},这可能与油(气)藏或气顶在水体中的分布状况有关。

如果不考虑水体范围内其他油(气)藏的压缩性,则方程(8 – 154)可简化为:

$$C_t = C_w + C_f \tag{8 – 155}$$

1. 向水体注水

研究注水保压时,常用的处理方法是在烃类物质平衡方程中引入注水项,则气藏物质平衡方程的形式为:

$$G_p B_g = G(B_g - B_{gi}) + W_e + B_w(W_i - W_p) \tag{8 – 156}$$

此外,关于注水的基本假设是所有的注入水对油(气)藏而言是立即可用的。如果注入水是通过面积注水非均匀地注入,那么这种假设是可行的。然而,当注水的目的是为了保压时,通常在位于水体内的注水井进行边部注水。

一个更可行的做法是在水体物质平衡方程中引入注水项,以此来考虑流体流过油(气)藏 – 水体边界时的阻力影响。当边界的渗透性很好时,结果基本上影响不大;而当边界的渗透性较差时,能进入油(气)藏的地层水很少或没有地层水进入。采用这种方式至少可以同时研究两种不同情况或二者组合的情况。方程(8 – 139)引入了注入水体的注水量,从而累积水侵量也可以表示为注水量的函数,即 $W_e = f(W_i)$。

Pegasus 爱丁堡油藏有一个有趣的实例。在该油藏,人们试图通过边部注水补充边水水侵来进行保压,结果边部注水并没能实现保压,反而使得注水井周围的压力变得很高。因此,需要在中部生产区域注水来阻止地层压力的下降。在注水前便可确定边水驱动的水侵常数,因而,PI – 水体物质平衡法在预测最终结果时会更加有效。

2. 历史数据

水驱油藏的历史数据处理方法有两种,分别为:(1)可处理成线性方程的物质平衡法;(2)阻力函数或影响函数法。

二者的不同之处在于其目标不同。线性方法的目的是通过历史数据来确定原始天然气储量或原始原油储量;然而,阻力函数或影响函数法则是确定一个最佳的天然气或原油地质储量,而后试图确定一个最优的数据拟合结果来获得阻力函数或影响函数 $F(t)$,从而来预测未来的生产动态。

当研究目标是为了确定可采储量时,由于残余气或残余油饱和度以及波及效率的不精确性,不太可能获得准确的地下原始油气储量;然而,如果在确定原始油气地质储量时获得的流动系数 C 和 t_D 是用于预测未来的生产动态[油(气)藏压力和产量]的,则两种不同的处理方法可达到相同的效果。

通过简化步骤,即将研究问题分解成两个基本部分——生产指数和水体物质平衡,对气藏而言,我们可以采用确定阻力函数或影响函数的方法来解决这一问题。

(1)确定最优的天然气地质储量估算值 G。

(2)在时间步长 Δt_n 内,采用物质平衡方程的增量形式以及历史油藏压力 p_{wfn} 和 $p_{wf(n-1)}$,

可确定水侵体积为：

$$\Delta W_{en} = \Delta(G_p B_g) - G\Delta B_g + \Delta(W_p B_w) \tag{8-157}$$

那么在此时间步长内，$\dfrac{t_n + t_{n-1}}{2}$ 时刻的平均水侵速率为：

$$\overline{e_w}(\Delta t_n) = \frac{\Delta W_{en}}{\Delta t_n} \tag{8-158}$$

（3）绘制平均注入速率 $\overline{e_w}(\Delta t_n)$ 随时间变化的函数关系曲线。

（4）根据不同的水体生产指数和地下水侵量的组合计算水侵量随时间变化的函数关系，绘制由此方法获得的水侵速率与采用物质平衡方程计算得到的水侵速率的关系曲线。

（5）选择 $J_w - W_{ei}$ 的最佳组合方式来拟合这个问题。尽管可以采用统计方法进行选择，但是工程师根据其对每个数据点和油田生产历史的专业分析进行的选择更加可靠。

对于 J_w 和 W_{ei} 的选择，最好的出发点是基于所研究油气藏 – 水体的基本几何形状。对于一个严格的径向几何形状的水体，其生产指数 J_w、地下水体积 W_{ei} 以及原始天然气地质储量 G 都是常规变量的函数，即：$J_w = f(\ln r_r, \ln r_a)$；$W_{ei} = f(r_r^2, r_a^2)$；$G = f(r_r^2)$。如果后期发生水体干扰，$J_w$ 将会随着泄油（气）半径 r_a 的变化而变化，但是仅作为 $\ln r_a(t)$ 的形式变化；而地下水体积 $W_{ei}(t)$ 将会随着 $[r_a(t)]^2$ 变化，天然气地质储量不变。因此，在油（气）藏的生产年限内，关于地下水体积的解可能不只一个。

早期形成拟稳态流动之前，径向流和线性流的水体生产指数 $J_w(t)$ 与 $\ln t$ 和 $\sqrt{t}$ 的关系曲线应该是直线。早期不稳定流动期间，J_w 和 W_{ei} 没有固定数值。

3. 结果讨论

为了对比阐述 PI – 水体物质平衡法与更为严格的 van Everdingen – Hurst 方法，选用了一个被有限径向水体包围的假想气藏。选用假想气藏可以避免引入一些诸如 K_g/K_o 关系的变量，以免其对水驱动态的基本响应产生影响。

表 8 – 9 给出了假想气藏和水体的性质。为了研究早期不稳定流动时期的影响，我们选择了一系列的渗透率和水体外径值。每个方案中，水体的内边界压力由气藏物质平衡方程的解确定的平均压力表示，水的黏度和综合压缩系数选用的是文献中计算水侵量时的典型数值。

表 8 – 9　假想气藏和水体的性质

气藏性质	
原始气藏压力，psia	2000
孔隙度，%	0.20
产层厚度，ft	100
含水饱和度，% PV	0.20
气体原始地层体积系数，ft³/ft³	154.26
储层半径，ft	10000
气体相对密度（比空气）	0.700

气藏性质	
气体的拟临界温度, °R	392
气体的拟临界压力, psia	668
储层深度, ft	7000
储层温度, °F	130
原始气体偏差因子	0.780
原始气体储量, $10^9 ft^3$	776
采气速度, m/d	90338
总的气田井口潜能, $10^3 ft^3/d$	250000
原始井口关井压力, psia	1600
井口回压曲线斜率	0.700
管线压力, psia	200
水体性质	
原始水体压力, psia	2000
渗透率, mD	10,50,100,1000
r_a/r_r	3,5,7,10
r_a(采用 $r_r = 10000$ ft), 10^3 ft	30,50,70,100
孔隙度, %	0.20
水体厚度, ft	100
水体的总压缩率, $10^{-6} psi^{-1}$	6
水的黏度, mPa·s	0.50

为了获得真实的水侵量,选取的典型产气量是 $1 \times 10^6 ft^3/d$(地质储量 $8.59 \times 10^9 ft^3$,采收率为 85% 时,可采储量 $7.3 \times 10^9 ft^3$)。若采用更高的日产气量,则采用与本研究中相同的气藏和水体性质时,水侵量会减小。研究过程中并没有根据残余气饱和度与驱替效率来确定气藏废弃时的可采储量,然而可以通过 Agarwal 等人提出的方法解决这一问题。所有的方案预测时间均为 20 年,气藏产能计算所采用的井口压力一致。

首先研究了渗透率为 1000mD,外径分别为 30000ft、50000ft、70000ft 和 100000ft(19mile)的水体对应的四个不同方案的水驱动态。所有方案中,PI – 水体物质平衡方程计算得到的气藏的产气量、地层压力和累积水侵量与采用 van Everdingen – Hurst 法计算得到的结果一致。

简便方法没有采用叠加原理,而 van Everdingen – Hurst 在求解时则采用了叠加原理。在产量变化幅度较大时,为了检验叠加原理的影响,对半径最大的水体进行了变产量情况的研究,对于渗透率为 1000mD 的方案,结果吻合得很好。

将水体渗透率改变为 100mD 时,PI – 水体物质平衡法与 van Everdingen – Hurst 解法的地层压力和累积水侵量偏差很小,均在工程精确度范围内,而产气量是相同的。

PI – 水体物质平衡方程计算的累积水侵量与 van Everdingen – Hurst 法计算的累积水侵量不同,其原因在于早期不稳定流动时期的水侵速率不同,不稳定流动时期结束后,水侵速率即会相同。

对于一个渗透率为 50mD 的水体,当水体与气藏半径比为 $r_a/r_r = 10$ 且水体外径为 100000ft 时,PI – 水体物质平衡法计算的累积水侵量与 van Everdingen – Hurst 法计算得到的累积水侵量值偏差很大,这种恒定的偏差表明差异来源于早期的不稳定流效应。同样,两种方法得到的地层压力和产气量十分一致。

对于一个渗透率为 10mD 的水体,当 $r_a/r_r = 3$ 时,PI – 水体物质平衡法计算得到的累积水侵量总是较大,这说明 van Everdingen – Hurst 法是以线性流为主,因此其水侵速率要低于径向流确定的水侵速率。

另外,对于一个水体与气藏半径之比为 $r_a/r_r = 7$ 的研究表明,累积水侵量的差异持续增大是由于不稳定流效应的影响。

在确定地层流体流动达到拟稳定状态的时间时,发现对于 r_a 为 100000ft 的水体,在 20 年的生产年限预测期内并不能确定其生产指数。因此,在此采用了表 8 – 8 中给出的 Hurst 简化方程(已定义),采用此方程得到的结果很好。对于单井预测,达到拟稳定流动状态前可采用 Hurst 简化方程,接下来应用物质平衡方程确定水体的关井压力之后,需采用拟稳态产量方程来进行其余时间段的预测。

由于本研究中所得到的结果都是基于有限水体系统的,因此需要对用于水侵问题的“有限”和“无限”进行简要的探讨。本研究中使用的“有限大”仅表示将有限的尺寸规模用于定义水体的生产指数 J_w 和水体体积 W_{ei},而“无限大”应用于水体时至少有三种不同的意义。

(1)水体体积 W_{ei} 是非常大的(无限大),这会形成 Schilthuis 稳态水体动态。

(2)产能或生产指数 J_w 是非常大的(无限大)。作为水侵的特殊情况,当油气藏内部水的膨胀以一个水的压缩项的形式被引入油气藏物质平衡方程中时,通常假设生产指数无限大。

(3)不稳定流动状态贯穿于整个研究阶段,其研究结果是适用于无限大解的。

由于研究中采用的最大水体半径为 100000ft,因此,水体渗透率为 10mD 的方案是唯一一个能看做“无限大”的方案,仅仅是因为其适用于无限大情况的解。由于水侵量的体积太大,因此气藏可作为定容气藏处理。水体渗透率为 100mD 的方案表现出水体是有限大的(即使简化解没有考虑非稳态的情况)。当应用到水侵量计算问题时,“无限大”项通常可按上述定义进行量化处理。

回顾上述研究,可知:当忽略早期不稳定流动阶段的其他流动贡献且在拟稳态径向流方程的推导过程中令 $r_r \ll r_a$ 时,采用 PI – 水体物质平衡方程法得到的结果会好得出人意料。

(六)结论

PI – 水体物质平衡法计算水侵量为生产动态预测和水驱油气藏动态分析提供了一条非常有效和灵活的途径。将水侵量的计算问题分解成产量方程和物质平衡方程,不需要采用叠加原理,这使得概念和计算都相当简单,应用起来也很方便。

第九章 油藏改建储气库
过程天然气扩散机理研究

扩散是化工过程中重要的传递现象,它在化学反应、物理传质中往往成为控制速率的重要参数。扩散包括常规扩散、压力扩散和热扩散。通常人们所指的扩散是指在恒温、恒压及没有外力作用的条件下,物质由一相向另一相以分子自由传输的现象。通常采用 Fick 定律来描述扩散的本构关系,采用扩散速率概念来表示组分之间传质速度的快慢。

为了解决天然气供给的不均衡性,天然气的储备技术是解决供需矛盾的重要手段。目前国内外大多数储气库库址选择主要针对枯竭油气藏,因此在储层中仍然残留有一定数量的油相。注入气量的多少、储层的吸气速度及能力是影响注气速度及库容大小的重要因素,而气体扩散系数是确定气体的溶解能力、溶解速度的基础参数之一。从文献调研来看,目前流体扩散系数的确定主要采用理论(经验公式或 Fick 定律)计算的方法,但是理论计算都是基于平衡假设理论(不考虑扩散系数随浓度的变化)的;由于扩散实验费时费力、难度大、精度要求高,因此实验测试扩散实验比较少,尤其缺少高温高压条件下真实流体之间扩散系数数据;文献调研发现目前国内关于实际气体与原油之间高温高压条件下扩散系数的相关研究几乎空白,国外对此方面的研究也较少。因此,有必要建立实际气体与原油之间的扩散系数理论模型以及扩散系数实验测试方法,定量确定扩散系数的大小对注入气注入量、溶解速度、地层储气能力的影响程度具有重要意义。

目前扩散系数的确定主要有两种方式:一是理论计算;二是实验测试。扩散系数理论计算方法较多,不同方法由于假设条件不同,其计算出来的结果相差较大。扩散系数实验测试主要有两大类:一类是通过测试流体在不同时间的组成(色谱分析)分析其扩散能力;二类是通过实验手段(NMR)测试流体自扩散系数,然后通过相应校正方法得到互扩散系数。

本章将从多组分扩散理论模型的建立及实验测试方法两个方面,针对实际气体与原油之间扩散系数的研究所取得的成果进行阐述。

第一节 高温高压多组分扩散理论模型

一、物理模型建立

现考虑一定容 PVT 筒(图 9 - 1),初始组成为处于非平衡状态的气、液两相。在整个扩散过程中实验温度保持恒定,界面处气—液始终保持平衡,没有外力场干扰,考虑油相向气相扩散。由于气相向液相扩散,系统的压力、体积及每一相的组成会随着时间而发生变化,直到最终达到平衡状态。

根据如图 9 - 1 所示的物理模型,x_i、y_i 分别表示液、气两相中 i 组分的物质的量浓度,C_{oi}、C_{gi} 分别表示液、气两相中 i 组分的质量浓度;体系中 i 组分的总物质的量用 n_i 表示,体系中 i 组分的总质量用 m_i 表示;L_o、L_g 分别表示液、气两相的高度;u_b 表示气液界面移动速度,定义为$\dfrac{\partial L_o}{\partial t}$；$z$、$z_o$、$z_g$ 分别表示如图 9 – 1 所示的坐标轴。当在气相、液相中存在组分浓度梯度时，那么气液两相之间存在分子扩散现象。图中针对上述扩散模型，采用对流扩散方程表示了油相不同组分的扩散。

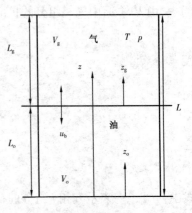

图 9 – 1　物理模型示意图

对油相：

$$\frac{\partial C_{oi}}{\partial t} - u_o\,\frac{\partial C_{oi}}{\partial z_o} = \frac{\partial}{\partial z_o}\Big(D_{oi}\,\frac{\partial C_{oi}}{\partial z_o}\Big) \qquad (9-1)$$

采用 Fick 定律描述非理想体系稠密气体中扩散时，必须采用下式对扩散系数进行校正：

$$D_{oi} = D'_{oi}\Big(1 + \frac{\partial \ln\phi_i}{\partial \ln x_i}\Big) \qquad (9-2)$$

式中　ϕ_i——混合物中 i 组分的逸度系数。

方程(9 – 1)中第二项表示对流项，负号表示速率 u_o 与 z 轴的方向相反。

对气相：

$$\frac{\partial C_{gi}}{\partial t} - u_g\,\frac{\partial C_{gi}}{\partial z_g} = \frac{\partial}{\partial z_g}\Big(D_{gi}\,\frac{\partial C_{gi}}{\partial z_g}\Big) \qquad (9-3)$$

二、多组分扩散数学模型建立

为了模拟气相和油相各个组分的扩散过程，需要求解方程(9 – 1)和方程(9 – 3)所描述的数学模型。在 PVT 筒特定的物理条件下，当气相组分向油相扩散时，必然结果是油相的密度降低。由于扩散的物理特点，在油相与气相界面处，油相中的气相轻组分浓度比 PVT 筒底部油相中的气相轻组分浓度高，即在油相中气相轻组分浓度梯度矢量方向与油相的坐标方向一致。由以上分析可以看出，油相中沿规定的坐标方向油相密度是逐渐降低的，因而不会出现自然对流现象，则方程(9 – 1)中的对流项可以去掉，得到描述 PVT 筒中油相组分的扩散方程和边界条件如下：

$$\begin{cases} \dfrac{\partial C_{oi}}{\partial t} = \dfrac{\partial}{\partial z_o}\Big(D_{oi}\,\dfrac{\partial C_{oi}}{\partial z_o}\Big) \\[2mm] C_{oi}(z_o,0) = C_{oi}^1(z_o) \\[2mm] \dfrac{\partial C_{oi}(0,t)}{\partial z_o} = 0 \\[2mm] C_{oi}(L_o,t) = C_{obi} \end{cases} \qquad (9-4)$$

式中　C_{oi}^1——表示油相 i 组分的初始物质的量浓度，$kmol/m^3$；

C_{obi}——表示油相 i 组分在油气交界面处的物质的量浓度，$kmol/m^3$。

同理,由 PVT 筒中气相组分的扩散方程和边界条件构成的混合定解问题如下:

$$\begin{cases} \dfrac{\partial C_{gi}}{\partial t} = \dfrac{\partial}{\partial z_g}\left(D_{gi} \dfrac{\partial C_{gi}}{\partial z_g} \right) \\[3mm] C_{gi}(z_g,0) = C_{gi}^1(z_g) \\[3mm] C_{gi}(0,t) = C_{gbi} \\[3mm] \dfrac{\partial C_{gi}(L_g,t)}{\partial z_g} = 0 \end{cases} \qquad (9-5)$$

式中 C_{gi}^1——表示气相 i 组分的初始物质的量浓度,$kmol/m^3$;

C_{gbi}——表示气相 i 组分在油气界面处的物质的量浓度,$kmol/m^3$。

三、多组分扩散数学模型求解

在方程(9-4)和方程(9-5)中,L_o、C_{obi}、L_g、C_{gbi} 都是随着时间的变化而变化的,为了研究油气两相各个组分之间的互扩散规律,需要对定解方程(9-4)和方程(9-5)求解,由于在扩散过程中油相和气相交界面的移动速度非常小,因此考虑给一个小的时间步长 Δt,在该时间步长范围内,可以假设油气界面不移动,油相和气相高度 L_o,L_g 不变,边界上的组分物质的量浓度不变,C_{obi} 和 C_{gbi} 都是常数值。然而在下一个时间段,改变油相和气相高度 L_o、L_g,且初值为上一个时间段的计算结果,就可以计算该时间段内,各组分在油相和气相的物质的量浓度变化。按这样的方式继续计算下去直到油相和气相达到平衡状态。

为了得到一个时间段内的各个组分在油相和气相的物质的量浓度,需要求解定解方程(9-4)和方程(9-5)。

首先采用无量纲方法处理偏微分方程,从 PVT 筒的特定物理特征出发,采用以下无量纲化标准量:

$C_{oi}^1 - C_{gi}^1$——i 组分的特征物质的量浓度;

L_o——油相特征长度;

L_g——气相特征长度;

$\dfrac{L_o^2}{D_{oi}}$——油相特征时间;

$\dfrac{L_g^2}{D_{gi}}$——气相特征时间。

对油相定解问题可得以下无量纲量:

$$C_{oi}^* = \frac{C_{oi}}{C_{oi}^1 - C_{gi}^1}$$

$$t_{oi}^* = \frac{t}{L_{oi}^2/D_{oi}} \qquad (9-6)$$

$$z_o^* = \frac{z_o}{L_o}$$

应用无量纲量式(9-6)代入油相定解方程(9-4)可得：

$$\begin{cases} \dfrac{(C_{oi}^1 - C_{gi}^1)\partial C_{oi}^*}{(L_{oi}^2/D_{oi})\partial t_{oi}^*} = \dfrac{\partial}{L_o \partial z_o^*}\left[D_{oi}\dfrac{(C_{oi}^1 - C_{gi}^1)\partial C_{oi}^*}{L_o \partial z_o^*}\right] \\[3mm] C_{oi}^*(z_o^*,0) = C_{oi}^T/(C_{oi}^1 - C_{gi}^1) \\[3mm] \dfrac{\partial C_{oi}^*(0,t_{oi}^*)}{\partial z_o^*} = 0 \\[3mm] C_{oi}^*(1,t_{oi}^*) = C_{obi}/(C_{oi}^1 - C_{gi}^1) \end{cases} \tag{9-7}$$

最后可得油相无量纲方程定解问题如下：

$$\begin{cases} \dfrac{\partial C_{oi}^*}{\partial t_{oi}^*} = \dfrac{\partial}{\partial z_o^*}\left(\dfrac{\partial C_{oi}^*}{\partial z_o^*}\right) \\[3mm] C_{oi}^*(z_o^*,0) = C_{oi}^T/(C_{oi}^1 - C_{gi}^1) = C_{oi}^{*T} \\[3mm] \dfrac{\partial C_{oi}^*(0,t_{oi}^*)}{\partial z_o^*} = 0 \\[3mm] C_{oi}^*(1,t_{oi}^*) = C_{obi}/(C_{oi}^1 - C_{gi}^1) = C_{obi}^* \end{cases} \tag{9-8}$$

此方程为一齐次线性抛物型方程，但边界条件为非齐次，要求解该方程首先要运用齐次化原理将边界条件齐次化。

令 $C_{oi}^* = w + v$，进一步令 $w = C_{obi}^*$，则由边界条件可以得到：

$$\begin{cases} \left(\dfrac{\partial v}{\partial z_o^*}\right)_{z_o=0} = 0 \\[3mm] v(1,t_{oi}^*) = 0 \end{cases} \tag{9-9}$$

将 $C_{oi}^* = w + v$ 代入方程(9-8)可得：

$$\begin{cases} \dfrac{\partial w}{\partial t_{oi}^*} + \dfrac{\partial v}{\partial t_{oi}^*} = \dfrac{\partial^2 w}{\partial z_o^{*2}} + \dfrac{\partial^2 v}{\partial z_o^{*2}} \\[3mm] w(z_o^*,0) + v(z_o^*,0) = C_{oi}^{*T} \\[3mm] w_{z_o^*}(0,t_{oi}^*) + v_{z_o^*}(0,t_{oi}^*) = 0 \\[3mm] w(1,t_{oi}^*) + v(1,t_{oi}^*) = C_{obi}^* \end{cases} \tag{9-10}$$

由于 $w = C_{obi}^*$，从而可得：

$$\begin{cases} \dfrac{\partial v}{\partial t_{oi}^*} = \dfrac{\partial^2 v}{\partial z_o^{*2}} \\[2mm] v(z_o^*,0) = C_{oi}^{*T} - C_{obi}^* \\[2mm] v_{z_o^*}(0,t_{oi}^*) = 0 \\[2mm] v(1,t_{oi}^*) = 0 \end{cases} \qquad (9-11)$$

对于方程(9-11)可以用分离变量法求解:

首先令 $v(z_o^*,t_{oi}^*) = Z(z_o^*)T(t_{oi}^*)$,代入方程(9-11)可得两个常微分方程:

$$\begin{cases} Z'' + \lambda Z = 0 \\[2mm] Z'(0) = 0 \\[2mm] Z(1) = 0 \end{cases} \qquad (9-12)$$

$$T' + \lambda T = 0 \qquad (9-13)$$

求解方程(9-12)可得:

$$Z_k(z_o^*) = A_k \cos\left[\left(k\pi - \dfrac{\pi}{2}\right)z_o^*\right], k = 1,2\cdots \qquad (9-14)$$

特征值为:

$$\sqrt{\lambda_k} = k\pi - \dfrac{\pi}{2}, k = 1,2\cdots$$

特征函数为:

$$\cos(\lambda_k z_o^*), k = 1,2\cdots \qquad (9-15)$$

将特征值代入方程(9-13)可得:

$$T'_k + \left(k\pi - \dfrac{\pi}{2}\right)^2 T = 0$$

求解该方程可得:

$$T_k(t_{oi}^*) = C_k e^{-\left(k\pi - \frac{\pi}{2}\right)^2 t_{oi}^*} \qquad (9-16)$$

由式(9-14)和式(9-16)叠加可得含有待定系数的方程(9-11)的解:

$$v(z_o^*,t_{oi}^*) = \sum_{k=1}^{\infty} A_k e^{-\left(k\pi - \frac{\pi}{2}\right)^2 t_{oi}^*} \cos\left[\left(k\pi - \dfrac{\pi}{2}\right)z_o^*\right], k = 1,2\cdots \qquad (9-17)$$

为了求出待定系数 A_k 的表达式,将式(9-17)代入初值条件可得:

$$\sum_{k=1}^{\infty} A_k \cos\left[\left(k\pi - \dfrac{\pi}{2}\right)z_o^*\right] = C_{oi}^T - C_{obi} \qquad (9-18)$$

由函数系 $\cos\left[\left(k\pi - \dfrac{\pi}{2}\right)z_o^*\right]$ $(k=1,2\cdots)$ 的完备正交性:

$$\int_0^1 \cos\left[\left(k\pi - \frac{\pi}{2}\right)z_o^*\right]\cos\left[\left(n\pi - \frac{\pi}{2}\right)z_o^*\right]dz_o^* = \frac{1}{2}\delta_{nk}$$

$$\delta_{nk} = \begin{cases} 1 & n = k \\ 0 & n \neq k \end{cases}$$

(9 - 19)

将式(9 - 18)等式两边同乘以特征函数(9 - 15)后,在区间[0,1]积分可得:

$$A_k = 2\int_0^1 (C_{oi}^{*T} - C_{obi}^*)\cos\left[\left(k\pi - \frac{\pi}{2}\right)z_o^*\right]dz_o^*$$

$$= 2\int_0^1 C_{oi}^{*T}(z_o^*)\cos(\lambda_k z_o^*)dz_o^* - 2\frac{C_{obi}^*(-1)^{k+1}}{k\pi - \pi/2}$$

(9 - 20)

将特征值表达式代入式(9 - 20),得到待定系数的表达式如下:

$$A_k = 2\int_0^1 C_{oi}^{*T}(z_o^*)\cos(\lambda_k z_o^*)dz_o^* - 2\frac{C_{obi}^*(-1)^{k+1}}{\lambda_k}$$

(9 - 21)

将 A_k 代入式(9 - 17)可以得到式(9 - 22):

$$v(z_o^*, t_{oi}^*) = 2\sum_{k=1}^{\infty}\left\{\left[\int_0^1 C_{oi}^{*T}(z_o^*)\cos(\lambda_k z_o^*)dz_o^* - \frac{C_{obi}^*(-1)^{k+1}}{\lambda_k}\right]e^{-(k\pi - \frac{\pi}{2})^2 t_{oi}^*}\cos(\lambda_k z_o^*)\right\}$$

$$k = 1, 2\cdots$$

(9 - 22)

再令:

$$P_{ki} = \frac{1}{\lambda_k^1}\int_0^1 C_{oi}^{*T}(z_o^*)\cos(\lambda_k z_o^*)dz_o^*$$

(9 - 23)

其中:

$$\lambda_k^1 = \frac{(-1)^{k+1}}{\lambda_k}$$

将式(9 - 23)代入式(9 - 22)得到:

$$v(z_o^*, t_{oi}^*) = 2\sum_{k=1}^{\infty}(P_{ki} - C_{obi}^*)\lambda_k^1 e^{-\lambda_k^2 t_{oi}^*}\cos(\lambda_k z_o^*)$$

(9 - 24)

再将式(9 - 24)回代 $C_{oi}^* = w + v$,就可以得到油相组分扩散方程的解:

$$C_{oi}^* = C_{obi}^* + 2\sum_{k=1}^{\infty}(P_{ki} - C_{obi}^*)\lambda_k^1 e^{-\lambda_k^2 t_{oi}^*}\cos(\lambda_k z_o^*)$$

同理,气相组分扩散方程经过无量纲化后得到:

$$\begin{cases} \dfrac{\partial C_{gi}^*}{\partial t_{gi}^*} = \dfrac{\partial^2 C_{gi}^*}{\partial z_g^{*2}} \\[3mm] C_{gi}^*(z_g^*, 0) = C_{gi}^{*T} \\[3mm] C_{gi}^*(0, t_{gi}^*) = C_{gbi}^* \\[3mm] \dfrac{\partial C_{gi}^*(1, t_{gi}^*)}{\partial z_g^*} = 0 \end{cases} \tag{9-25}$$

同样定解方程(9-25)为一齐次线性抛物型方程,但边界条件为非齐次,要求解该方程也要运用齐次化原理将边界条件齐次化。

令 $C_{gi}^* = w + v$,进一步令 $w = C_{gbi}^*$,代入定解方程(9-25)可得:

$$\begin{cases} \dfrac{\partial v}{\partial t_{gi}^*} = \dfrac{\partial^2 v}{\partial z_g^{*2}} \\[3mm] v(z_g^*, 0) = C_{gi}^{*T} - C_{gbi}^* \\[3mm] v(0, t_{gi}^*) = 0 \\[3mm] \dfrac{\partial v(1, t_{gi}^*)}{\partial z_g^*} = 0 \end{cases} \tag{9-26}$$

对于方程(9-26)可以用分离变量法求解:

首先令 $v(z_g^*, t_{gi}^*) = Z(z_g^*) T(t_{gi}^*)$,代入方程(9-26)可得两个常微分方程如下:

$$\begin{cases} Z'' + \lambda Z = 0 \\ Z(0) = 0 \\ Z'(1) = 0 \end{cases} \tag{9-27}$$

和

$$T' + \lambda T = 0 \tag{9-28}$$

解方程(9-27)可得:

$$\begin{cases} Z_n(Z_g^*) = A_n \sin\left(n\pi - \dfrac{\pi}{2}\right) \\[3mm] \sqrt{\lambda_n} = n\pi - \dfrac{\pi}{2}, n = 1, 2\cdots \end{cases} \tag{9-29}$$

其中 A_n 为待定系数,将 λ_n 代入方程(9-28)解得:

$$T_n(t_{gi}^*) = A_n \mathrm{e}^{-\left(n\pi - \frac{\pi}{2}\right)^2 t_{gi}^*} \tag{9-30}$$

将式(9-29)和式(9-30)叠加得到:

$$v(z_g^*, t_{gi}^*) = \sum_{n=1}^{\infty} A_n \mathrm{e}^{-\left(n\pi - \frac{\pi}{2}\right)^2 t_{gi}^*} \sin\left[\left(n\pi - \frac{\pi}{2}\right)z_g^*\right], n = 1,2\cdots \qquad (9-31)$$

为了确定待定系数 A_n，将式(9-31)代入初值条件，可得：

$$v(z_g^*, 0) = \sum_{n=1}^{\infty} A_n \mathrm{e}^{-\left(n\pi - \frac{\pi}{2}\right)^2 t_{gi}^*} \sin\left[\left(n\pi - \frac{\pi}{2}\right)z_g^*\right] = C_{gi}^{*T} - C_{gbi}^*, n = 1,2\cdots \quad (9-32)$$

由函数系 $\sin\left[\left(n\pi - \frac{\pi}{2}\right)z_g^*\right]$ $(n=1,2\cdots)$ 的完备正交性：

$$\int_0^1 \sin\left[\left(k\pi - \frac{\pi}{2}\right)z_g^*\right]\cos\left[\left(n\pi - \frac{\pi}{2}\right)z_g^*\right]\mathrm{d}z_g^* = \frac{1}{2}\delta_{nk}$$

$$\delta_{nk} = \begin{cases} 1 & n = k \\ 0 & n \neq k \end{cases} \qquad (9-33)$$

将式(9-32)等式两边同乘以特征函数后，在区间$[0,1]$积分可得：

$$A_n = 2\int_0^1 (C_{gi}^{*T} - C_{gbi}^*)\sin\left[\left(n\pi - \frac{\pi}{2}\right)z_g^*\right]\mathrm{d}z_g^*$$

$$\qquad (9-34)$$

$$= 2\int_0^1 C_{gi}^{*T}(z_g^*)\sin\left[\left(n\pi - \frac{\pi}{2}\right)z_g^*\right]\mathrm{d}z_g^* - 2\frac{C_{gbi}^*}{n\pi - \pi/2}$$

令 $\lambda_n = n\pi - \dfrac{\pi}{2}$，则式(9-34)可以记为：

$$A_n = 2\int_0^1 C_{gi}^{*T}(z_g^*)\sin(\lambda_n z_g^*)\mathrm{d}z_g^* - 2\frac{C_{gbi}^*}{\lambda_n} \qquad (9-35)$$

将 A_n 代入式(9-31)则得到方程(9-26)的级数解如下：

$$v(z_g^*, t_{gi}^*) = 2\sum_{n=1}^{\infty}\left\{\left[\int_0^1 C_{gi}^{*T}(z_g^*)\sin(\lambda_n z_g^*)\mathrm{d}z_g^* - \frac{C_{gbi}^*}{\lambda_n}\right]\mathrm{e}^{-(\lambda_n)^2 t_{gi}^*}\sin(\lambda_n z_g^*)\right\}$$

$$n = 1,2\cdots \qquad (9-36)$$

再令：

$$Q_{ni} = \lambda_n\int_0^1 C_{gi}^{*T}\sin(\lambda_n z_g^*)\mathrm{d}z_g^* \qquad (9-37)$$

则式(9-36)可以记为：

$$v(z_g^*, t_{gi}^*) = 2\sum_{n=1}^{\infty}\left[\frac{Q_{ni} - C_{gbi}^*}{\lambda_n}\mathrm{e}^{-(\lambda_n)^2 t_{gi}^*}\sin(\lambda_n z_g^*)\right]$$

$$n = 1,2\cdots \qquad (9-38)$$

又因为 $C_{gi}^* = w + v$，则得到定解方程(9-25)的解如下：

$$C_{gi}^* = C_{gbi}^* - 2\sum_{n=1}^{\infty}(C_{gbi}^* - Q_{ni})e^{-\lambda_n^2 t_{gi}^*}\sin(\lambda_n z_g^*) \tag{9-39}$$

最终得到 Δt 时间段内各组分的物质的量浓度分布函数如下：

$$\begin{cases} C_{oi}^* = C_{obi}^* + 2\sum_{k=1}^{\infty}(P_{ki} - C_{obi}^*)\cos(\lambda_k z_o^*)\lambda_k^1 e^{-\lambda_k^2 t_{oi}^*}, z_o^* \in [0,1] \\ \\ C_{gi}^* = C_{gbi}^* - 2\sum_{n=1}^{\infty}(C_{gbi}^* - Q_{ni})\sin(\lambda_n z_g^*)e^{-\lambda_n^2 t_{gi}^*}, z_g^* \in [0,1] \end{cases} \tag{9-40}$$

其中：

$$\begin{cases} P_{ki} = \dfrac{1}{\lambda_k^1}\displaystyle\int_0^1 C_{oi}^{*\,T}(z_o^*)\cos(\lambda_k z_o^*)\mathrm{d}z_o^*, k = 1,2,\cdots \\ \\ Q_{ni} = \lambda_n\displaystyle\int_0^1 C_{gi}^{*\,T}(z_g^*)\sin(\lambda_n z_g^*)\mathrm{d}z_g^*, n = 1,2,\cdots \end{cases} \tag{9-41}$$

式(9-41)中 $C_{oi}^{*\,T}(z_o^*)$，$C_{gi}^{*\,T}(z_g^*)$ 是上一个时间段的各个组分的物质的量浓度分布，是上一个时间段的计算结果。将式(9-40)代入式(9-41)积分可得：

$$\begin{cases} P_{ki} = C_{obi}^{*\,T} + \dfrac{1}{\lambda_k^1}\sum_{m=1}^{\infty}\alpha_{mk}(P_{mi}^T - C_{obi}^{*\,T})\lambda_m^1\exp(-\lambda_m^2 t_{oi}^*) \\ \\ Q_{ni} = C_{gbi}^{*\,T} - \lambda_n\sum_{m=1}^{\infty}\beta_{mn}\dfrac{(C_{obi}^{*\,T} - Q_{mi}^T)}{\lambda_m}\exp(-\lambda_m^2 t_{gi}^*) \end{cases} \tag{9-42}$$

其中：

$$\alpha_{mk} = \begin{cases} 1, m = k \\ \dfrac{1}{\lambda_m - \lambda_k}\sin(\lambda_m - \lambda_k) + \dfrac{1}{\lambda_m + \lambda_k}\sin(\lambda_m + \lambda_k), m \neq k \end{cases}$$

$$\beta_{mn} = \begin{cases} 1, m = n \\ \dfrac{1}{\lambda_m - \lambda_n}\sin(\lambda_m - \lambda_n) - \dfrac{1}{\lambda_m + \lambda_n}\sin(\lambda_m + \lambda_n), m \neq n \end{cases} \tag{9-43}$$

式(9-42)中变量的上标 T 表示该变量为上一时间段的计算结果，这样就可以由上一步的计算结果作为已知量来计算下一时间步长内的各个组分的物质的量浓度。各个组分的平均物质的量浓度可以由积分计算得到：

$$\begin{cases} C_{oai}^* = \displaystyle\int_0^1 C_{oi}^*(z_o^*)\mathrm{d}z_o^* \\ \\ C_{gai}^* = \displaystyle\int_0^1 C_{gi}^*(z_g^*)\mathrm{d}z_g^* \end{cases} \tag{9-44}$$

　　将式(9-40)代入式(9-44)可得到各个组分在油相和气相中的当前时间段的平均物质的量浓度,计算式如下:

$$\begin{cases} C_{oai}^* = C_{obi}^* + 2\sum_{n=1}^{\infty} (P_{ni} - C_{obi}^*)\lambda_n^1 \exp(-\lambda_n^2 t_{oi}^*)\dfrac{\sin(\lambda_n)}{\lambda_n} \\[3mm] C_{gai}^* = C_{gbi}^* - 2\sum_{n=1}^{\infty} \dfrac{(C_{gbi}^* - Q_{ni})}{\lambda_n^2}\lambda_n \exp(-\lambda_n^2 t_{gi}^*) \end{cases} \qquad (9-45)$$

　　根据摩尔分数的定义,可以得到各个组分在油相和气相中的当前时间段的摩尔分数,计算式如下:

$$\begin{cases} x_i = \dfrac{C_{oai}^*(C_{oi}^1 - C_{gi}^1)}{\sum\limits_{i=1}^{N} C_{oai}^*(C_{oi}^1 - C_{gi}^1)} = \dfrac{C_{oi}}{C_o} \\[5mm] y_i = \dfrac{C_{gai}^*(C_{oi}^1 - C_{gi}^1)}{\sum\limits_{i=1}^{N} C_{gai}^*(C_{oi}^1 - C_{gi}^1)} = \dfrac{C_{gi}}{C_g} \end{cases} \qquad (9-46)$$

　　对于各个组分在当前时间段内油相和气相的物质的量浓度、平均物质的量浓度表达式中,都要求给出各组分当前时间段内油气交界面上的无量纲物质的量浓度 C_{obi}^*,C_{gbi}^*。要计算油气交界面上各个组分的物质的量浓度,需要分析油气交界面上各个组分的扩散过程,建立控制方程,由质量守恒原理,在油气交界面上由油相向气相的扩散通量与由气相向油相的扩散通量应相等,由此得到描述油气交界面上扩散过程的控制方程如下:

$$- D_{oi}\frac{\partial C_{oi}}{\partial z_o} + u_b C_{obi} = - D_{gi}\frac{\partial C_{gi}}{\partial z_g} + u_b C_{gbi} \qquad (9-47)$$

式中　u_b——油气交界面的移动速度,即表示油相高度 L_o 随时间的变化率。

　　方程(9-47)中的 C_{oi} 和 C_{gi} 也由式(9-40)计算,在油气交界面,可以假设在油相和气相存在一个相对平衡的状态,由相态平衡原理可知,在油气交界面各组分在油相和气相的逸度相等,即下式成立:

$$f_{oi} = f_{gi} \qquad (9-48)$$

　　式(9-48)也可写为:

$$y_{bi} = K_i x_{bi} \qquad (9-49)$$

式中　x_{bi}——油气交界面处 i 组分在油相中的摩尔分数,%;

　　　　y_{bi}——油气交界面处 i 组分在气相中的摩尔分数,%;

　　　　K_i——i 组分的平衡常数。

　　由于扩散的作用,PVT 筒中的压力和油气交界处各组分的物质的量浓度变化,平衡常数 K_i 也随之变化,式(9-49)也可以写为:

$$C_{gbi}^* = R_c K_i C_{obi}^* \qquad (9-50)$$

其中：

$$R_c = \frac{C_{gb}}{C_{ob}} = \frac{\sum\limits_{i=1}^{N} C_{gbi}^* (C_{oi}^1 - C_{gi}^1)}{\sum\limits_{i=1}^{N} C_{obi}^* (C_{oi}^1 - C_{gi}^1)} \qquad (9-51)$$

由式(9-47)~式(9-51)可以得到油气交界面处 i 组分的无量纲物质的量浓度级数，表达式如下：

$$C_{obi}^* = \frac{\sum\limits_{n=1}^{\infty} Q_{ni}\exp(-\lambda_n^2 t_{gi}^*) + R_i \sum\limits_{n=1}^{\infty} P_{ni}\exp(-\lambda_n^2 t_{oi}^*)}{K_i R_c \sum\limits_{n=1}^{\infty} \exp(-\lambda_n^2 t_{gi}^*) + R_i \sum\limits_{n=1}^{\infty} \exp(-\lambda_n^2 t_{oi}^*) + \frac{R_i}{2}(K_i R_c - 1)u_b^*} \qquad (9-52)$$

其中：

$$R_i = \left(\frac{D_{oi}}{D_{gi}}\right) \times \left(\frac{L_g}{L_o}\right)$$

$$u_b^* = \frac{L_g u_b}{D_{oi}}$$

界面处的逸度，作为一个热力学参数可以由状态方程计算得到，本文采用的是 PR 状态方程计算逸度系数：

$$\ln\left(\frac{f_i}{x_i p}\right) = \frac{b_i}{b_m}(Z_m - 1) - \ln(Z_m - B_m) - \frac{A_m}{2\sqrt{2}B_m}\left(\frac{2\psi_j}{a_m} - \frac{b_i}{b_m}\right) \cdot \ln\left(\frac{Z_m + 2.414B_m}{Z_m - 0.414B_m}\right)$$

$$\psi_j = \sum\limits_{j}^{N} (a_i a_j \alpha_i \alpha_j)^{0.5}(1 - K_{ij}) \qquad (9-53)$$

其中，压力 p 由 PR 方程计算如下：

$$p = \frac{RT}{V - b_m} - \frac{a_m(T)}{V(V + b_m) + b_m(V - b_m)}$$

其中：

$a_m(T) = \sum\limits_{i=1}^{n}\sum\limits_{j=1}^{n} x_i x_j (a_i a_j \alpha_i \alpha_j)^{0.5}(1 - K_{ij})$

K_{ij}——PR 方程二元交互作用系数；

$b_m = \sum\limits_{=1}^{n} x_i b_i$ ；

$a_i = 0.45724\dfrac{R^2 T_{ci}}{p_{ci}}$ ；

$b_i = 0.07780\dfrac{RT_{ci}}{p_{ci}}$ ；

$$\alpha_i = \left[1 + m_i(1 - T_{ri}^{0.5}) \right]^2;$$

$$T_{ri} = \frac{T}{T_{ci}};$$

$$m_i = 0.3464 + 1.5426\omega_i - 0.26992\omega_i;$$

ω_i——i 组分的偏心因子。

在上面对各组分扩散方程的求解中，各组分在油相和气相混合物中的有效扩散系数是个非常重要的参数，其值的大小直接影响整个系统最终达到平衡所需要的时间。对于 i 组分在油相混合物和气相混合物中的扩散系数计算，目前还没有精确的通用计算公式，只能采用经验公式计算，对于油相混合物中 i 组分的扩散系数计算公式如下：

$$D_{ik} = \frac{7.40 \times 10^{-8}(M'_{ik})^{0.5}T}{\mu_k V_{bi}^{0.6}} \qquad (9-54)$$

其中：

$$M'_{ik} = \frac{\sum_{j \neq i} y_{jk}M_j}{1 - y_{ik}};$$

y_{ik}——油相中 i 组分的摩尔分数，%；

M_j——油相中 j 组分的相对分子质量；

μ_k——油相的动力黏度，Pa·s；

V_{bi}——油相中 i 组分的沸点摩尔体积，m³/kmol。

气相混合物中 i 组分的扩散系数计算公式如下：

$$D_{ig} = \frac{1 - y_{ig}}{\sum_{j \neq i} y_{ig}D_{ij}^{-1}} \qquad (9-55)$$

其中：

$$D_{ij} = \frac{\rho_g^0 D_{ij}^0}{\rho_g}(0.99589 + 0.096016\rho_{gr} - 0.22035\rho_{gr}^2 + 0.032874\rho_{gr}^3);$$

$$\rho_{gr} = \rho_g \left(\frac{\sum_{i=1}^{N} y_{ig}V_{ci}^{5/3}}{\sum_{i=1}^{N} y_{ig}V_{ci}^{2/3}} \right);$$

$$\rho_g^0 D_{ij}^0 = \frac{1.8583 \times 10^{-3}T^{0.5}}{\sigma_{ij}^2 \Omega_{ij} R}\left(\frac{1}{M_i} + \frac{1}{M_j} \right)^{0.5};$$

σ——势常数，10^{-10}m；

M_i——i 组分相对分子质量；

$\sigma_{ij} = (\sigma_i + \sigma_j)/2;$

Ω——扩散碰撞积分，无量纲；

$$\Omega_{ij} = \frac{1.06036}{T_N^{0.1561}} + \frac{0.19300}{\exp(0.47635T_N)} + \frac{1.03587}{\exp(1.52996T_N)} + \frac{1.76474}{\exp(3.89411T_N)};$$

$T_{\text{N}} = KT / \varepsilon_{\text{AB}}$；

K—— 玻尔兹曼常数；

ε_{AB}—— 势能常数。

应用以上计算公式就可以对 PVT 筒中各组分的扩散过程进行模拟计算,具体计算方法如下。

首先计算第一个时间步长范围内各组分在油相和气相中的物质的量浓度分布。

(1)无量纲量的处理:

$$t_{oi}^{*} = \frac{D_{oi}^{0} t}{(L_{o}^{0})^{2}}, t_{oi}^{*} = 0 \sim \frac{D_{oi}^{0} \Delta t}{(L_{o}^{0})^{2}}, t = (2-1)\Delta t + t_{oi}^{*} \frac{(L_{o}^{0})^{2}}{D_{oi}^{0}} \tag{9-56}$$

$$z_{o}^{*} = \frac{z_{o}}{L_{o}^{0}}, z_{o}^{*} = 0 \sim 1, z = z_{o}^{*} L_{o}^{0} \tag{9-57}$$

(2)第一个时间段内的 i 组分在油相、气相的扩散系数:

$$D_{oi}^{1} = \frac{7.40 \times 10^{-8} (M'_{ik})^{0.5} T}{\mu_{k} V_{bi}^{0.6}}$$

$$D_{gi}^{1} = \frac{1 - y_{ig}}{\sum_{j \neq i} y_{ig} D_{ij}^{-1}} \tag{9-58}$$

(3)第一个时间段内的 i 组分在油相中的摩尔分数 x_{i}^{1},和 i 组分在气相中的摩尔分数 y_{i}^{1} 计算:

$$\begin{cases} x_{i}^{1}(t_{oi}^{*}) = \dfrac{C_{oai}^{*1}(t_{oi}^{*})(C_{o}^{0} - C_{g}^{0})}{\sum\limits_{j=1}^{N} C_{oaj}^{*1}(t_{oi}^{*})(C_{o}^{0} - C_{g}^{0})} & \text{油相} \\[4mm] y_{i}^{1}(t_{gi}^{*}) = \dfrac{C_{gai}^{*1}(t_{gi}^{*})(C_{o}^{0} - C_{g}^{0})}{\sum\limits_{j=1}^{N} C_{gaj}^{*1}(t_{gi}^{*})(C_{o}^{0} - C_{g}^{0})} & \text{气相} \end{cases} \tag{9-59}$$

(4)P_{ni}^{1}, Q_{ni}^{1} 计算:

$$P_{ni}^{1} = \frac{1}{\lambda_{n}^{1}} \int_{0}^{1} C_{oi}^{*0} \cos(\lambda_{n} z_{o}^{*}) \mathrm{d} z_{o}^{*}$$

$$Q_{ni}^{1} = \lambda_{n} \int_{0}^{1} C_{gi}^{*0} \sin(\lambda_{n} z_{g}^{*}) \mathrm{d} z_{g}^{*} \tag{9-60}$$

(5)第一个时间段内$(0 \sim \Delta t)$,i 组分的油相、气相平均物质的量浓度计算,kmol/m^{3}:

$$\begin{cases} C_{oai}^{*1}(t_{oi}^{*}) = C_{obi}^{*1}(t_{oi}^{*}) + 2\sum\limits_{n=1}^{\infty} \dfrac{[P_{ni}^{1} - C_{obi}^{*1}(t_{oi}^{*})]}{\lambda_{n}^{2}} \exp(-\lambda_{n}^{2} t_{oi}^{*}) & \text{油相} \\[4mm] C_{gai}^{*1}(t_{gi}^{*}) = C_{gbi}^{*1}(t_{gi}^{*}) - 2\sum\limits_{n=1}^{\infty} \dfrac{[C_{gbi}^{*1}(t_{gi}^{*}) - Q_{ni}^{1}]}{\lambda_{n}^{2}} \exp(-\lambda_{n}^{2} t_{gi}^{*}) & \text{气相} \end{cases} \tag{9-61}$$

（6）第一个时间段内$(0 \sim \Delta t)$，i 组分的油相、气相物质的量浓度分布函数计算：

$$\begin{cases} C_{oi}^{*1}(z_o^*, t_{oi}^*) = C_{obi}^{*1}(t_{oi}^*) + 2\sum_{n=1}^{\infty} [P_{ni}^1 - C_{obi}^{*1}(t_{oi}^*)]\lambda_n^1 \exp(-\lambda_n^2 t_{oi}^*)\cos(\lambda_n z_o^*) & \text{油相} \\ C_{gi}^{*1}(z_g^*, t_{gi}^*) = C_{gbi}^{*1}(t_{gi}^*) - 2\sum_{n=1}^{\infty} \frac{[C_{gbi}^{*1}(t_{gi}^*) - Q_{ni}^1]}{\lambda_n}\exp(-\lambda_n^2 t_{gi}^*)\sin(\lambda_n z_g^*) & \text{气相} \end{cases}$$

$$(9-62)$$

（7）边界计算：

$$C_{obi}^{*1}(t_{oi}^*) = \frac{\sum_{n=1}^{\infty} Q_{ni}^1 \exp(-\lambda_n^2 t_{gi}^*) + R_i^1 \sum_{n=1}^{\infty} P_{ni}^1 \exp(-\lambda_n^2 t_{oi}^*)}{k_i^1 R_c^1 \sum_{n=1}^{\infty} \exp(-\lambda_n^2 t_{gi}^*) + R_i^1 \sum_{n=1}^{\infty} \exp(-\lambda_n^2 t_{oi}^*) + \frac{R_i^1}{2}(k_i^1 R_c^1 - 1)u_b^*}$$

$$C_{gbi}^{*1}(t_{gi}^*) = R_c^1 k_i^1 C_{obi}^{*1}$$

$$R_i^1 = \left(\frac{D_{oi}^0}{D_{gi}^0}\right)\left(\frac{L_g^0}{L_o^0}\right) \qquad (9-63)$$

对 R_c^1 的计算方法需要用试错法来确定：先设一个数值代入边界计算公式后计算出 $C_{obi}^{*1}(t_{oi}^*)$，$C_{gbi}^{*1}(t_{gi}^*)$，再在边界条件的基础上计算 x_i^1 和 y_i^1，最后计算油气交界面的逸度 f_{oi}^1, f_{gi}^1，最后用 $E_f = \sum_{i=1}^{N}\left(1 - \frac{f_{oi}^1}{f_{gi}^1}\right)^2$ 小于用户定义的精度，来作为 R_c^1 假设值是否正确的判定条件。

在第一个时间步长范围内的计算结束后，就得到各组分在气相和油相的物质的量浓度分布函数与各组分的平均物质的量浓度数值，以及各组分分别在油相和气相的摩尔分数，以第一个时间步长的计算结果作为已知初始数据就可以对第二个时间段进行模拟计算，第二个时间段与第一个时间段的计算有所不同，具体计算过程如下。

（1）无量纲量的处理：

$$t_{oi}^* = \frac{D_{oi}^1 t}{(L_o^1)^2}, t_{oi}^* = 0 \sim \frac{D_{oi}^1 \Delta t}{(L_o^1)^2}, t = (2-1)\Delta t + t_{oi}^*\frac{(L_o^1)^2}{D_{oi}^1} \qquad (9-64)$$

$$z_o^* = \frac{z_o}{L_o^1}, z_o^* = 0 \sim 1, z = z_o^* L_o^1 \qquad (9-65)$$

（2）扩散系数计算：

$$\begin{cases} D_{oi}^1 = \frac{7.40 \times 10^{-8}(M'_{ik})^{0.5}T}{\mu_k V_{bi}^{0.6}} \\ D_{gi}^1 = \frac{1 - y_{ig}}{\sum_{j \neq i} y_{ig} D_{ij}^{-1}} \end{cases} \qquad (9-66)$$

（3）第二个时间段内 i 组分在油相中的摩尔分数 $x_i^2(t_{oi}^*)$ 和 i 组分在气相中的摩尔分数

$y_i^2(t_{gi}^*)$ 计算：

$$\begin{cases} x_i^2(t_{oi}^*) = \dfrac{C_{oai}^{*2}(t_{oi}^*)(C_o^0 - C_g^0)}{\displaystyle\sum_{j=1}^{N} C_{oaj}^{*2}(t_{oi}^*)(C_o^0 - C_g^0)} & \text{油相} \\[4mm] y_i^2(t_{gi}^*) = \dfrac{C_{gai}^{*2}(t_{gi}^*)(C_o^0 - C_g^0)}{\displaystyle\sum_{j=1}^{N} C_{gaj}^{*2}(t_{gi}^*)(C_o^0 - C_g^0)} & \text{气相} \end{cases} \tag{9-67}$$

(4) P_{ni}^2, Q_{ni}^2 的计算：

$$\begin{cases} P_{ni}^2(t_{oi}^*) = C_{obi}^{*1}(t_{oi}^*) + \dfrac{1}{\lambda_n^1}\displaystyle\sum_{m=1}^{\infty}\alpha_{mn}[P_{mi}^1 - C_{obi}^{*1}(t_{oi}^*)]\lambda_m^1\exp(-\lambda_m^2 t_{oi}^*) \\[4mm] Q_{ni}^2(t_{gi}^*) = C_{gbi}^{*1}(t_{gi}^*) - \lambda_n\displaystyle\sum_{m=1}^{\infty}\beta_{mn}\dfrac{[C_{gbi}^{*1}(t_{gi}^*) - Q_{mi}^1]}{\lambda_m}\exp(-\lambda_m^2 t_{gi}^*) \end{cases} \tag{9-68}$$

(5) 第二个时间段内 $(\Delta t \sim 2\Delta t)$, i 组分的油相、气相平均物质的量浓度计算, $\mathrm{kmol/m^3}$：

$$\begin{cases} C_{oai}^{*2}(t_{oi}^*) = C_{obi}^{*2}(t_{oi}^*) + 2\displaystyle\sum_{n=1}^{\infty}\dfrac{[P_{ni}^2 - C_{obi}^{*2}(t_{oi}^*)]}{\lambda_n^2}\exp(-\lambda_n^2 t_{oi}^*) & \text{油相} \\[4mm] C_{gai}^{*2}(t_{gi}^*) = C_{gbi}^{*2}(t_{gi}^*) - 2\displaystyle\sum_{n=1}^{\infty}\dfrac{[C_{gbi}^{*2}(t_{gi}^*) - Q_{ni}^2]}{\lambda_n^2}\exp(-\lambda_n^2 t_{gi}^*) & \text{气相} \end{cases} \tag{9-69}$$

(6) 第二个时间段内 $(\Delta t \sim 2\Delta t)$, i 组分的油相、气相物质的量浓度分布函数计算：

$$\begin{cases} C_{oi}^{*2}(z_o^*, t_{oi}^*) = C_{obi}^{*2}(t_{oi}^*) + 2\displaystyle\sum_{n=1}^{\infty}[P_{ni}^2 - C_{obi}^{*2}(t_{oi}^*)]\lambda_n^1\exp(-\lambda_n^2 t_{oi}^*)\cos(\lambda_n z_o^*) & \text{油相} \\[4mm] C_{gi}^{*2}(z_g^*, t_{gi}^*) = C_{gbi}^{*2}(t_{gi}^*) - 2\displaystyle\sum_{n=1}^{\infty}\dfrac{[C_{gbi}^{*2}(t_{gi}^*) - Q_{ni}^2]}{\lambda_n}\exp(-\lambda_n^2 t_{gi}^*)\sin(\lambda_n z_g^*) & \text{气相} \end{cases}$$

$$\tag{9-70}$$

(7) 边界条件计算：

$$\begin{cases} C_{obi}^{*2}(t_{oi}^*) = \dfrac{\displaystyle\sum_{n=1}^{\infty}Q_{ni}^2(t_{gi}^*)\exp(-\lambda_n^2 t_{gi}^*) + R_i^2\displaystyle\sum_{n=1}^{\infty}P_{ni}^2(t_{oi}^*)\exp(-\lambda_n^2 t_{oi}^*)}{k_i^2 R_c^2\displaystyle\sum_{n=1}^{\infty}\exp(-\lambda_n^2 t_{gi}^*) + R_i^2\displaystyle\sum_{n=1}^{\infty}\exp(-\lambda_n^2 t_{oi}^*) + \dfrac{R_i^2}{2}(k_i^2 R_c^2 - 1)u_b^*} \\[4mm] C_{gbi}^{*2}(t_{gi}^*) = R_c^2 k_i^2 C_{obi}^{*2} \end{cases} \tag{9-71}$$

其中对 R_c^1 的计算方法要用试错法来确定。

第二步以后的计算过程完全相同,有了第二步的计算结果就可以开始迭代计算了。迭代计算法如下。

(1) 无量纲量的处理：

$$t_{oi}^* = \frac{D_{oi}^{n-1} t}{(L_o^{n-1})^2}, t_{oi}^* = 0 \sim \frac{D_{oi}^{n-1} \Delta t}{(L_o^{n-1})^2}, t = (n-1)\Delta t + t_{oi}^* \frac{(L_o^{n-1})^2}{D_{oi}^{n-1}} \qquad (9-72)$$

$$z_o^* = \frac{z_o}{L_o^{n-1}}, z_o^* = 0 \sim 1, z = z_o^* L_o^{n-1} \qquad (9-73)$$

（2）第 n 个时间段内 i 组分在油相中的摩尔分数 $x_i^n(t_{oi}^*)$ 和 i 组分在气相中的摩尔分数 y_i^n (t_{gi}^*) 计算：

$$\begin{cases} x_i^n(t_{oi}^*) = \dfrac{C_{oai}^{*n}(t_{oi}^*)(C_o^0 - C_g^0)}{\displaystyle\sum_{j=1}^{N} C_{oaj}^{*n}(t_{oi}^*)(C_o^0 - C_g^0)} & \text{油相} \\[4mm] y_i^n(t_{gi}^*) = \dfrac{C_{gai}^{*n}(t_{gi}^*)(C_o^0 - C_g^0)}{\displaystyle\sum_{j=1}^{N} C_{gaj}^{*n}(t_{gi}^*)(C_o^0 - C_g^0)} & \text{气相} \end{cases} \qquad (9-74)$$

（3）P_{ki}^n, Q_{ki}^n 的计算：

$$\begin{cases} P_{ki}^n(t_{oi}^*) = C_{obi}^{*n-1}(t_{oi}^*) + \dfrac{1}{\lambda_k^1} \displaystyle\sum_{m=1}^{\infty} \alpha_{mn}[P_{mi}^{n-1} - C_{obi}^{*n-1}(t_{oi}^*)]\lambda_m^1 \exp(-\lambda_m^2 t_{oi}^*) \\[4mm] Q_{ki}^n(t_{gi}^*) = C_{gbi}^{*n-1}(t_{gi}^*) - \lambda_k \displaystyle\sum_{m=1}^{\infty} \beta_{mn} \dfrac{[C_{gbi}^{*n-1}(t_{gi}^*) - Q_{mi}^{n-1}]}{\lambda_m} \exp(-\lambda_m^2 t_{gi}^*) \end{cases} \qquad (9-75)$$

（4）第 n 个时间段内 $[(n-1)\Delta t \sim n\Delta t]$，$i$ 组分的油相、气相平均物质的量浓度计算，$kmol/m^3$：

$$\begin{cases} C_{oai}^{*n}(t_{oi}^*) = C_{obi}^{*n}(t_{oi}^*) + 2\displaystyle\sum_{k=1}^{\infty} \dfrac{[P_{ki}^n - C_{obi}^{*n}(t_{oi}^*)]}{\lambda_k^2} \exp(-\lambda_k^2 t_{oi}^*) & \text{油相} \\[4mm] C_{gai}^{*n}(t_{gi}^*) = C_{gbi}^{*n}(t_{gi}^*) - 2\displaystyle\sum_{k=1}^{\infty} \dfrac{[C_{gbi}^{*n}(t_{gi}^*) - Q_{ki}^n]}{\lambda_k^2} \exp(-\lambda_k^2 t_{gi}^*) & \text{气相} \end{cases} \qquad (9-76)$$

（5）第 n 个时间段内 $[(n-1)\Delta t \sim n\Delta t]$，$i$ 组分的油相、气相物质的量浓度分布函数计算：

$$\begin{cases} C_{oi}^{*n}(z_o^*, t_{oi}^*) = C_{obi}^{*n}(t_{oi}^*) + 2\displaystyle\sum_{n=1}^{\infty} [P_{ki}^2 - C_{obi}^{*2}(t_{oi}^*)]\lambda_k^1 \exp(-\lambda_k^2 t_{oi}^*)\cos(\lambda_k z_o^*) & \text{油相} \\[4mm] C_{gi}^{*n}(z_g^*, t_{gi}^*) = C_{gbi}^{*n}(t_{gi}^*) - 2\displaystyle\sum_{k=1}^{\infty} \dfrac{[C_{gbi}^{*n}(t_{gi}^*) - Q_{ki}^n]}{\lambda_k} \exp(-\lambda_k^2 t_{gi}^*)\sin(\lambda_k z_g^*) & \text{气相} \end{cases}$$

$$(9-77)$$

（6）边界条件计算：

$$\begin{cases} C_{obi}^{*n}(t_{oi}^*) = \dfrac{\displaystyle\sum_{k=1}^{\infty} Q_{ki}^n(t_{gi}^*)\exp(-\lambda_k^2 t_{gi}^*) + R_i^2 \displaystyle\sum_{k=1}^{\infty} P_{ki}^n(t_{oi}^*)\exp(-\lambda_k^n t_{oi}^*)}{k_i^2 R_c^2 \displaystyle\sum_{k=1}^{\infty} \exp(-\lambda_k^2 t_{gi}^*) + R_i^2 \displaystyle\sum_{k=1}^{\infty} \exp(-\lambda_k^2 t_{oi}^*) + \dfrac{R_i^n}{2}(k_i^n R_c^n - 1)u_b^*} \\[4mm] C_{gbi}^{*n}(t_{gi}^*) = R_c^n k_i^n C_{obi}^{*n} \end{cases} \qquad (9-78)$$

(7)计算压力,由 PR 方程计算 PVT 筒中的压力,如果计算出的压力与上一时间步长的压力只相差很小的数值,就表示油相和气相的相平衡已经达到,可以停止计算,如果压力变化还较大则跳转到步骤(1)。程序计算框图如图 9 – 2 所示。

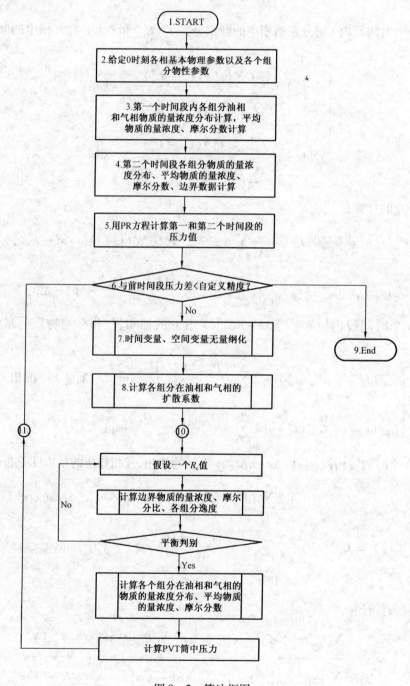

图 9 – 2   算法框图

第二节 高温高压多组分扩散实验研究

由前文建立的多组分扩散数学模型可以看出,如果能够建立一个能够保证油气系统处于封闭状态、实验过程中体系温度恒定的实验装置,监测实验过程中由于扩散现象导致的体系压力变化,采用上述数学模型就可以得到对应的不同组分的扩散系数。

一、实验测试流程

根据此思路建立了如图9-3所示的高温、高压多组分油气两相扩散系数测试实验装置。

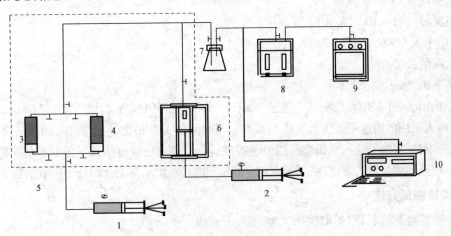

图9-3 多组分扩散实验测试装置
1,2—驱替泵;3—气相中间容器;4—油相中间容器;5—恒温箱;6—PVT筒;
7—分离器;8—气量计;9—色谱分析仪;10—密度仪

各部分的技术指标如下。

(1)注入系统。

工作压力:0~70.00MPa;

工作温度:0~40.0℃;

分辨率:0.001mL。

(2)PVT筒。

工作压力:0~70.00MPa;

工作温度:0~200.0℃;

主泵室容积:0~400mL;

中间容器容积:0~1000.0mL。

(3)闪蒸分离器。

工作压力:大气压;

工作温度:常温。

体积计量精度:1mL。

(4)密度仪。

工作压力:0~40.00MPa;

工作温度:-10~70.0℃;

最高测量精度:10^{-6}g/cm^3。

(5)温控系统。

工作温度:0~200.0℃;

控温精度:0.1℃。

(6)色谱:美国HP-6890和日本岛津GC-14A色谱仪。

控温范围:0~399.0℃。

最低能检度:3×10^{-2}g/s。

最高灵敏度:1×10^{-12}A/mV(满刻度)

(7)电子天平:日本TG-328A电子天平。

最大称量:200g。

分辨率:0.1mg。

此次多组分分子扩散系数测试完善了Riazi于1996年提出的定容扩散方法,与Reamer等人以及王利生等人采用的通过测试注入气体的溶解量与时间的关系相比,易于操作,测试精度高,而且可以测试挥发油气之间、气-气相之间的分子扩散过程。该方法通过测试气体向液体扩散引起的系统压力、气液界面位置的变化,采用前文建立的模型即可求出不同组分的分子扩散系数。

二、实验测试方法

根据此实验测试装置,扩散实验大致分为下列四个步骤。

(一)PVT仪的准备

1.仪器的清洗

每次实验前须用石油醚对PVT仪的注入泵、管线、PVT筒、分离瓶、密度仪进行清洗,清洗干净后用高压空气或氮气吹干待用。

2.仪器试温试压

按国家技术监督局计量认证的技术规范要求,对所用设备进行试温试压,试温试压的最大温度和压力为实验所需最大温度和压力的120%。

3.仪器的校正

用标准密度油对密度仪进行校正,按操作规程对泵、压力表、PVT筒体积、温度计进行校正。

(二)流体准备及转样

1.流体准备

在实验测试前,首先把常温条件下扩散油样、气样转入中间容器,并放入恒温箱中加温到设定实验温度,一般加温约24h即可;把高温油样、气样加压到实验压力;并且在这一过程中把PVT仪器加热到实验温度、压力,并读取活塞高度。

2.转油样

把油样转入PVT筒中,待油样稳定后再次读取活塞高度,两次高度之差即为转入油体积。

3. 转气样

把已准备好的气样,采用平衡转样的方式从上部转入 PVT 筒中,在转样过程中尽量保持低的转样速度,以免速度过快引起对流混合;转样完成立刻读取活塞、液面高度,此高度即为转入气样体积。

(三)实验测试

开始扩散实验,记录在扩散实验过程中的时间、压力及液面位置变化,当在 30min 间隔时间内,压力变化小于 1psi 即认为气 – 油已经达到扩散平衡,扩散实验结束;然后测试气相不同位置的组成、组分,以及油相不同位置的组分、组成及密度。

(四)实验设备清洗

采用石油醚、氮气清洗设备,准备下一组实验。

三、扩散实验实例分析

根据前文建立的理论模型及实验测试方法,测试了氮气、甲烷及二氧化碳与某油田实际脱气原油之间的分子扩散系数。N_2、CO_2 采用商品气,CH_4 采用某油田干气代替。N_2 纯度可达到 98.23%,CO_2 纯度达到 98.18%,某油田干气中 CH_4 含量达到 92.71%。扩散油样平均相对分子质量 231.5,密度为 830.5kg/m^3。流体样品组成见表 9 – 1 和表 9 – 2。

表 9 – 1 扩散实验气样组成

名称	组分%(摩尔分数)									
	N_2	CO_2	C_1	C_2	C_3	iC_4	nC_4	iC_5	nC_5	C_6
商品 N_2	98.23	—	1.67	—	—	—	—	—	—	—
商品 CO_2	0.080	98.18	1.694	—	—	—	—	—	—	—
干气	3.12	2.51	92.71	1.40	0.118	0.01	0.028	0.013	0.00	0.017

表 9 – 2 扩散实验油样组成

名称	摩尔分数,%	摩尔质量,kg/kmol	临界温度,K	临界压力,MPa	偏心因子
iC_4	0.057	58.124	408.1	3.6	0.184
nC_4	0.094	58.124	425.2	3.75	0.2015
iC_5	0.405	72.151	460.4	3.34	0.2286
nC_5	0.337	72.151	469.6	3.33	0.2524
C_6	5.073	86.178	507.5	3.246	0.2998
C_7	4.578	100.25	543.2	3.097	0.3494
C_8	5.125	114.232	570.5	2.912	0.351327
C_9	3.625	128.259	598.5	2.694	0.390781
C_{10}	3.683	142.286	622.1	2.501	0.443774
C_{11+}	77.02	156.313	643.6	2.317	0.477482

分别测试了 N_2、CH_4 及 CO_2 在 20MPa、60℃ 的条件下与原油的扩散实验。

四、扩散实验压力变化及平衡时间

氮气、甲烷及二氧化碳与实际原油体系由于扩散导致的系统压力变化见图 9 – 4 ~ 图 9 – 6。

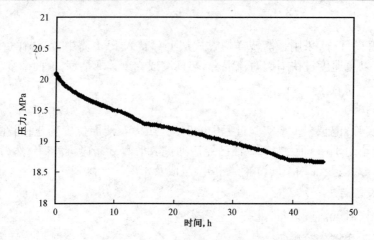

图9-4 N_2—原油系统压力与时间关系

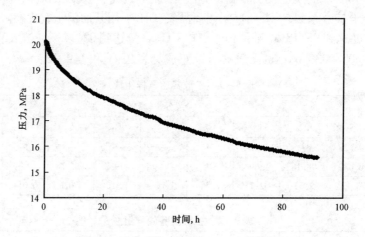

图9-5 CH_4—原油系统压力与时间关系

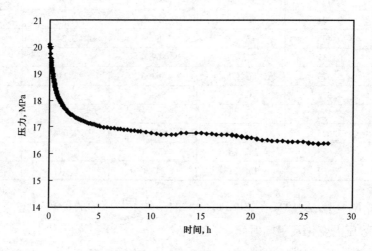

图9-6 CO_2—原油系统压力与时间关系

由图 9-4 可以看出,N_2—原油扩散达到平衡的时间约为 42h,压力由最初的 20.1MPa 降到 18.69MPa,降低幅度达 1.14MPa;压力随时间的变化关系明显表现为三个阶段,首先是压力快速降低阶段,接着是压力稳定降低阶段,最后压力降低逐渐平缓,表现为一平行直线。

由图 9-5 可以看出,CH_4—原油扩散达到平衡的时间约为 91.5h,压力由最初的 20.12MPa 降到 15.57MPa,降低幅度达到 4.55MPa;压力随时间的变化关系明显表现为两个阶段,首先是压力快速降低阶段,接着是压力稳定降低阶段,最后当压力每 30min 只降 1psi 时,停止实验,认为扩散已经达到平衡,所以没有出现平直线段。

由图 9-6 可以看出,CO_2—原油系统扩散达到平衡的时间约为 26.6h,压力由最初的 20.1MPa 降到 16.4MPa,降低幅度达到 3.7MPa;压力随时间的变化关系明显表现为三个阶段,首先是压力快速降低阶段,接着是压力稳定降低阶段(最后阶段压力出现波动,压力反而先上升后下降,分析认为波动是由于外界温度发生变化所致),然后逐渐变得平缓。

在 20MPa、60℃ 条件下对比 N_2、CH_4 及 CO_2—原油体系达到稳定的时间。CO_2 达到平衡所需的时间明显小于 N_2、CH_4 气体,这是由于 CO_2 在原油中的扩散速度高于其他气体所致;N_2 达到平衡的时间比 CH_4 小,并不表明 N_2 在原油中的扩散速度高于 CH_4 气体,而主要是由于 N_2 在该脱气原油中的溶解度较低,经过一定时间,在实验确定的温度、压力条件下已经达到饱和,所以表现出的扩散达到平衡的时间比 CH_4 小。另外一个原因是,由于采用干气来代替 CH_4,在干气中还含有一定量的 N_2、C_3H_8 等其他重组分,重组分更易溶解于油相,导致烃类气在原油中的扩散达到平衡的时间延长。

五、分子扩散系数确定

采用前文建立的扩散系数模型通过拟合扩散实验的压力,计算得到多组分气体与原油每个组分分别在气相、油相中的分子扩散系数。对于储气库建设来说我们一般比较关心气相组分在油相中的分子扩散系数,因此在此主要介绍轻烃组分的分子扩散系数。

(一)氮气—原油扩散系数计算

氮气—原油分子扩散系数计算结果见图 9-7 和图 9-8。

由图 9-7 可以看出,采用模型计算的压力与实验测试的压力基本一致,理论计算的最终平衡时间、压力分别为 42.32h,18.57MPa。由图 9-8 可以看出,随着时间的延长,N_2 在油相中的扩散系数逐渐增大,最终达到一稳定值。系统达到平衡时计算油相中的 N_2 摩尔分数为 12.86%,实验测试的最终时刻不同位置氮气的摩尔分数在 16.75% ~ 10.88%,进一步验证了该计算模型的正确性。

(二)甲烷—原油扩散系数计算

甲烷原油分子扩散系数计算结果见图 9-9 和图 9-10。

由图 9-10 可以看出,理论计算的最终平衡时间、压力分别为 92.32h,15.445MPa,实验测试值分别为 91.5h,15.57MPa。由图 9-10 可以看出,油相中 CH_4 的扩散系数是以幂函数的形式逐渐增加的,最终扩散系数逐渐趋于稳定。最终计算的油相中 CH_4 摩尔分数为 35.34%,位于实验测试值 34.34% ~ 37.62% 范围内;计算的 CO_2 最终摩尔分数为 0.86%,实验测试值为 1.11% ~ 0.72%;组分计算结果与实验值均比较接近。

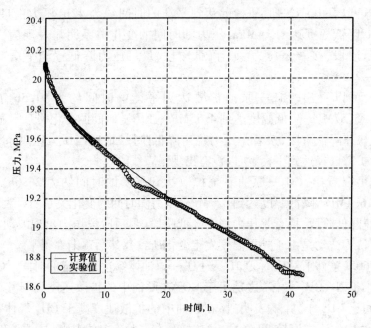

图 9-7　N_2—原油扩散实验压力拟合图

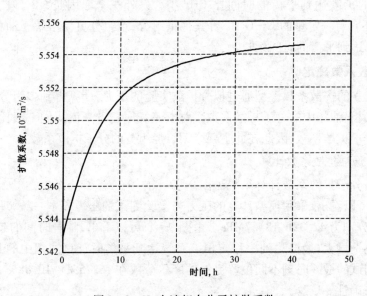

图 9-8　N_2 在油相中分子扩散系数

(三) 二氧化碳—原油扩散系数计算

二氧化碳—原油分子扩散系数计算结果见图 9-11 和图 9-12。

由图 9-11 可以看出,理论计算的最终平衡时间与压力分别为 26.58h,16.27MPa,实验测试值分别为 26.6h,16.4MPa,两者比较接近。由图 9-12 可以看出,油相中 CO_2 的扩散系数是以幂函数的形式逐渐增加的,最终扩散系数逐渐趋于平缓。与氮气、甲烷的扩散实验相比,CO_2 在油相中浓度增加的速度要快些;最终计算的油相中 CO_2 摩尔分数为 67.26%,实验测试

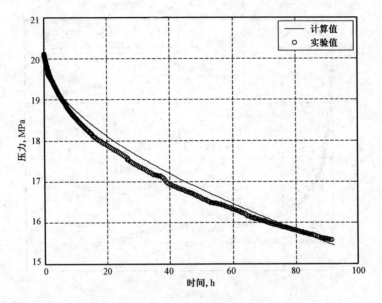

图 9 - 9　CH_4—原油扩散实验压力拟合图

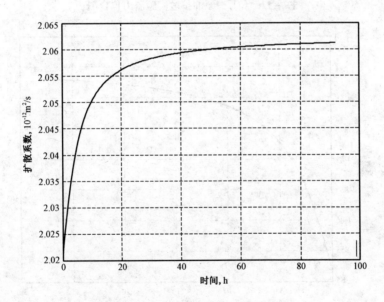

图 9 - 10　CH_4 在油相中分子扩散系数

的值为 74.67% ~ 66.35%，计算的 CH_4 最终摩尔分数为 1.66%，实验测试值为 2.81% ~ 1.92%，与实验结果比较接近。

（四）测试结果对比

1. 平衡时间

在 20MPa、60℃ 的条件下对比 N_2、CH_4 及 CO_2—原油体系达到稳定的时间见表 9 - 3。由该表可以看出，CO_2 达到平衡的时间明显小于 N_2、CH_4 气体，这是由于 CO_2 在原油中的扩散速度高于其他气体所致，而 N_2 达到平衡的时间反而比 CH_4 小，并不表明 N_2 在原油中的扩散速

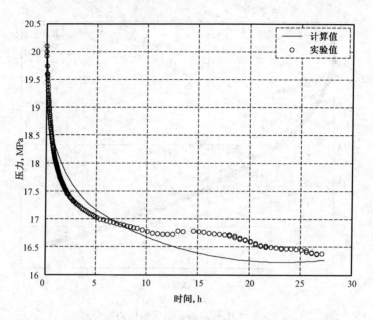

图9－11　CO_2—原油扩散实验压力拟合图

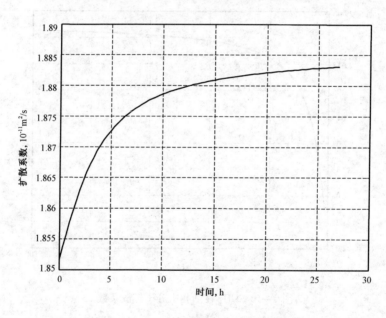

图9－12　CO_2在油相中分子扩散系数

度高于 CH_4 气体,而主要是由于 N_2 在该脱气原油中的溶解度较低,经过一定时间,在实验确定的温度、压力条件下已经达到饱和,所以表现出来扩散达到平衡的时间比 CH_4 小。另外一个原因是由于采用干气来代替 CH_4,在干气中还含有一定量的 N_2、C_3H_8 等其他重组分,因此使得扩散达到平衡的时间增加了。国外曾进行过 1.36MPa 和 0.8MPa、20°C 条件下 CH_4 与地面脱气油的扩散实验,最终达到平衡的时间分别为 35min 和 27min。

表 9-3　不同气体扩散达到平衡时间

扩散气	实验条件	平衡时间,h
N_2	20MPa、60℃	42
CH_4	20MPa、60℃	91.5
CO_2	20MPa、60℃	27.6

2. 组成变化

三组扩散实验气相中 $C_2 \sim C_6$ 中间烃组成对比见表 9-4,油相组成对比见表 9-5。

表 9-4　气相中 $C_2 \sim C_6$ 含量对比

实验	上部气,%(摩尔分数)	下部气,%(摩尔分数)
N_2—原油	0.3142	0.4740
CH_4—原油	1.4974	5.5255
CO_2—原油	1.1392	1.1524

表 9-5　油相组分及组成对比

组分 %(摩尔分数)	上部油			下部油		
	N_2	CH_4	CO_2	N_2	CH_4	CO_2
CO_2	—	1.1115	74.6707	—	0.7231	66.3558
N_2	16.7464	0.8037	0.0606	10.8768	1.9091	0.0549
C_1	0.0256	34.3391	2.8120	0.0711	37.6201	1.9226
C_2	0.0052	0.7732	0.0000	0.0045	0.3081	0.0000
C_3	0.0394	0.1065	0.0252	0.0279	0.0240	0.0245
iC_4	0.1532	0.2481	0.1155	0.1084	0.1225	0.1035
nC_4	0.1981	0.3724	0.1666	0.1594	0.2431	0.1499
iC_5	0.4111	0.9540	0.3145	0.4545	0.4554	0.2850
nC_5	0.3091	0.7560	0.2260	0.3594	0.5611	0.2056
C_6	1.2669	5.6477	0.7177	1.6267	2.4097	0.8201
C_7	1.9029	5.6401	0.7219	2.9228	3.3796	1.0394
C_8	4.3693	7.1465	1.5241	5.7419	3.8080	2.1943
C_9	3.4355	5.2515	1.1743	4.9054	2.7312	1.6908
C_{10}	3.9898	4.6165	1.3611	4.5018	2.6389	1.9596
C_{11+}	67.1475	32.2331	16.1098	68.2393	43.0661	23.1940
气油比,m^3/m^3	13.62	71.78	363.2	11.53	61	232.8
油密度,kg/m^3	822.6	821.9	827.7	823.8	822.9	830.2

由表 9-4 和表 9-5 可以看出,所有下部气相中的中间烃含量高于上部气;上部油中的 C_{11} 组分含量、单脱油密度均低于后者,但是上部油相的气油比明显高于下部油相。从组分数据可以看出不同位置的油、气性质是不一样的。N_2、CH_4、CO_2—原油上下部油相中 C_{11} 组分浓度差分别为 1.0918%、10.8330%、7.0842%,因此在相态计算时,必须考虑油、气由于分子扩

散等原因造成的物性不均匀性。从组分含量多少还可以看出：N_2 在油中的溶解能力以及对重组分的抽提能力都很低，由于此原因造成了 N_2—原油扩散实验上下油相的性质差别很小；CH_4、CO_2 气体在油中的溶解能力以及对重组分的抽提作用较强，所以造成上下部油相的性质差异很大。此外，油相中扩散气体的含量不一样，对同一组扩散实验上部油相扩散气体含量高于下部；对不同的扩散实验，CO_2 扩散实验扩散气体含量最高（66% ~ 74%），其次为 CH_4（34% ~ 37%），最低为 N_2（10% ~ 16%）。扩散气体最终物质的量浓度的差异反映了气体扩散能力的大小，扩散能力越强物质的量浓度越高，反之越低。

3. 扩散系数对比

从前文扩散系数的计算结果可以看出，在相同的温度、压力条件下，即使是同一组分，在不同体系中其扩散系数的大小也是不一样的。以注入气体组分为例，具体可见表 9 - 6，从该表可以看出在 CO_2—原油系统中，气相、液相中每一组分的扩散系数与 N_2—原油、CH_4—原油体系中对应组分的扩散系数相比都高一些，这与实际扩散实验所观察到的现象是一致的；对于同一体系，相同的组分在不同相中扩散系数的大小不同，气相中扩散系数高于液相中扩散系数。造成以上差异的因素，分析主要表现在两个方面：一是组分之间的相互作用；二是体系状态的影响，在气相条件下，分子的运动相对在液相中较快，所以其扩散速度相对快些。

表 9 - 6　同一组分在不同体系中扩散系数大小　　　　　　　　　单位：m^2/s

组分	气相扩散系数（最终值）			油相扩散系数（最终值）		
	N_2—原油	CH_4—原油	CO_2—原油	N_2—原油	CH_4—原油	CO_2—原油
N_2	1.932×10^{-11}	8.281×10^{-11}	4.403×10^{-10}	5.555×10^{-12}	3.978×10^{-12}	2.082×10^{-11}
C_1	1.944×10^{-11}	6.081×10^{-11}	2.690×10^{-10}	3.559×10^{-12}	2.061×10^{-12}	1.263×10^{-11}
CO_2	—	6.743×10^{-11}	2.723×10^{-10}		3.985×10^{-12}	1.869×10^{-11}

目前多数研究结论认为组分含量对扩散系数没有影响，以扩散实验液相中主要注入气体组分为例，分析其含量与扩散系数的关系见图 9 - 13 ~ 图 9 - 15。从图可以看出，在液相中随着组分含量的变化，其扩散系数也会发生变化，说明气体含量与扩散系数之间存在一定关系，

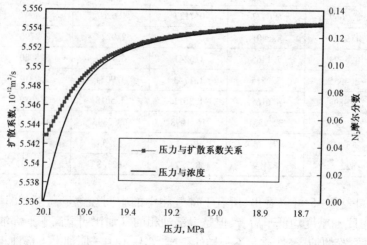

图 9 - 13　N_2—原油扩散实验液相 N_2 摩尔分数与其扩散系数关系

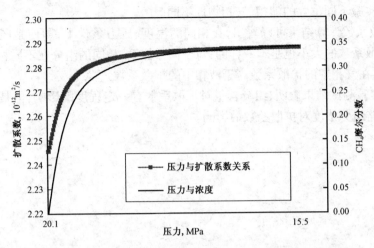

图 9-14　CH_4—原油扩散实验液相 CH_4 摩尔分数与其扩散系数关系

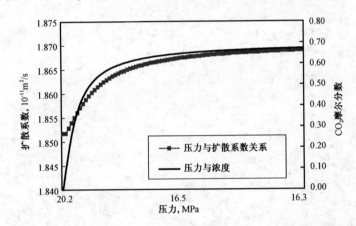

图 9-15　CO_2—原油扩散实验液相 CO_2 摩尔分数与其扩散系数关系

因此,假设组分扩散系数与其含量无关是不确切的,理论计算中必须考虑组分含量对扩散系数的影响,不能假设扩散系数为常数;但是从工程应用角度,由于扩散系数变化的绝对值较小,可以忽略组分浓度对扩散系数的影响。而且由图 9-13~图 9-15 可以看出,随着压力的降低,组分扩散系数是逐渐增加的,这与前面的结论是一致的。

第三节　本 章 小 结

(1)在前人研究的基础上,建立了多组分扩散系数测试方法,该方法避免了每一时间步长均测试体系组成,只需记录体系压力、油气界面位置及最终时刻不同位置的气液组成,因此该方法在目前技术条件下简便实用,易于操作。

(2)分别测试了高纯度氮气、甲烷、二氧化碳在 20MPa 压力下与真实原油体系的扩散系数;与前人的研究相比,此次测试采用多组分气、油,更具有代表性。

(3)实验测试结果表明,三组扩散实验达到平衡的时间不一样,最终的平衡压力不同,对于同一组扩散实验不同位置的油相、气相物性不同。

（4）由扩散系数计算结果可以看出，在相同的温度、压力条件下，即使是同一组分在不同的体系中其扩散系数的大小也是不一样的；对于同一体系，相同的组分在不同相中扩散系数的大小也不一样，在气相中的扩散系数高于液相中的扩散系数。

（5）扩散实验测试结果表明，组分含量对扩散系数有一定程度的影响，但是从工程应用角度考虑可以忽略组分浓度对扩散系数的影响。

第十章 裂缝性高含水潜山油藏改建储气库机理研究实例

本章通过长岩心和短岩心实验对裂缝性高含水潜山油藏改建储气库的机理进行了研究。

第一节 长岩心实验

一、长岩心模型的制作

长岩心模型由实际天然储层的短岩心经造缝后得到。以使岩心渗透率达到2D左右为目标,采用西南石油大学特有的造缝技术对岩心进行造缝。实际岩心长143.7cm,直径2.54cm,倾角75°,造缝后的实验岩心参数见表10-1,在地层高温高压条件下用地层水测得的长岩心总孔隙度为3.2%,总渗透率为2.4D。

表10-1 人工造缝岩心物性分析

序号	井号	样品编号	长度 cm	直径 cm	孔隙度 %	渗透率 mD
1	任226	71-5/8	3.830	2.600	3.329	16278.44
2		5-2/2	4.618	2.531	3.329	16131.53
3		13-2/5	3.937	2.543	3.329	16504.99
4		38-10/10	4.776	2.562	3.329	16007.30
5	任28	68-1/2	4.617	2.584	3.329	15958.91
6		30-5/7	4.820	2.537	3.329	16654.06
7	任226	75-3/3	3.372	2.592	3.329	15618.75
8		157-7/7	3.942	2.551	3.329	15486.51
9		71-2/5-1	3.837	2.547	3.329	17241.06
10	任28	68-7/8	5.100	2.553	3.329	17496.47
11		74-5/7	3.349	2.555	3.329	15193.68
12		48-4(2)/20	3.772	2.542	3.329	15186.72
13	任226	59-6/6	4.590	2.376	3.329	17540.52
14		73-2/3	4.746	2.544	3.329	17577.51
15		109-7/8-1	3.800	2.545	3.329	14823.04

续表

序号	井号	样品编号	长度 cm	直径 cm	孔隙度 %	渗透率 mD
16	任28	69－4/11	3.452	2.531	3.329	14799.46
17		75－2/3	4.932	2.600	3.329	18208.61
18		51－2/15	3.028	2.552	3.329	14672.75
19		10－3/6	4.246	2.435	3.329	18649.67
20		108－10/11	2.968	2.562	3.329	14427.21
21		57－3/4	4.218	2.537	3.329	14372.72
22		57－2/4	4.978	2.540	3.329	18772.83
23		97－1/7	4.688	2.540	3.329	18824.06
24	任226	98－1/2	4.754	2.552	3.329	18866.99
25		63－5/12	4.885	2.553	3.329	19423.51
26		96－4/17	5.233	2.542	3.329	19470.87
27		10－2/6	3.167	2.500	3.329	13582.38
28		58－5/10	3.177	2.570	3.329	13362.38
29		109－4/8	5.182	2.510	3.329	20939.99
30		46－6/8	3.411	2.537	3.329	13158.18
31		57－1/4	5.551	2.532	3.329	21582.86
32		35－3/10	3.000	2.562	3.329	13014.72
33	任28	67－7/7	3.676	2.534	3.329	12531.86
34	任226	40－1/20	2.442	2.540	3.329	12442.07

二、长岩心驱替装置

岩心驱替实验是在华宝 HBCD－70 高温高压长岩心驱替装置上进行的。

华宝 HBCD－70 高温高压长岩心驱替装置见图 10－1。整个装置主要由注入泵系统、长岩心夹持器、回压调节器、控温系统、配样器、电子天平、密度计、气量计和气相色谱仪组成。其中 2m 长的三轴长岩心夹持器是长岩心驱替装置中的关键部分，主要由长岩心外筒、胶皮套和轴向连接器组成。各部分的技术指标如下。

（1）长岩心夹持器。

压力范围：0～65MPa。

温度范围：室温～150℃。

岩心长度：0～2000mm。

（2）注入泵系统：Ruska 全自动泵。

工作压力：0～70.00MPa。

工作温度：室温。

体积分辨率：0.01mL。

图 10 - 1　华宝 HBCD - 70 高温高压长岩心驱替装置

速度精度:0.001mL/s。

(3)回压调节器。

工作压力:0~70.00MPa。

工作温度:室温~150℃。

(4)控温系统。

工作温度:室温~150℃。

控温精度:0.5℃。

(5)配样器。

容积:2500mL。

工作压力:0~70MPa。

工作温度:室温~180℃。

压力分辨率:0.01MPa。

温度的分辨率:0.1℃。

(6)电子天平:瑞士 Mettler 电子天平。

称量:200g。

感量:万分之一。

(7)密度计:DMA38 型振荡式密度计。

测量范围:气体密度至 $3g/cm^3$。

测量精度:$0.001g/cm^3$。

(8)气量计:RUSKA 公司生产。

累计气体收集量:3000mL。

计量精度:1mL。

(9)气相色谱仪:美国 HP6890 气相色谱仪。

控温范围:0~399.0℃。

最低能检度:$3×10^{-2}g/s$。

最高灵敏度:1×10^{-12}A/mV(满刻度)。

三、驱替流体

根据中华人民共和国石油天然气行业标准 SY/T 5542—2000《地层原油物性分析方法》，利用任 11 联合站的脱气油样和分离器气样(0.8MPa)按气油比为 5m³/t 进行配样。配样操作按原油分析标准进行。测定出样品的气油比为 3.13m³/m³。地层流体的组分和组成、体积系数等参数见表 10-2 和表 10-3。

表 10-2 地层流体组成

组分	摩尔分数,%	质量分数,%
CO_2	0.57	0.07
N_2	0.72	0.06
C_1	5.03	0.22
C_2	0.34	0.03
C_3	0.77	0.09
iC_4	0.16	0.03
nC_4	0.14	0.02
iC_5	0.22	0.04
nC_5	0.28	0.06
C_6	2.59	0.61
C_{7+}	89.18	98.77

注:C_{7+} 的相对密度为 0.9292,相对分子质量 402。

表 10-3 配制样品的 PVT 主要参数

体积系数	1.058
气油比,m³/m³	4
地层油密度,g/cm³	0.8633
脱气油密度,g/cm³	0.9120
脱气油摩尔质量,g/mol	342

驱替所用注入气组分和组成分析见表 10-4。

表 10-4 陕京二线气及实验室注入气组成对比

组分	CO_2	N_2	C_1	C_2	$N_2 + C_1$	$CO_2 + C_2$	C_3	iC_4	nC_4	C_{5+}
陕京二线组成,% (摩尔分数)	2.71	1.92	94.7	0.55	96.62	3.26	0.08	0.01	0.01	
实验注入气组成,% (摩尔分数)	1.32	1.26	94.66	1.741	95.92	3.061	0.47	0.13	0.19	0.231

为了避免水敏效应,实验用地层水和注入水均为根据任 26 井(井段 3227.6~3253.2m)水样的分析数据,在室内自行配制的,其氯离子含量 2676mg/L,总矿化度为 9107mg/L,水型为

NaHCO$_3$ 型。

四、长岩心实验过程

实验温度为地层温度 120℃，实验压力为地层压力 25MPa。共进行了 11 组实验，包括 5 组注气速度敏感性实验、5 组采气速度敏感性实验和 1 组循环注采实验。每一种实验的具体过程如下：

(1)首先按岩心排列顺序装好岩心，对岩心系统抽空，随后注地层水饱和岩心，饱和时间的长短视饱和体积和孔隙体积的差值确定，在实验温度和压力条件下稳定一段时间，使岩心得到充分饱和后，记下饱和量。

(2)用脱气死油驱替岩心中的水，直到不出水为止，稳定一夜，继续驱，直到不出水，记录驱出水量，计算束缚水饱和度和含油饱和度。

(3)用配制的油样驱替岩心中的死油，直到入、出口端原油气油比一致，稳定一夜后，再驱替，达到入、出口端原油气油比一致。到此完成原始状态的恢复过程。

(4)接着在地层温度进行设计的 11 组实验。

①注气速度敏感性实验。以 6.25mL/h 的速度在岩心低部位注水，当产出液体含水大于 98% 时，停止注水驱油。调整注采端，转为气驱，在岩心高部位注入天然气，注气速度分别为 0.818mL/h、1.25mL/h、3.125mL/h、6.25mL/h、12.5mL/h，当注入 1.20 倍烃体积天然气后，停止注气。实验中记录好驱替时间、泵读数、注入压力、注入速度、环压和回压，监测采出气油比、分离出的油量、气量和水量，并取油、气样做色谱分析。

②采气速度敏感性实验。以 6.25mL/h 的速度在岩心低部位注水，当产出液体含水大于 98% 时，停止注水驱油。调整注采端，转为气驱，以 12.5mL/h 的速度在岩心高部位注入天然气，当注入 1.20 倍烃体积天然气后，停止注气。调整注采端，分别以 0.818mL/h、1.25mL/h、3.125mL/h、6.25mL/h、12.5mL/h 的速度在岩心低部位注水，当不产气后，停止注水。实验中记录好驱替时间、泵读数、注入压力、注入速度、环压和回压，监测采出气油比、分离出的油量、气量和水量，并取油、气样做色谱分析。

③循环注采实验。以 6.25mL/h 的速度在岩心低部位注水，当产出液体含水大于 98% 时，停止注水驱油。调整注采端，进行第一次顶部注气建立储气库，以 12.5mL/h 的速度在岩心高部位注入天然气，同时在岩心低部位采油。当注入 1.20 倍烃体积天然气后停止采油，继续注气到压力 32MPa，然后停止注气。岩心低部位连接 50 倍孔隙体积的水体(水体压力为 32MPa)，模拟高部位注气低部位采油，进行 6 个周期的循环注采，工作压力为 25～32MPa(注气达最高压力 32MPa，采气到最低压力 25MPa)，第一次注气后按 40%～50% 工作气量考虑储气库运行。以 5MPa/h 的速度衰竭，当采出 40%～50% 的气量后，停止采气。第一次采气结束后，关闭岩心出口阀(回压阀前阀门)，以 12.5mL/h 的速度在岩心高部位注入天然气，当注气达到压力为 32MPa 时，停止注气。以 5MPa/h 的速度衰竭采气，当压力衰竭至 25MPa 时，停止采气。如此完成 6 个周期的循环。实验中记录好驱替时间、泵读数、注入压力、注入速度、环压和回压，监测采出气油比、分离出的油量、气量和水量，并取油、气样做色谱分析。

(5)每组实验结束后清洗岩心：先用石油醚和无水酒精清洗岩心，接着用氮气吹，并烘干岩心系统，然后重复(1)至(3)步骤，形成原始状态后，进行下一组实验。

岩心饱和地层水和地层原油的有关参数见表 10－5。

表 10-5 11 组试验中岩心饱和地层水和油参数(地下体积)

实验序号	驱替方式	饱和水,mL	饱和油,mL	束缚水饱和度,%
1	注气速度 3.125mL/h	24.47	17.45	30.40
2	注气速度 12.5mL/h	24.37	16.61	31.85
3	注气速度 1.25mL/h	24.21	16.46	32.01
4	注气速度 6.25mL/h	23.98	16.39	31.66
5	注气速度 0.818mL/h	23.94	16.38	31.61
6	采气速度 12.5mL/h	23.24	15.73	32.32
7	采气速度 0.818mL/h	22.88	15.72	31.28
8	采气速度 6.25mL/h	23.14	16.63	28.12
9	采气速度 1.25mL/h	23.09	15.53	32.73
10	采气速度 3.125mL/h	23.09	16.37	29.11
11	循环注采	23.06	15.61	32.31

由表 10-5 可见,前面几组实验饱和的地层水量呈下降趋势,后面几组实验地层水量基本相同。这主要是由于长岩心是用地层实际岩心经过人工造缝后得到的,实验过程中有一定的应力敏感效应。同时 11 组试验建立的束缚水饱和度为 28.12% ~ 33.68%,平均为 31.22%。

五、长岩心不同注气与采气速度实验研究

分别进行了 5 组注气速度敏感性实验和 5 组采气速度敏感性实验。10 组实验均是先进行底部水驱,当含水大于 98% 时才进行顶部气驱。水驱速度均为 6.25mL/h。

(一)水驱实验对比

10 组实验中水驱部分的数据见表 10-6。

由表 10-6 可以看出,10 组实验水驱突破时间较相近,孔隙体积在 0.27 ~ 0.42PV,烃孔隙体积在 0.40 ~ 0.59HCPV,其采收率在 45.06% ~ 45.87%;注水 1.77 ~ 1.98HCPV 时的采收率在 49.59% ~ 49.96%。说明实验结果是正确的,重复性较好。

表 10-6 实验中水驱部分的实验数据对比

实验顺序	驱替方式		水突破时			水驱结束时		
			孔隙体积 PV	烃孔隙体积 HCPV	采收率 %	孔隙体积 PV	烃孔隙体积 HCPV	采收率 %
1	注气速度 mL/h	3.125	0.29 ~ 0.39	0.41 ~ 0.54	45.16	1.26	1.77	49.65
2		12.5	0.27 ~ 0.38	0.40 ~ 0.55	45.20	1.26	1.85	49.87
3		1.25	0.27 ~ 0.37	0.40 ~ 0.55	45.06	1.27	1.87	49.92
4		6.25	0.28 ~ 0.39	0.41 ~ 0.57	45.57	1.28	1.88	49.59
5		0.818	0.27 ~ 0.38	0.40 ~ 0.56	45.19	1.28	1.88	49.90

续表

实验顺序	驱替方式		水突破时			水驱结束时		
			孔隙体积 PV	烃孔隙体积 HCPV	采收率 %	孔隙体积 PV	烃孔隙体积 HCPV	采收率 %
6	采气速度 mL/h	12.5	0.27~0.39	0.40~0.57	45.06	1.32	1.95	49.76
7		0.818	0.28~0.39	0.41~0.57	45.23	1.30	1.90	49.94
8		6.25	0.30~0.42	0.41~0.59	45.87	1.33	1.85	49.94
9		1.25	0.30~0.39	0.44~0.58	45.66	1.33	1.98	49.92
10		3.125	0.31~0.42	0.43~0.59	45.72	1.33	1.88	49.96

（二）注气速度敏感性实验研究

在建立束缚水后,在回压25MPa的条件下由底部向上进行水驱,水驱速度6.25mL/h,水驱结束后,进行顶部注气研究,分别按0.818mL/h、1.25mL/h、3.125mL/h、6.25mL/h、12.5mL/h的速度对长岩心进行了注气实验。实验结果见表10-7和表10-8及图10-2至图10-13。

表10-7 不同注气速度实验数据汇总

注气速度 mL/h	气突破时		驱替结束				
	孔隙体积 PV	烃孔隙体积 HCPV	孔隙体积 PV	烃孔隙体积 HCPV	气驱采液量 mL	气驱采液程度 %	采收率增加 %
0.818	0.23~0.31	0.33~0.45	1.29	1.87	6.29	26.26	20.09
1.25	0.17~0.26	0.25~0.38	1.27	1.86	6.00	24.80	18.13
3.125	0.15~0.26	0.21~0.36	1.26	1.76	5.29	21.60	16.59
6.25	0.18~0.28	0.26~0.40	1.28	1.87	5.63	23.47	18.30
12.5	0.22~0.32	0.33~0.46	1.27	1.86	6.72	27.57	23.24

表10-8 不同注气速度溶解气损失量

注气速度 mL/h	库容 %	最大溶解气损失量,%	最小溶解气损失量,%	平均溶解气损失量,%
0.818	26.26	31.21	12.51	21.86
1.25	24.80	31.10	11.26	21.18
3.125	21.60	33.08	10.90	21.99
6.25	23.47	30.66	11.13	20.89
12.5	27.57	30.29	14.05	22.17

注:最大表示水驱剩余油全部参与溶解;最小表示只有气驱采出油量参与溶解。

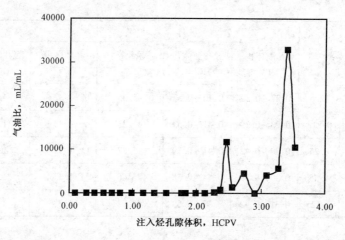

图 10-2　水驱后注气(注气速度 3.125mL/h)气油比变化

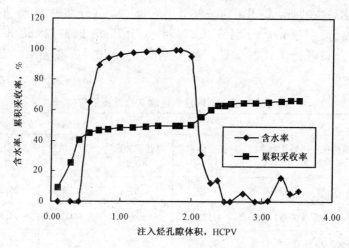

图 10-3　水驱后注气(注气速度 3.125mL/h)驱油效率和含水率变化

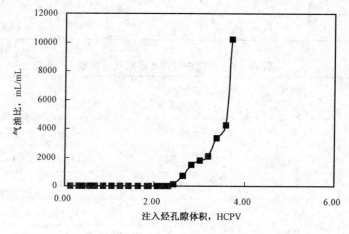

图 10-4　水驱后注气(注气速度 12.5mL/h)气油比变化

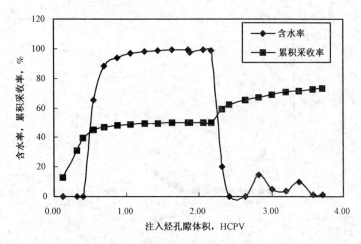

图 10-5 水驱后注气(注气速度 12.5mL/h)驱油效率和含水率变化

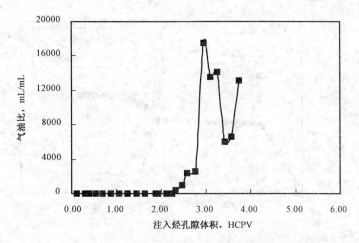

图 10-6 水驱后注气(注气速度 1.25mL/h)气油比变化

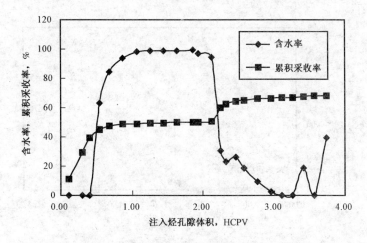

图 10-7 水驱后注气(注气速度 1.25mL/h)驱油效率和含水率变化

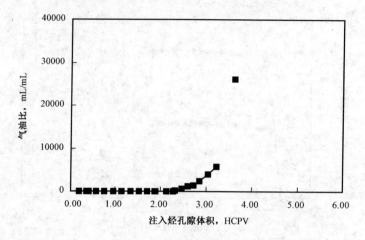

图 10 - 8 水驱后注气(注气速度 6.25mL/h)气油比变化

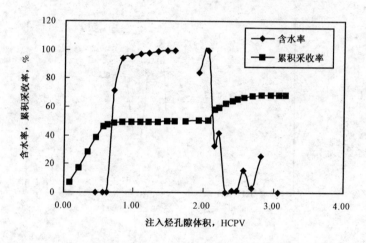

图 10 - 9 水驱后注气(注气速度 6.25mL/h)驱油效率和含水率变化

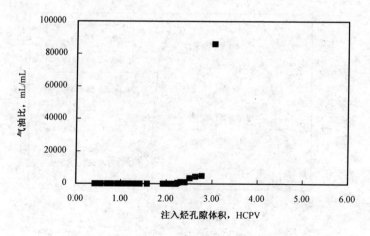

图 10 - 10 水驱后注气(注气速度 0.818mL/h)气油比变化

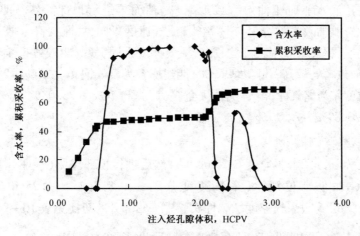

图 10 – 11 水驱后注气(注气速度 0.818mL/h)驱油效率和含水率变化

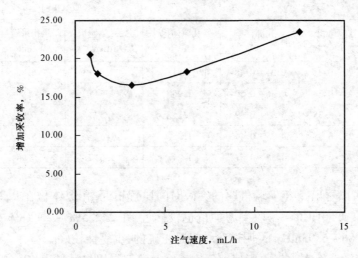

图 10 – 12 不同注气速度增加驱油效率对比

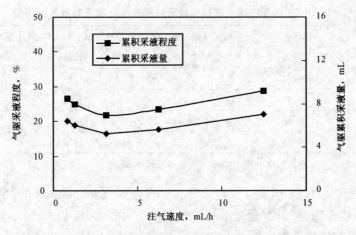

图 10 – 13 不同注气速度累积采液量(地下体积)和采液程度对比

结果表明:采用底水驱时驱油效率接近 50%,然而再进行顶部天然气驱可提高采收率 16%~24%,因此总驱油效率可达 65%~74%;注气速度不同,气驱提高采收率程度也不同,注气速度较高或较低提高采收率程度均较高;注气速度不同,气驱驱液效率也不一样,注气速度较高或较低驱液效率均较高;孔隙度 3.2%,能建库容为含气饱和度 21%~28%,即 0.672%~0.896% 的孔隙度作为储气库;溶解气损失量最大为 30.29%~33.08%,最小为 10.90%~14.05%,平均为 20.89%~22.17%。

(三)采气速度敏感性实验研究

实验先进行底部水驱(水驱速度 6.25mL/h),然后进行顶部气驱(气驱速度 12.5mL/h),最后从高部位采气,低部位注水,采气速度分别为 0.818mL/h、1.25mL/h、3.125mL/h、6.25mL/h、12.5mL/h。5 组采气速度敏感性实验中气驱部分的对比见表 10-9。

表 10-9　5 组采气速度敏感实验气驱部分数据对比

采气速度 mL/h	气突破时		气驱结束时			
	孔隙体积 PV	烃孔隙体积 HCPV	孔隙体积 PV	烃孔隙体积 HCPV	累积采液量 mL	采收率增加 %
0.818	0.22~0.34	0.31~0.48	1.31	1.90	6.86	22.68
1.25	0.25~0.34	0.36~0.50	1.25	1.64	6.89	23.01
3.125	0.26~0.35	0.37~0.49	1.25	1.59	6.91	22.70
6.25	0.25~0.34	0.35~0.47	1.25	1.57	6.93	23.18
12.5	0.24~0.32	0.35~0.47	1.24	1.63	6.96	22.25

由表 10-9 可以看出,5 组实验气驱的突破时间比较相近,孔隙体积在 0.22~0.35PV,烃孔隙体积在 0.31~0.50HCPV;采收率增加量也较接近,在 22.25%~23.18%;地下累积采液量也较接近,在 6.86~6.93mL。说明试验结果是正确的,重复性较好。

5 组采气速度敏感性实验气驱所建储气库库容及溶解气损失量见表 10-10。

表 10-10　5 组采气速度敏感实验所建储气库库容及溶解气损失量

采气速度,mL/h	库容,%	最大溶解气损失量,%	最小溶解气损失量,%	平均溶解气损失量,%
0.818	29.96	28.13	12.74	20.44
1.25	29.85	27.78	12.65	20.22
3.125	29.93	28.92	13.12	21.02
6.25	29.96	29.43	13.52	21.48
12.5	29.96	27.73	12.28	20.00

注:最大表示水驱剩余油全部参与溶解;最小表示只有气驱采出油量参与溶解。

由表 10-10 可以看出,5 组实验能建储气库库容为 29.85%~29.96%,平均为 29.93%,即 0.958% 的孔隙度作为储气库;最大溶解气损失量平均值为 28.40%,最小溶解气损失量平均值为 12.86%,平均溶解气损失量为 20.89%~22.17%,平均值为 20.63%。

5 组采气速度敏感性实验的结果见表 10-11 及图 10-14~图 10-29。

表10-11　5组不同采气速度试验数据汇总

采气速度 mL/h	水突破时		采气结束时				
	孔隙体积 PV	烃孔隙体积 HCPV	孔隙体积 PV	烃孔隙体积 HCPV	累积采气量 mL	采收率增加 %	采气程度 %
0.818	0.25 ~ 0.33	0.36 ~ 0.48	0.91	1.32	2109	2.89	41.10
1.25	0.21 ~ 0.29	0.27 ~ 0.44	0.93	1.39	2230	2.80	47.90
3.125	0.19 ~ 0.32	0.27 ~ 0.46	0.93	1.32	2308	2.68	53.42
6.25	0.21 ~ 0.33	0.30 ~ 0.45	0.93	1.30	2881	3.61	59.20
12.5	0.26 ~ 0.35	0.39 ~ 0.52	0.93	1.38	2509	3.20	68.02

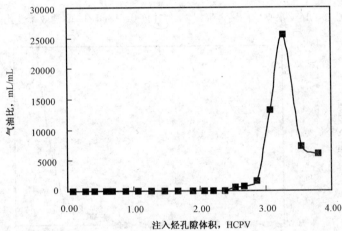

图10-14　水驱后注气再采气(采气速度0.818mL/h)气油比变化

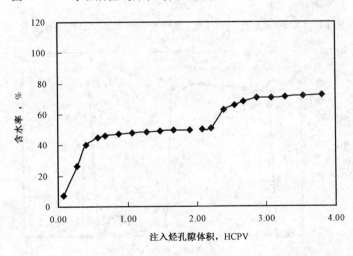

图10-15　水驱后注气再采气(采气速度0.818mL/h)含水率变化

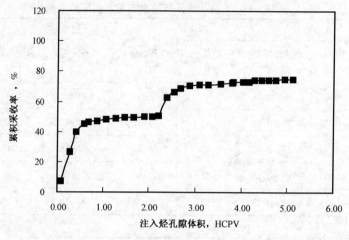

图 10 - 16　水驱后注气再采气(采气速度 0.818mL/h)驱油效率变化

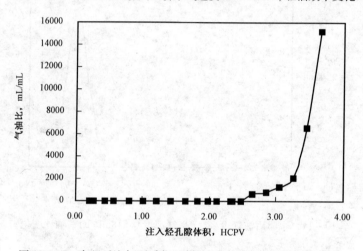

图 10 - 17　水驱后注气再采气(采气速度 1.25mL/h)气油比变化

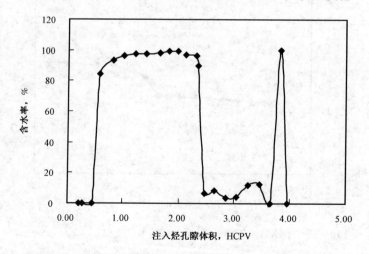

图 10 - 18　水驱后注气再采气(采气速度 1.25mL/h)含水率变化

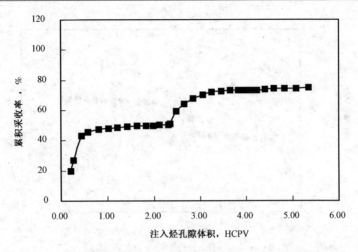

图 10 - 19　水驱后注气再采气(采气速度 1.25mL/h)驱油效率变化

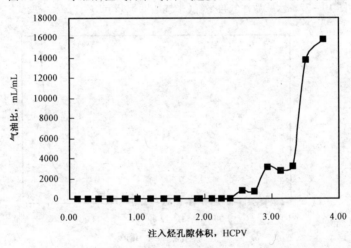

图 10 - 20　水驱后注气再采气(采气速度 3.125mL/h)气油比变化

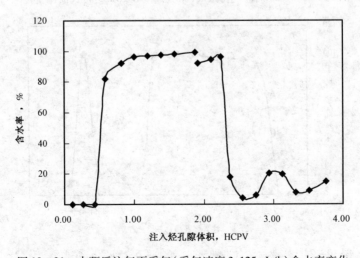

图 10 - 21　水驱后注气再采气(采气速度 3.125mL/h)含水率变化

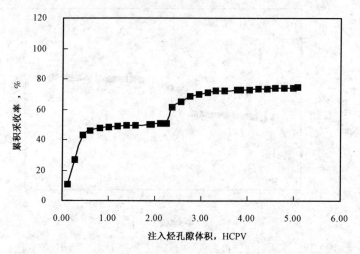

图 10 - 22　水驱后注气再采气(采气速度 3.125mL/h)含水率变化

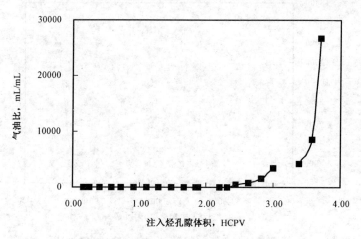

图 10 - 23　水驱后注气再采气(采气速度 6.25mL/h)气油比变化

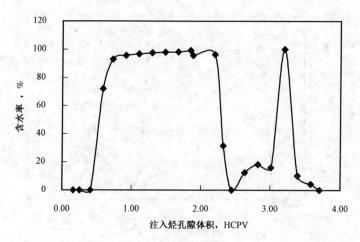

图 10 - 24　水驱后注气再采气(采气速度 6.25mL/h)含水率变化

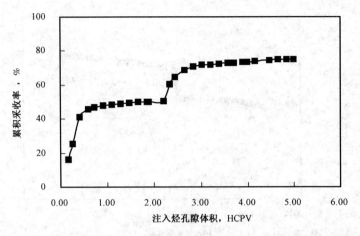

图 10-25 水驱后注气再采气(采气速度 6.25mL/h)驱油效率变化

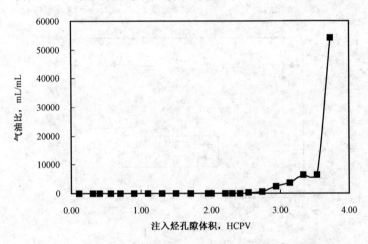

图 10-26 水驱后注气再采气(采气速度 12.5mL/h)气油比变化

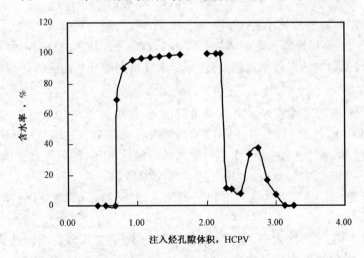

图 10-27 水驱后注气再采气(采气速度 12.5mL/h)含水率变化

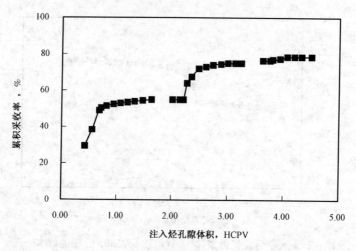

图 10-28　水驱后注气再采气(采气速度 12.5mL/h)驱油效率变化

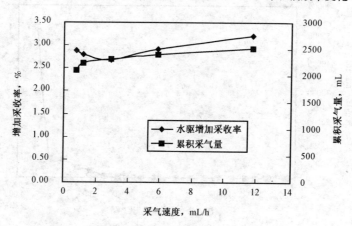

图 10-29　不同采气速度累积采气量和增加的采收率

结果表明:底水驱时驱油效率为 49.76%~49.96%,再进行顶部天然气驱可提高采收率 22.25%~23.18%,最后再底部水驱可增加采收率 1.77%~2.18%,总驱油效率为 75% 左右;采气速度较高或较低增加的采收率均较高,而累积采气量则随采气速度的升高而升高。

(四)实验研究结论

(1)10 组实验水驱重复性较好。突破时间较相近,孔隙体积在 0.27~0.42PV,烃孔隙体积在 0.40~0.59HCPV,注水 1.77~1.98HCPV 时的采收率在 49.59%~49.96%。

(2)在注气速度敏感性实验中,底水驱时驱油效率接近 50%,然后再进行顶部天然气驱可提高采收率 16%~24%,因此总驱油效率可达 65%~74%。

(3)孔隙度 3.2%,能建库容为含气饱和度 21%~28%,即 0.672%~0.896% 的孔隙度作为储气库。

(4)注气速度不同,气驱液效率、增加的驱油效率均不同,速度较高或较低驱液效率、增加的驱油效率较大。溶解气损失量最大在 30.29%~33.08%,最小在 10.90%~14.05%,平均为 20.89%~22.17%。

(5)5 组采气速度敏感性实验中,气驱重复性较好。气体突破时间比较相近,孔隙体积在 0.22 ~ 0.35PV,烃孔隙体积在 0.31 ~ 0.50HCPV;采收率增加量也较接近,在 22.25% ~ 23.18%;同时气驱地下累积采液量也较接近,在 6.86 ~ 6.96mL。

(6)5 组采气速度敏感性实验能建储气库库容为 29.85% ~ 29.96%,平均为 29.93%,即 0.958% 的孔隙度作为储气库;最大溶解气损失量平均值为 28.40%,最小溶解气损失量平均值为 12.86%,平均溶解气损失量为 20.89% ~ 22.17%,平均值为 20.63%。

(7)在采气速度敏感性实验中,底水驱时驱油效率为 49.76% ~ 49.96%,再进行顶部天然气驱可提高采收率 22.25% ~ 23.18%,最后再底部水驱可增加 1.77% ~ 2.18%,总驱油效率为 75% 左右。

六、长岩心循环注采物理实验研究

采用长岩心实验,在地层倾角 75° 的条件下建立束缚水及高含水油藏的目前条件,采用顶部循环注采的方法来研究储气库周期的注采过程。

建立束缚水后,在回压 25MPa 的条件下由底部向上进行水驱,水驱速度 6.25mL/h,水驱结束后,进行第一次顶部注气建立储气库,注气速度 12.5mL/h,同时低部位采油,采油结束后,设计 50 倍水体于底部位,模拟高部位注气低部位采油,进行了 6 个周期的循环注采,工作压力为 25 ~ 32MPa(注气达最高压力 32MPa,采气到最低压力 25MPa),第一次注气后按 40% ~ 50% 工作气量考虑储气库运行。实验结果见表 10 - 12 和表 10 - 13 及图 10 - 30 ~ 图 10 - 32。

表 10 - 12　循环注采实验数据　　　　单位:mL

注采周期	注入气量	采出气量	采出油量	采出水量
1	1864	1750	0.2043	0
2	2008	1902	0.2527	0.0562
3	2155	2062	0	0
4	2233	2153	0.0045	0
5	2278	2217	0	0
6	2289	2237	0	0

表 10 - 13　循环注采采出气组成数据　　　单位:%(摩尔分数)

组分	原油单脱	注入气	第1周期	第2周期	第3周期	第4周期	第5周期	第6周期
N_2	11.99	1.26	1.60	0.71	1.24	0.72	0.93	0.62
CO_2	8.52	1.32	1.54	1.58	1.60	1.58	1.57	1.61
C_1	69.97	94.66	92.65	93.51	93.03	93.57	93.39	93.60
C_2	3.36	1.74	3.22	3.28	3.24	3.26	3.26	3.28
C_3	3.64	0.47	0.49	0.50	0.49	0.49	0.46	0.50
iC_4	0.56	0.13	0.08	0.08	0.08	0.08	0.08	0.08
nC_4	1.07	0.19	0.08	0.08	0.08	0.08	0.08	0.08
iC_5	0.28	0.23	0.04	0.04	0.04	0.04	0.04	0.04
nC_5	0.24	—	0.02	0.02	0.02	0.02	0.02	0.02

续表

组分	原油单脱	注入气	第1周期	第2周期	第3周期	第4周期	第5周期	第6周期
C_6	0.20	—	0.09	0.07	0.05	0.05	0.05	0.06
C_7	0.10	—	0.09	0.06	0.06	0.05	0.06	0.06
C_8	0.05	—	0.06	0.04	0.05	0.03	0.04	0.04
C_9	0.01	—	0.03	0.03	0.01	0.01	0.00	0.00

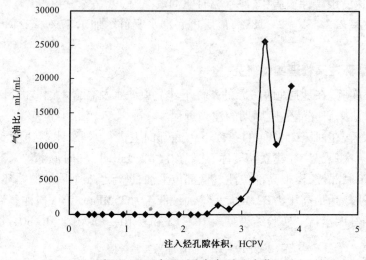

图 10-30　水驱后注气气油比变化

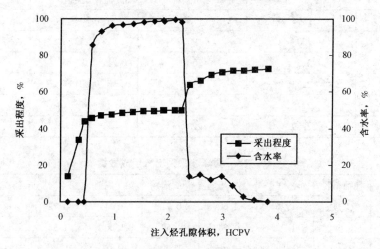

图 10-31　水驱后注气驱油效率和含水率变化

可以得出以下认识：

（1）在注采循环过程中，采用底水驱时驱油效率为 49.87%，再进行顶部天然气驱可提高采收率 22.64%，第一次顶部注气建立储气库库容为 29.93%。

（2）在注采循环过程中，注入气量和采出气量均随注采周期的增加而增加，但增加速度随注采周期的增加逐渐减小。

（3）在注采循环过程中，采出分离器气组成变化不大。

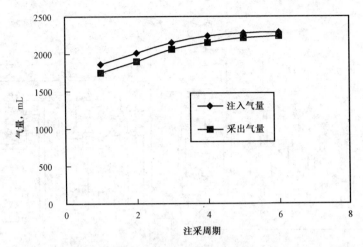

图10-32　不同注采周期注气量和采气量的变化

由于长岩心实验存在以下问题:(1)岩心长,实验过程复杂(一个实验含有油驱水、水驱油、气驱油、水驱气等过程),保证重复性有困难;(2)围压及系统压力高,每做一次实验岩心会造成应力敏感变化,因此渗透率及孔隙度均下降一次;(3)长岩心死体积较大,可能会使结果产生一定误差;(4)实验注入速度过大,比地层气水界面运动的速度大得多。

因此,长岩心实验中未得到库容与注采速度间的明显规律,为了克服这些影响,增加短岩心注气实验来找出其间的规律性。

第二节　短岩心注采速度实验研究

短岩心实验采用常温低压,相比长岩心实验有所改进的地方如下:(1)实验中改为微量泵,保证界面移动速度在生产实验范围以内;(2)采用不带围压的岩心夹持器,实验采用低压,保证每次实验岩心物性不变(或变化甚微);(3)实验流体采用氮气和煤油,排除了饱和压力的影响;(4)采用常温和低压,便于测量实验结果及保证测试精度,操作方便;(5)实验过程,先按油驱水、水驱油、气驱油、水驱气等过程进行,倾角仍考虑为75°。

一、实验流程

主要采用的美国岩心公司出品的油水相对渗透率仪流程和WHB-Ⅱ型微量恒速泵。流程的温度是150℃,最高压力为10000psi;WHB-Ⅱ型微量恒速泵泵速0.005~90mL/h,最大工作压力40MPa,压力分辨率0.01MPa;体积计量精度0.001mL;量筒刻度分辨度0.05mL,电子天平计量分辨度0.0001g。实验测试流程见图10-33。

二、样品的制备

(一)岩心样品

取地层实际岩心,岩心选择原则按2%孔隙度(但不能保证渗透率为几毫达西)基质而造缝后变为3%孔隙度,同时保证在低围压下渗透率为2D左右。如果孔渗不能同时满足则以照顾孔隙度为准。选取岩心编号20-12/18,在造缝前进行孔渗测试,得到造裂缝前岩心孔隙度

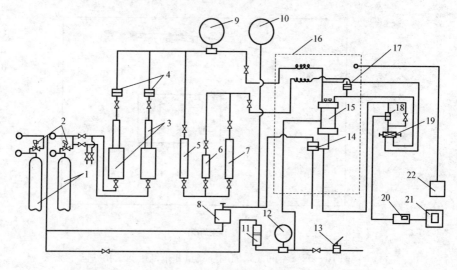

图 10 - 33　实验测试流程

1—氮气瓶;2—压力调节器;3—高压倍增器;4—水过滤器;5—模拟油罐;

6—地层油罐;7—水银罐;8—回压倍增器;9—上流压力表;10—下流压力表;

11—缓冲罐;12—覆压表;13—手摇泵;14—回压阀;15—岩心夹持器;

16—保温箱;17—油过滤器;18—压力传感器;19—三通阀;20—数字显示器;

21—纸带记录仪;22—控温仪

2.30%,岩心渗透率 0.0352mD;然后再进行网状缝造缝,造网状裂缝后岩心孔隙度 3.85%,岩心渗透率 454.7mD。

(二)流体样品

实验用油:煤油。

实验用水:总矿化度为 9107mg/L,按标准盐水配制。

实验用气:氮气。

实验条件:室温微压。

(三)实验内容

1. 注气速度敏感性实验(7 组)

岩心倾角 75°。低压抽空饱和地层水,以 0.818mL/h 的注入速度进行油驱水建立束缚水,水驱油建立剩余油,然后采用 0.005mL/h、0.01mL/h、0.05mL/h、0.1mL/h、0.818mL/h、6.25mL/h、12.5mL/h 的注入速度进行氮气驱建立储气库实验,从而研究不同速度下的建库库容大小。

2. 采气速度敏感性研究(7 组)

岩心倾角 75°。低压抽空饱和地层水,以 0.818mL/h 的注入速度进行油驱水建立束缚水,水驱油建立剩余油,然后在注气速度优化的基础上,采用 0.1mL/h 注入速度进行氮气驱,再分别采用 7 个速度进行采气,从高部位采气,低部位注水,注水速度选择 0.005mL/h、0.01mL/h、0.05mL/h、0.1mL/h、0.818mL/h、6.25mL/h、12.5mL/h,研究对比不同采气速度时的最终采气量,直到完全水淹,为采气速度的选择提供参考。

三、注气速度敏感性实验研究

7 组注气速度敏感性实验结果见表 10 - 14、图 10 - 34 和图 10 - 35。

表 10 - 14 7 组注气速度敏感性实验结果

注气速度 mL/h	饱和水量 mL	油驱出水量 mL	水驱出油量 mL	气驱出液量 mL	束缚水饱和 度,%	残余油饱和 度,%	气驱液 效率,%	最终驱油 效率,%
0.005	0.563	0.48	0.3	0.15	14.73	31.97	26.64	53.30
0.01	0.559	0.49	0.3	0.16	12.32	34.00	28.62	53.68
0.05	0.560	0.48	0.3	0.18	14.24	32.16	32.14	53.60
0.1	0.557	0.48	0.3	0.19	13.77	32.34	34.11	53.89
0.818	0.563	0.48	0.3	0.21	14.69	31.99	37.30	53.32
6.25	0.558	0.48	0.3	0.21	14.03	32.24	37.63	53.73
12.5	0.561	0.48	0.3	0.21	14.48	32.07	37.43	53.45

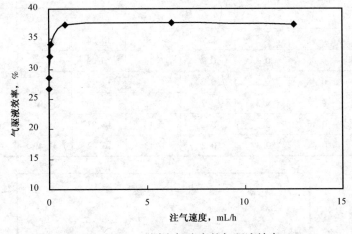

图 10 - 34 不同注气速度的气驱液效率

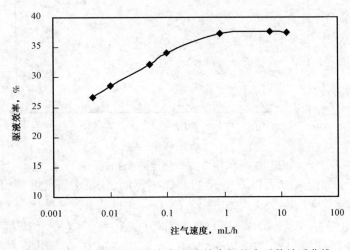

图 10 - 35 不同注气速度与气驱液效率间的半对数关系曲线

由表10-14、图10-34和图10-35可以看出,7组实验水驱油重复性较好,除了第二组实验水驱油程度为61.2%之外,其余6组均为62.5%。气驱液效率实际反映了储气库建库库容大小,因此随注气速度由 0.005mL/h、0.01mL/h、0.05mL/h、0.1mL/h、0.818mL/h、6.25~12.5mL/h的增加,储气库库容呈对数增长,开始储气库库容增加较快,由0.005mL/h时的22.64%增加到0.818mL/h时的37.3%,但当注气速度增加到0.818mL/h以后,继续增加注气速度,储气库库容几乎不再增加,甚至稍微有所降低。也就是说孔隙度3.85%,能建库容为含气饱和度37%左右,即1.42%的孔隙度作为储气库。

四、采气速度敏感性实验研究

7组采气速度敏感性实验结果见表10-15及图10-36。

表10-15 7组采气速度敏感性实验结果

采气速度 mL/h	饱和水量 mL	油驱出水量 mL	水驱出油量 mL	气驱出液量 mL	水驱出气量 mL	束缚水饱和度 %	残余油饱和度 %	水驱气效率 %	最终驱油效率 %
0.005	0.562	0.48	0.3	0.2	0.15	14.58	32.03	75	53.39
0.01	0.568	0.48	0.3	0.2	0.16	15.56	31.67	75	52.77
0.05	0.572	0.48	0.3	0.2	0.15	16.09	31.47	75	52.44
0.1	0.566	0.48	0.3	0.2	0.15	15.19	31.80	75	53.01
0.818	0.569	0.48	0.3	0.2	0.15	15.70	31.61	75	52.69
6.25	0.572	0.48	0.3	0.2	0.14	16.03	31.49	70	52.48
12.5	0.572	0.48	0.3	0.2	0.13	16.02	31.49	65	52.49

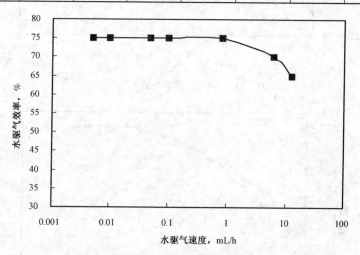

图10-36 不同采气速度的水驱气效率

由表10-15和图10-36可以看出,7组实验水驱油、气驱水重复性都很好,水驱油程度均为62.5%,气驱液效率均在35%左右,平均35.17%。也就是说孔隙度3.85%,能建库容为含气饱和度35%左右,即1.35%的孔隙度作为储气库。随采气速度由 0.005mL/h、0.01mL/h、0.05mL/h、0.1mL/h、0.818mL/h、6.25~12.5mL/h 的增加,在采气速度低于

0.818mL/h 时,水驱气效率基本保持不变为75%,当注气速度超过0.818mL/h以后,继续增加采气速度,此时水驱气效率开始出现下降趋势。也就是当采气速度增加到一定程度时,采气速度越高,则水驱气效率越低,这与常规认识是一致的。

五、实验研究结论

(1)7 组注气速度(0.005mL/h、0.01mL/h、0.05mL/h、0.1mL/h、0.818mL/h、6.25mL/h、12.5mL/h)敏感性实验的水驱油重复性较好,除了注气速度为0.01mL/h时水驱油程度为61.2%外,其余6组均为62.5%。

(2)随注气速度由0.005mL/h、0.01mL/h、0.05mL/h、0.1mL/h、0.818mL/h、6.25~12.5mL/h 的增加,储气库库容呈对数增长,开始储气库库容增加较快,由0.005mL/h时的26.64%增加到0.818mL/h时的37.3%,但当注气速度增加到0.818mL/h以后,继续增加注气速度,储气库库容几乎不再增加,甚至稍微有所降低。也就是说孔隙度3.85%,能建库容为含气饱和度37%左右,即1.42%的孔隙度作为储气库。

(3)7 组采气速度(0.005mL/h、0.01mL/h、0.05mL/h、0.1mL/h、0.818mL/h、6.25mL/h、12.5mL/h)敏感性实验的水驱油、气驱水重复性都很好,水驱油程度均为62.5%,气驱液效率均在35%左右,平均35.17%。也就是说孔隙度3.85%,能建库容为含气饱和度35%左右,即1.35%的孔隙度作为储气库。

(4)随采气速度由0.005mL/h、0.01mL/h、0.05mL/h、0.1mL/h、0.818mL/h、6.25~12.5mL/h 的增加,在采气速度低于0.818mL/h时,水驱气效率基本保持不变为75%,当注气速度超过0.818mL/h以后,继续增加采气速度,此时水驱气效率开始出现下降趋势。也就是当采气速度增加到一定程度时,采气速度越高,水驱气效率越低,与常规认识是一致的。

第三节　注采井组模拟机理敏感性模拟研究

针对裂缝性高含水油藏改建储气库,本节应用数值模拟的方法,对任11潜山油藏某井组模型改建储气库的机理:如改建储气库的库容、注气方式、注气速度、储气库运行周期、工作气与气垫气等进行了研究。

一、井组模型改建地下储气库库容分析

对于井组模型改建地下储气库库容模拟的条件为:

(1)在井组模型历史拟合的基础上,运用数值模拟方法预测井组模型改建地下储气库的库容,并且考虑排液和不排液两种情况;(2)预测时间从2006年3月31日开始,原有的生产井关井,新钻1口注气井注气,建库后钻两口采气井,注气时间为每年3月31日至10月31日,共注215d;(3)进行排液分析时,腰部两口老井对原射孔层位进行封堵,并加深,排液量为200m³/d,最小井底流压为18MPa,进行排液降压,气液比大于200m³/m³ 关井;(4)为了保证储气库运行安全,注气后,油水界面或油藏压力均不能超过原始油水界面或原始油藏压力;(5)注气井注气速度保持$20 \times 10^4 m^3/d$。

(一)考虑排液和不考虑排液分析

在考虑排液与不排液的情况下,黑油模型模拟计算井组模型库容预测计算结果见表

10 – 16和图 10 – 37 ~ 图 10 – 44。

表 10 – 16　井组模型库容计算统计

时间 a	排液						不排液		
	累积 产水量 m³	累积 产油量 t	累积 产气量 10⁴m³	储气库 压力 MPa	自由 气量 10⁸m³	溶解 气量 10⁸m³	储气库 压力 MPa	自由 气量 10⁸m³	溶解 气量 10⁸m³
1	11. 11	0.48	195. 15	23.82	0.26	0.38	23.96	0.28	0.3799
2	25. 61	0.57	374.29	24.16	0.59	0.45	24.51	0.62	0.4638
3	40. 21	0.60	375.46	24.65	0.95	0.53	25.20	0.98	0.5390
4	54. 74	0.66	379.08	25.55	1. 31	0.60	26.27	1. 34	0.6075
5	68. 38	1.51	784.58	26.08	1. 66	0.63	27.13	1. 71	0.6641
6	81. 84	2.51	1535.96	26.44	1. 99	0.66	27.87	2. 09	0.7100
7	92. 57	3. 93	2043.49	27.07	2. 35	0.68	28.65	2. 48	0.7497
8	92. 67	4. 29	2064.59	27.77	2. 73	0.72	29.26	2. 88	0.7863
9	92. 72	4. 73	2089.46	28.28	3. 12	0.76	29.72	3. 27	0.8265
10	92. 74	5. 21	2119.10	28.75	3. 54	0.84	30.17	3. 69	0.9052

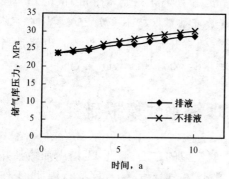

图 10 – 37　排液与不排液储气库压力对比图

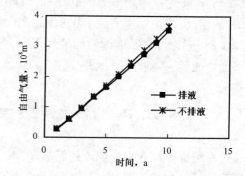

图 10 – 38　排液与不排液储气库自由气量对比图

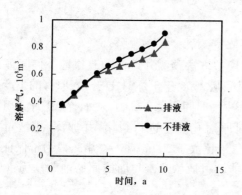

图 10 – 39　排液与不排液储气库溶解气量对比图

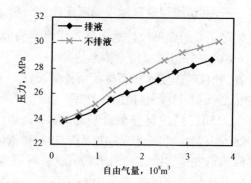

图 10 – 40　排液与不排液储气库
自由气量与储气库压力关系图

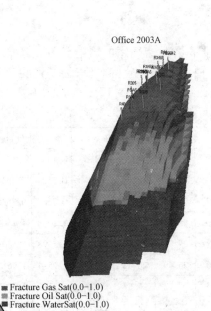

图 10 - 41　注气 7 年末裂缝内油气水分布图　　　　图 10 - 42　注气 7 年末基质内油气水分布图
（排液）　　　　　　　　　　　　　　　　　　　（排液）

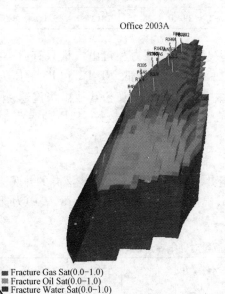

图 10 - 43　注气 7 年末裂缝内油气水分布图　　　　图 10 - 44　注气 7 年末基质内油气水分布图
（不排液）　　　　　　　　　　　　　　　　　　（不排液）

在注气 7 年末，油水界面达到或接近原始油水界面，计算排液情况下的自由气量为 $2.35 \times 10^8 m^3$，不排液情况下的自由气量为 $2.48 \times 10^8 m^3$。油藏压力为 27.07MPa，低于原始油藏压力。排液情况下，排液井产出一部分气体，使排液情况下的自由气量和溶解气量均低于不排液的情况，储气库压力低于不排液情况下的储气库压力。

（二）排液量敏感性分析

1. 定排液量

由前面分析可知，采用组分模型模拟分析排液量对储气库的影响较好。考虑排液量为 100m³/d（P1）、200m³/d（P2）和300m³/d（P3）三种情况进行分析对比，为了避免底水大量锥进，排液井的最低井底流压不低于18MPa。其对比结果见表10-17。

表10-17　不同排液量的对比

时间 a	累积采液量，10^4t			累积采油量，10^4t			油藏压力，MPa			自由气量，10^8m³		
	P1	P2	P3	P1	P2	P3	P1	P2	P3	P1	P2	P3
1	4.30	8.60	12.90	0.01	0.02	0.03	23.94	23.89	23.84	0.3524	0.3537	0.3553
2	11.60	23.19	34.79	0.03	0.05	0.07	24.40	24.26	24.13	0.7507	0.7536	0.7538
3	18.91	37.83	56.75	0.04	0.07	0.10	25.04	24.84	24.65	1.1488	1.1509	1.1575
4	26.19	52.39	78.60	0.22	0.34	0.48	25.90	25.61	25.33	1.5398	1.5408	1.5433
5	33.30	66.74	100.16	1.64	2.25	2.96	26.49	26.08	25.68	1.9564	1.9616	1.9668
6	40.22	80.69	121.22	4.47	7.01	9.16	27.12	26.58	26.09	2.3701	2.3797	2.3839
7	46.88	94.38	139.85	9.30	14.06	16.00	27.72	27.02	26.52	2.7896	2.7729	2.7651
8	53.33	105.18	147.63	14.45	19.27	27.12	28.25	27.56	27.12	3.2100	3.1762	3.1759
9	56.44	107.32	149.26	17.43	21.31	19.86	28.73	28.09	27.64	3.5949	3.5889	3.5913
10	56.84	108.02	150.36	17.82	21.99	20.92	29.40	28.75	28.27	4.0921	4.0843	4.0890

由表10-17可以看出，在不同排液量的情况下，油藏压力和自由气量只有微小的波动。在注气7年末，随排液量的增加累积产油量增加，但是压力降低，P1、P2和P3的压力分别为 27.72MPa、27.02MPa和26.52MPa。在任丘油藏中，任11井山头和其他山头连通，排液量不宜过大，避免影响其他山头正常生产，排液量在100~200m³/d较好，其原油采收率可提高 1.49%~2.38%。

2. 定排液井井底流压

在排液井定排液量之外，又考虑了排液井定井底流压的情况，设计排液井的井底流压分别为16MPa、18MPa、20MPa、22MPa、24MPa、26MPa，模拟计算结果见表10-18，表中为油水界面达到或接近原始油水界面时的模拟计算结果。

表10-18　不同井底排液量对储气库影响对比

井底压力 MPa	时间 a	累计采油 10^4t	累计产水 10^4m³	累计采气 10^6m³	油藏压力 MPa	采收率 %	注入气量 10^8m³	自由气量 10^8m³	溶解气量 10^8m³
16	5	16.0	697.8	8.34	19.0	2.56	2.15	1.92	0.35
18	5	12.2	573.1	5.85	20.4	1.95	2.15	1.94	0.35
20	6	15.5	447.9	8.33	22.2	2.48	2.58	2.32	0.38
22	6	12.3	316.1	7.01	23.7	1.97	2.58	2.33	0.38
24	7	15.35	185.5	10.02	25.7	2.45	3.01	2.50	0.61
26	7	0	0	0	28.4	0	3.01	2.74	0.47

由表 10 – 18 中可知,随井底压力的增加,油水界面达到原始油水界面的时间延长,并且注气量增加,采收率增加 1.95% ~ 2.56%,累计产水量随井底压力的增加而减少,储气库平均压力增加;但是排液井井底压力越低,油藏的平均压力下降越快,考虑到任 11 山头与其他山头连接,为了保证其他山头的正常生产,根据其他山头目前的压力情况,井组模型的排液压力取 24MPa 较好,即保证压力不会有太大的波动,同时采收率提高了 2.45%。排液井井底压力高于 24MPa 时注入压力比较困难,并且排液量减少,减少了原油的采出,排液井压力定到 26MPa 时,排液井不排液。定排液量与定排液井井底流压对储气库的影响见表 10 – 19。

表 10 – 19 定排液量与定排液井井底流压对储气库影响对比

方案	时间 a	累计采油 10^4t	累计产水 10^4m³	累计采气 10^6m³	油藏压力 MPa	采收率 %	注入气量 10^8m³	自由气量 10^8m³	溶解气量 10^8m³
24MPa	7	15.35	185.5	10.02	25.7	2.45	3.01	2.50	0.61
200m³/d	7	14.06	80.31	10.01	27.0	2.25	3.01	2.77	0.35

综合分析定排液量和定排液井井底流压进行排液分析,排液量为 200m³/d 和排液井井底流压为 24MPa 的效果相差不大。定井底流压,排液效果要好些,原油采收率多提高了 0.2%,但是储气库内的自由气量减少了 $0.27 × 10^8$m³。从储气库和实际排液井的控制方面考虑,排液井定排液量方式排液较好。

(三)基质储气量敏感性分析

在任 11 井山头,裂缝系统是气体的主要储集空间,基质系统渗透率的大小,影响到进入基质系统中的气体量,为了了解基质系统和裂缝系统自由气量和溶解气量发生的变化,因此主要采用黑油模型模拟计算基质系统渗透率变化对储气库影响。模拟计算选择的基质系统平均渗透率分别为 0.045mD(K – 1)、0.11mD(K – 2)、1.1mD(K – 3) 和 5.6mD(K – 4),模拟计算结果见表 10 – 20、图 10 – 45 和图 10 – 46。

表 10 – 20 不同基质渗透率情况下的参数对比

时间 a	累积产油量,10^4t				自由气量,10^8m³				溶解气量,10^8m³			
	K – 1	K – 2	K – 3	K – 4	K – 1	K – 2	K – 3	K – 4	K – 1	K – 2	K – 3	K – 4
1	0.48	0.48	0.50	0.55	0.26	0.25	0.25	0.23	0.38	0.38	0.38	0.40
2	0.57	0.57	0.59	0.71	0.59	0.59	0.58	0.50	0.45	0.46	0.48	0.55
3	0.60	0.60	0.63	0.86	0.95	0.94	0.91	0.75	0.53	0.54	0.57	0.73
4	0.66	0.68	0.82	1.78	1.31	1.30	1.25	1.00	0.60	0.61	0.67	0.91
5	1.51	1.56	1.95	3.93	1.66	1.65	1.57	1.26	0.63	0.65	0.73	1.03
6	2.51	2.60	3.45	7.53	1.99	1.97	1.87	1.52	0.66	0.67	0.79	1.15
7	3.93	4.00	5.19	10.75	2.35	2.33	2.20	1.80	0.68	0.71	0.86	1.28
8	4.29	4.37	5.59	11.16	2.73	2.72	2.55	2.09	0.72	0.75	0.94	1.42
9	4.73	4.81	6.04	11.60	3.12	3.10	2.88	2.37	0.76	0.79	1.03	1.56

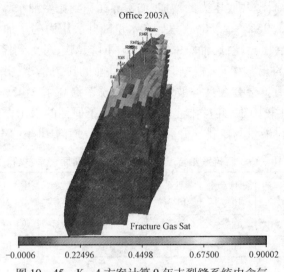

图 10 - 45 K - 4 方案计算 9 年末裂缝系统内含气
饱和度分布图

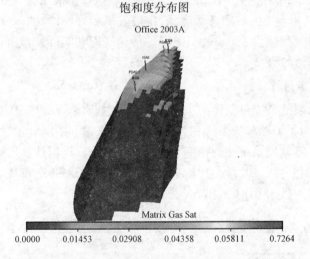

图 10 - 46 K - 4 方案计算 9 年末基质系统内的含气
饱和度分布图

由表 10 - 20、图 10 - 45 和图 10 - 46 可以看出,随基质渗透率的增加,进入到基质里面的气体增加,导致溶解气增加,自由气减少,溶解了气体的原油膨胀,通过排液井采出部分原油,使累积产油量增加;不同渗透率情况下,油藏压力变化在 1MPa 以内;随基质渗透率的增加,建库时间相应地延长。

二、气体扩散对建库的影响

在裂缝性油藏注气开发的过程中,裂缝内部、基岩内部以及裂缝与基岩之间,各种扩散无处不在,如注入气与地层原油之间的扩散,驱替前缘的气体与后缘注入气之间的扩散,同注入气发生传质后的原油与地层深处新鲜原油之间的扩散等;所有这些扩散中,裂缝注入气与基岩原油之间的扩散是提高基岩原油采出程度的主要机理之一。但在建库过程中,气体扩散是不可避免的,由于扩散导致溶解气增加,自由气减少,因此分析了气体扩散对建地下储气库的影响,如表10-21~表10-23所示。

表10-21 气体扩散对地下储气库建库的影响计算结果统计(黑油模型)

注气速度 $10^4 m^3$	气在气中扩散系数 $10^{-5} m^2/d$	气在油中扩散系数 $10^{-5} m^2/d$	累积注气量 $10^8 m^3$	自由气量 $10^8 m^3$	溶解气量 $10^8 m^3$	累积采气量 $10^4 m^3$	累积采油量 $10^4 t$	累积产水量 $10^4 m^3$	油藏压力 MPa
20	0	0	3.01	2.349	0.6832	0.20	3.93	92.6	27.1
20	50	0.5	3.01	2.347	0.6860	0.20	3.95	92.4	27.1
20	100	1.0	3.01	2.344	0.6899	0.19	3.93	92.2	27.1
20	150	1.5	3.01	2.343	0.6909	0.19	3.94	92.3	27.1
20	200	2.0	3.01	2.342	0.6913	0.20	3.98	92.4	27.1
20	250	2.5	3.01	2.336	0.6939	0.20	3.97	92.5	27.1
20	300	3.0	3.01	2.330	0.6946	0.20	3.94	92.4	27.1
20	500	5.0	3.01	2.317	0.7071	0.20	4.12	92.2	27.1
20	1000	10.0	3.01	2.315	0.7196	0.20	4.12	92.0	27.1

表10-22 气体扩散对地下储气库建库的影响计算结果统计(组分模型)

气在气中扩散系数 $10^{-5} m^2/d$	气在油中扩散系数 $10^{-5} m^2/d$	累积产水量 $10^4 t$	累积产油量 $10^4 t$	累积产气量 $10^4 m^3$	储气库压力 MPa	自由气量 $10^4 m^3$	气油界面 m	油水界面 m
0	0	80.31	14.06	1007.62	27.02	2.77	3309	3488
1000	10.0	80.34	14.04	952.45	27.07	2.76	3309	3488

表10-23 考虑扩散与不考虑扩散基质内气体对比(组分模型)

时间,a		1	2	3	4	5	6	7	8	9	10
基质内气体 $10^8 m^3$	无扩散	0.17	0.20	0.23	0.27	0.29	0.33	0.36	0.39	0.43	0.47
	扩散	0.18	0.20	0.23	0.28	0.31	0.36	0.40	0.44	0.48	0.53

根据文玉莲博士对扩散系数的估算,考虑了气体在气体和气体在原油中的扩散系数,计算了相近数量级的扩散系数对建地下储气库的影响,考虑统计气体扩散对自由气和溶解气的影响,用黑油模型和组分模型分别计算扩散对建地下储气库的影响。由表10-21~表10-23可以看出,随扩散系数的增加,地下储气库的库容减小,溶解气量增加5.3%,自由气量减少1.4%;但扩散对油藏压力、气油界面和油水界面基本上没有影响,并且扩散的气体量占总注气量的很小部分,扩散对建地下的储气库的影响较小,基本上可以忽略扩散对改建地下储气库的影响。

三、注气方式对建库的影响

在注气速度优选的基础上,考虑均匀注气速度和变注气速度情况下对储气库建库效果的影响。均匀注气为日注气速度 $20 \times 10^4 m^3$,变速注入速度为日注气速度分别为 $5 \times 10^4 m^3$、

$10 \times 10^4 \mathrm{m}^3$、$15 \times 10^4 \mathrm{m}^3$、$20 \times 10^4 \mathrm{m}^3$、$25 \times 10^4 \mathrm{m}^3$、$30 \times 10^4 \mathrm{m}^3$ 和 $35 \times 10^4 \mathrm{m}^3$，其对比见表 10 - 24。

表 10 - 24　不同注气方式对比

模型	注入方式	7 年末						
		气油界面 m	油水界面 m	地层压力 MPa	累积产油 10^4t	累积产水 10^4m^3	自由气量 10^8m^3	溶解气量 10^8m^3
黑油模型	均匀	3309	3464	27.07	3.93	92.57	2.35	0.68
	变速	3256	3495	27.4	1.90	93.03	2.22	0.85
组分模型	均匀	3270	3488	27.02	14.06	80.31	2.77	0.41
	变速	3256	3495	27.52	6.67	87.45	2.74	0.45

从表 10 - 24 可以看出，变注入速度建库期末的注入压力略高于均匀注入的建库压力，自由气量比均匀注入的自由气量低，库容量小于均匀注入。这是因为变注入速度后期注入量增加，气体快速向下锥进，气体阻力增加，导致井组模型压力增加；由于气体锥进快，气体与油藏剩余油接触多，更多的气体溶解在原油中，导致自由气减少，溶解气增加。此外，由于气体的快速锥进，导致排液井过早见气而关井，使气驱采油量减小，黑油模型和组分模型的变注入速度的累积产油量比均匀注入速度的累积采油量分别少 $2.03 \times 10^4 \mathrm{t}$ 和 $7.39 \times 10^4 \mathrm{t}$。综合分析，在等速小注气量时，降低建库的风险性和提高采收率都能取得较好的效果。

四、注气速度敏感性分析

任 11 潜山油藏是底水驱裂缝性油藏，改建地下储气库时，注气速度大小影响油藏内油气水分布和储气库自由气量的多少，因此在此运用黑油模型模拟计算了 8 个注气速度对自由气量和溶解气量的影响，其计算结果见表 10 - 25。

表 10 - 25　计算不同注气速度对储气库建库的影响统计

注气速度 10^4m^3/d	气油界面 m	油水界面 m	自由气量 10^8m^3	溶解气量 10^8m^3	累积采气量 10^4m^3	累积采油量 10^4t	累积产水量 10^4m^3	油藏压力 MPa
10	3170	3400	2.43	0.44	0.31	13.20	185.0	25.0
20	3309	3464	2.35	0.62	0.20	3.93	92.6	27.1
23.3	3209	3495	2.33	0.68	0.16	2.00	78.4	27.5
28	3256	3510	2.32	0.78	0.08	1.03	63.5	28.0
35	3303	3510	2.27	0.84	0.07	0.64	49.6	28.2
46.7	3352	3510	2.27	0.86	0.04	0.48	35.9	28.5

由表 10 - 25 可以看出，随注气速度增加，建库时间短，但富集油带厚度减小，气体容易发生突破，气油界面和油水界面划分不是很清楚，并且井组模型压力增加，气体突破后，库容反而减小。因此在注气过程中，应根据实际情况，在满足库容的条件下，尽量减小注气速度，避免注入气体发生突破而带来的不利影响。从图中可以看出，日注气量为 $28 \times 10^4 \mathrm{m}^3$ 时安全性较好；日注气量最高不能超过 $70 \times 10^4 \mathrm{m}^3$；超过 $70 \times 10^4 \mathrm{m}^3$，气体可能突破原始油水界面。

五、合理建库周期分析

合理建库周期的确定取决于两个方面的关键因素:一是合理的注气渗滤速度;二是建库的时效。对于注气渗滤速度理论上应该控制在一个比较小的范围之内,这有利于扩大注入气波及裂缝孔隙空间的效率,达到充分的油气分异作用,从而形成相对稳定的均匀的油气界面的下移。尽量减少由于裂缝宽度差异及通道的不规则性而导致的某些裂缝孔隙空间被注入气所绕流,使气顶带的有效库容降低。同时尽可能避免气体沿裂缝的快速纵窜导致注入压力短期内上升过快,对盖层造成不利影响。

在前面注气速度和匀速注气优选的基础上,对建库周期进行了分析,考虑到建库时间对溶解气的影响,用黑油模型模拟计算在建库过程中只注气不采气和边注气边采气两种情况,在边注边采过程中,设计了每年采出注气量的0%、30%、4%、50%、60%和70%的方案,方案的详细情况和计算结果见表 10 – 26。

表 10 – 26　不同建库时间计算结果对比

注气速度 $10^4 m^3$	建库时间 a	日采气量 $10^4 m^3$	采气比例 %	累积注气量 $10^8 m^3$	自由气量 $10^8 m^3$	溶解气量 $10^8 m^3$	累积采气量 $10^4 m^3$	累积采油量 $10^4 t$	累积产水量 $10^4 m^3$	油藏压力 MPa
28	5	0	0	3.01	2.32	0.55	0.08	1.03	63.5	28.0
28	7	15.0	30	4.21	2.37	0.60	1.18	1.07	81.5	27.9
28	8	20.0	40	4.82	2.35	0.61	1.79	1.27	95.2	27.7
28	9	25.0	50	5.42	2.36	0.61	2.52	1.29	107.5	27.4
28	11	30.0	60	6.62	2.19	0.66	3.71	1.55	129.5	27.1
28	14	35.1	70	8.43	2.06	0.71	5.59	1.77	163.1	26.6

由表 10 – 26 可知,随建库时间的增加,自由气量减少,溶解气增加,油藏压力降低,累积产油量增加。考虑到陕京二线对建库周期的要求,累积采油量和油藏压力等分析认为,建库过程中在采气期,采出当年注入气体的40%较好,可以在 8 年内建库,并且采出更多的原油,保证油藏压力不会有较大的波动。

六、储气库工作气与气垫气比例分析

(一)气垫气比例设计

气垫气比例的确定既与油气藏本身地质条件相关,还取决于气库的运行条件,特别是采气末的井口压力。根据国外的经验,气垫气比例一般取35% ~65%,要视油气藏本身具体情况而定。通过对任 11 井潜山油藏地质及开采特征综合分析后认为,气垫气比例取上限值较为适宜,主要依据有以下几个方面:

(1)任丘潜山油藏改建储气库的注采井基本在潜山顶部完井且打开程度也非常低,而且气体在裂缝中的渗流由于流度的影响而远比油、水明显占优,但考虑潜山大都以高角度的纵向裂缝为主,某些在井底附近与油环或底水贯通较好的纵向裂缝,可能在气库采气末期井底压力降低,且气井强采情况下发生油、水沿裂缝的纵窜作用,严重影响气井的生产能力,因此任 11 井潜山油藏建库后保持相对较高的气垫气将有利于减缓气库内原油或底水的较快速侵入。

（2）由于潜山油藏圈闭幅度大，纵向非均质又十分严重，而且在水侵过程中，将遇到中部具有一定厚度油带的段塞阻隔作用，这将在一定程度上延缓底水的侵入速度。因此，从潜山总体上看，预计气库在采气末期，特别是在顶部快速强采条件下，气库内部压力将会有一定程度下降，其压降幅度介于定容气驱和刚性水压驱动之间，若保持较高的气垫气量，将有助于提高采气末期气库压力和单井产量，以减少需要的采气井数。

（3）采用数值模拟方法研究了在最大库容条件下，30%、40%、50%、60%、70%气垫气下，采气末期油气水界面的变化，以及库内压力保持情况。相对应70%工作气、60%工作气、50%工作气、40%工作气和30%工作气，在注气形成库容后，采气过程两口井进行采气。计算结果见表10-27。

表10-27　不同气垫气比例计算对比

日采气量，$10^4 m^3$	工作气比例，%	气油界面，m	油水界面，m	累积采气量，$10^8 m^3$	油藏压力，MPa
29.38	30	2970	3018	0.7059	26.1
39.17	40	2922	2970	0.940	25.8
48.95	50	2900	2950	1.175	25.6
58.75	60	2875	2900	1.410	25.4
68.54	70	2827	2875	1.645	25.3

由表10-27可知，随工作气量的增加，气油界面、油水界面和压降变化较大。工作气量较小的压力下气油界面、油水界面变化较平稳，井底油水锥进不是很明显。为了保证储气库的平稳运行，工作气量为库容的40%较好，同时考虑到其他山头在2004年底的山头压力在25MPa左右，经过一年多的开采，压力继续下降，为了保证其他山头的正常生产，气垫气的比例也应当保持在60%较好。

总之，通过理论分析及结合数值模拟研究结果，气垫气比例取经验上限即60%左右，即工作气取库容的40%比较稳妥。一方面气油界面上升高度相对较低，地层压力保持在较高的水平上，采气阶段发生油水纵窜的风险较小；另一方面，可以根据储气库实际的运行情况，在既不影响其他山头正常生产，又避免底水锥进的情况下，适当调高工作气的比例。

（二）库容参数的确定

任11井潜山油藏内部断层也比较发育，并有较多的原采油井穿过了潜山顶部，为不破坏盖层原有密封条件，储气库方案设计的最大储气压力以不超过原始地层压力为宜。通过计算，当气库运行压力上限接近原始地层压力时，盖层所承受的附加压力仅为5MPa，远低于盖层的突破压力，因此，盖层的密封性应该是有保证的。

综上所述，方案设计确定对应有效库容下工作气比例为40%。根据国外建库经验，这一比例是相对比较低的，目前任11潜山油藏还未进行过现场试注试验，对注气过程中，储层裂缝分布的非均质性、裂缝通道的不规则性以及裂缝中复杂的油水分布等因素可能造成井底渗流条件变化而引起的注气压力升高的情况，认识还不是十分清楚。因此，在储气库运行的初始几个周期，工作气比例适当调低也是稳妥的，在运行实际测定气库的某些关键参数后，可对工作气比例做出相应的调整。

根据井组模型在油气界面下移至3270m，气库地层压力为27.4MPa时，库容的计算结果并结合工作气、气垫气比例设计,同时根据方案设计及数值模拟预测计算得到任 11 潜山油藏气库库容的几个基本参数,见表 10 -28。

表 10 -28　任 11 潜山油藏气库库容基本参数

最大有效库容量 $10^8\mathrm{m}^3$	最大总库容量 $10^8\mathrm{m}^3$	最大气体溶解气量,$10^8\mathrm{m}^3$	附加气垫气量 $10^8\mathrm{m}^3$	有效工作气量 $10^8\mathrm{m}^3$	气库运行上限压力,MPa	气库运行下限压力,MPa
26.8	34.36	7.76	16.1	10.7	30.9	25

七、储气库运行阶段分析

储气库运行阶段主要考虑溶解气和自由气的变化,因此用黑油模型和组分模型模拟计算储气库在运行过程中自由气和溶解气的变化,储气库按日注气量 $43.72 \times 10^4\mathrm{m}^3$、日采气量 $78.33 \times 10^4\mathrm{m}^3$ 运行。计算时工作气取40%最大有效库容,建库后年注气量和年采气量保持相等,计算结果见图 10 -47 ~ 图 10 -50。

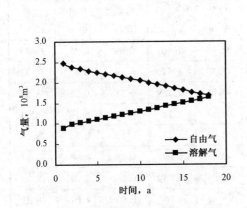

图 10 -47　储气库内自由气量和溶解气量
随时间变化图(黑油模型)

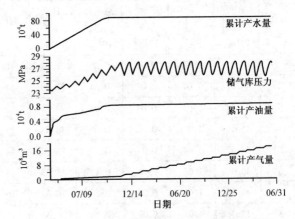

图 10 -48　储气库各项指标随时间变化图
(黑油模型)

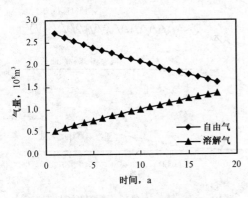

图 10 -49　储气库内自由气量和溶解气量
随时间变化图(组分模型)

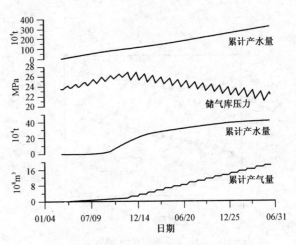

图 10 -50　储气库各项指标随时间变化图
(组分模型)

由图 10-47~图 10-50 可知,储气库中的自由气量和油藏压力逐渐降低,溶解气量逐渐增加。由于黑油模型模拟计算排液井达到气液比的限制时已经关井,气库运行阶段油的产量是产气井气体携带的原油,累计产油量较少,采收率提高了 14.5%。组分模型计算的溶解气量略低于黑油模型计算的溶解气量,自由气量逐渐减少,并且有一口排液井在储气库运行时已经关闭,令一口排液井继续排液,使组分模型计算的累积产油量远高于黑油模型计算的累积采油量,组分模型计算的采收率提高了 6.59%。因此在气库运行过程中,要补充由于溶解气增加而导致的自由气量减少。

分析可知,储气库内溶解气量的增加是不可避免的,因此需每年额外多注一定的气量,以补偿自由气体的减少。因此在数值模拟时,模拟计算了保持年采气量不变,每年逐步增加注气量来保持储气库内的自由气量维持平衡的情况,并且考虑了排液井定排液量和定井底流压两种情况,计算结果见表 10-29 和图 10-51~图 10-58。

表 10-29 维持储气库平衡运行的注气采气统计

时间 a	日注气量 $10^4 m^3$	增加倍数	年增加气量 $10^8 m^3$	总增加气量 $10^8 m^3$	日采气量 $10^4 m^3$	时间 a	日注气量 $10^4 m^3$	增加倍数	年增加气量 $10^8 m^3$	总增加气量 $10^8 m^3$	日采气量 $10^4 m^3$
1	43.72	1.00	0.00	0.00	78.33	10	48.03	1.10	0.09	0.45	78.33
2	44.18	1.01	0.01	0.01	78.33	11	48.53	1.11	0.10	0.55	78.33
3	44.64	1.02	0.02	0.03	78.33	12	49.04	1.12	0.11	0.66	78.33
4	45.11	1.03	0.03	0.06	78.33	13	48.53	1.11	0.10	0.76	78.33
5	45.59	1.04	0.04	0.10	78.33	14	48.53	1.11	0.10	0.86	78.33
6	46.06	1.05	0.05	0.15	78.33	15	47.53	1.09	0.08	0.94	78.33
7	46.55	1.06	0.06	0.21	78.33	16	47.04	1.08	0.07	1.01	78.33
8	47.04	1.08	0.07	0.28	78.33	17	46.55	1.06	0.06	1.07	78.33
9	47.53	1.09	0.08	0.36	78.33	18	46.06	1.05	0.05	1.12	78.33

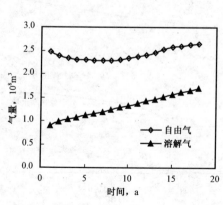

图 10-51 自由气量和溶解气量随时间
变化图(黑油模型,定排液量)

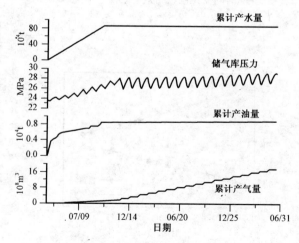

图 10-52 储气库各项指标随时间
变化图(黑油模型,定排液量)

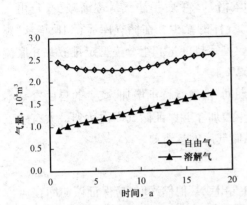

图 10-53　自由气量和溶解气量随时间变化图
（黑油模型,定排液井井底流压）

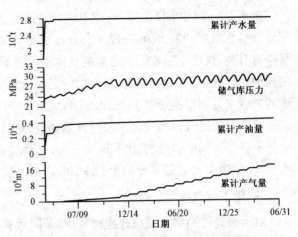

图 10-54　储气库各项指标随时间变化图
（黑油模型,定排液井井底流压）

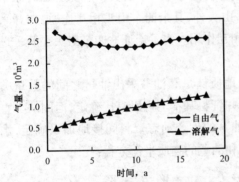

图 10-55　自由气量和溶解气量随时间变化图
（组分模型,定排液量）

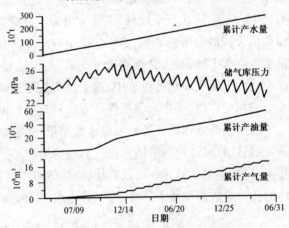

图 10-56　储气库各项指标随时间变化图
（组分模型,定排液量）

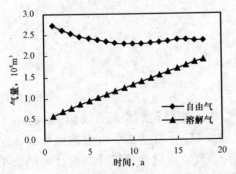

图 10-57　自由气量和溶解气量随时间变化图
（组分模型,定排液井井底流压）

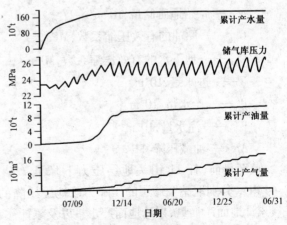

图 10-58　储气库各项指标随时间变化图
（组分模型,定排液井井底流压）

由表 10-29 和图 10-51~图 10-58 可知,溶解气量逐年升高,油藏压力小幅升高,在 12 年注气量也增加到最大值,为原来的日注气量的 1.12 倍,12 年后年注气量逐渐减少,自由气量略有升高,说明不需要增加更多的气体来弥补自由气体的减少。在储气库运行 18 年末,黑油模型定排液量、黑油模型定排液井井底流压、组分模型定排液量和组分模型定排液井井底流压的采收率分别提高了 0.14%、0.07%、9.5% 和 1.69%。

综合分析组分模型和黑油模型计算储气库运行期间,溶解气逐渐增加,减少的自由气基本上是溶解在原油中,导致自由气减少;注入气体要逐年增加才能保证储气库内达到最大有效工作气量,年注入气量最多增加 0.11×10⁸m³ 即可满足储气库的运行要求。

八、地下储气库相互影响

对于裂缝性高含水油藏改建储气库,若附近有油气田或其他储库时,应保证该储库在运行过程中不致使别的油气田或储库中的油气发生运移或使其遭受破坏。任丘潜山带雾迷山组油藏是一个以中元古代蓟县纪雾迷山组碳酸盐岩地层组成的大型潜山油藏,从北向南依次发育有任 11、任 7、任 6、任 9 及任 57 五个山头。油藏类型为裂缝型底水块状低饱和油藏。任 11 井山头位于该潜山带的北端,是任丘潜山带雾迷山组油藏中最高的一个山头,埋深 2575m,原始油水界面 3510m,最大含油高度 935m。由于除任 57 山头外,其余四个山头相互连通,在开采和改建地下储气库运行过程中,四个山头相互影响、相互作用。为了论证这四个山头在开采过程中的相互作用,采用油藏工程的方法对其进行论证。

物质平衡方程研究的是油藏地质储量、油藏剩余地质储量和油藏采出油量之间的数量关系,也是计算水侵量的常用方法。油藏的参数通过油井资料基本上可以直接确定,但因缺少直接资料,水体的参数往往难以直接确定,但可以通过油藏的生产动态资料间接地加以确定,水体的孔渗参数与油藏十分接近,下式为水压驱动未饱和油藏的物质平衡方程:

$$N_p B_o + W_p B_w = N B_{oi} C_{effo} \Delta p + 40 N B_{oi} C_{effw} \Delta p + W_{inj} B_w + W$$

式中　N_p——地面产油量,$10^4 m^3$;

　　　　N——原始地质储量,$10^4 m^3$;

　　　　C_{effo}——原油的有效压缩系数,MPa^{-1};

　　　　C_{effw}——地下水的有效压缩系数,MPa^{-1};

　　　　W——进水量,$10^4 m^3$;

　　　　W_p——产水量,$10^4 m^3$;

　　　　W_{inj}——注水量,$10^4 m^3$;

　　　　Δp——油藏压降,MPa。

截至目前,任 11 山头地层压力下降了 7.64MPa,整个储层(水体 + 油层)压降将小于 7.64MPa,分别取整个储层的压降为该地层压降的 1/(1~15)。根据四个山头的原始地质储量、累计地面产油量、累计地面产水量以及累计注水量,油藏地质储量及累计产量计算结果见表 10-30,油藏四山头水体交换量评价结果见表 10-31。

并选取:$B_o = 1.1$;,$B_w = 1$;$C_{effo} = 1.858 \times 10^{-3} MPa^{-1}$,$C_{effw} = 1.015 \times 10^{-3} MPa^{-1}$。

表 10 – 30　任丘雾迷山组油藏地质储量及累计产量

项目	原始地质储量,$10^4 m^3$	累计地面产油量,$10^4 m^3$	累计地面产水量,$10^4 m^3$	累计注水量,$10^4 m^3$
任 11 山头	8227.61	2500.06	2208.74	4837.60
任 7 山头	21839.77	7516.59	7594.89	8043.00
任 6 山头	5737.00	2416.99	1893.18	3349.85
任 9 山头	5320.15	1472.11	1592.68	3481.54

表 10 – 31　任丘雾迷山组油藏四个山头水体交换量评价　　　　单位:$10^4 m^3$

山头	Δp	$\Delta p/1.5$	$\Delta p/1.6$	$\Delta p/1.607$	$\Delta p/1.7$	$\Delta p/2$	$\Delta p/2.5$	$\Delta p/3$
W11	– 2814.55	– 1835.97	– 1713.64	– 1705.65	– 1605.71	– 1346.72	– 1053.12	– 857.45
W7	251.74	2774.56	3089.89	3110.49	3368.14	4035.92	4792.82	5297.32
W6	– 700.35	– 66.27	13.04	18.21	82.98	250.86	441.15	567.98
W9	2123.13	– 1050.35	– 1428.03	– 1422.99	– 1359.88	– 1196.39	– 1010.93	– 887.41

山头	$\Delta p/3.5$	$\Delta p/4$	$\Delta p/4.5$	$\Delta p/5$	$\Delta p/5.5$	$\Delta p/6$	$\Delta p/6.5$	$\Delta p/7$
W11	– 717.61	– 612.74	– 531.19	– 465.95	– 412.57	– 368.09	– 330.45	– 298.19
W7	5657.73	5928.04	6138.27	6306.46	6444.07	6558.74	6655.77	6738.94
W6	658.56	726.42	779.27	821.54	856.13	884.96	909.35	930.25
W9	– 799.13	– 732.93	– 681.45	– 640.25	– 606.55	– 578.47	– 554.7	– 534.33

山头	$\Delta p/7.5$	$\Delta p/8$	$\Delta p/8.5$	$\Delta p/9$	$\Delta p/9.5$	$\Delta p/10$	$\Delta p/10.5$	$\Delta p/11$
W11	– 270.23	– 245.76	– 224.18	– 204.99	– 187.82	– 172.37	– 158.39	– 145.68
W7	6811.02	6874.09	6929.74	6979.21	7023.47	7063.3	7099.34	7132.1
W6	948.37	964.22	978.21	990.64	1001.77	1011.78	1020.84	1029.08
W9	– 516.68	– 501.23	– 487.61	– 475.9	– 464.65	– 454.89	– 446.07	– 438.04

山头	$\Delta p/11.5$	$\Delta p/12$	$\Delta p/12.5$	$\Delta p/13$	$\Delta p/13.5$	$\Delta p/14$	$\Delta p/14.5$	$\Delta p/15$
W11	– 134.08	– 123.44	– 113.66	– 104.63	– 96.26	– 88.49	– 81.26	– 74.51
W7	7162.02	7189.44	7214.67	7237.96	7259.52	7279.54	7298.18	7315.58
W6	1036.59	1043.49	1049.83	1055.68	1061.1	1066.13	1070.82	1075.19
W9	– 430.72	– 424	– 417.82	– 412.12	– 406.84	– 401.94	– 397.37	– 393.11

根据压降敏感性分析结果,在整个储层压力为 $\Delta p/1.607$ 的情况下,W11 = $-1705.65 \times 10^4 m^3$。即任 11 山头从 1986 年至今外流了 $1705.65 \times 10^4 m^3$ 水,每天外流量为 2459m^3。

九、小结

通过数值模拟对井组模型改建地下储气库的库容、注气速度、注气方式、气体分子扩散、储气库建库周期、气垫气的比例和储气库运行阶段等的分析,得出以下几点结论:

(1)在注气 7 年末,油水界面达到或接近原始油水界面,计算排液情况下的自由气量为 $2.35 \times 10^8 m^3$,不排液情况下的自由气量为 $2.48 \times 10^8 m^3$。油藏压力为 27.07MPa,低于原始油藏压力。排液情况下的溶解气量小于不排液的情况,排液情况下自由气量低于不排液情况下的自由气量。排液情况下的储气库压力低于不排液情况下的储气库压力。排液建库的效果较好,既可以降低储气库的压力,又可以采出地下剩余的原油,考虑到其他山头正常生产,排液量不宜太大,井组模型的排液量在 $100\sim200\,\text{m}^3/\text{d}$ 较好。

(2)排液井定井底流压进行排液时,随排液井井底流压的降低,储气库压力降低,在考虑到其他山头正常生产的情况下,排液井定井底流压排液时,井底流压在 24MPa 左右较好,既可以将原油采收率提高 2.45%,又可以保证其他山头正常生产,此时的最大自由气量为 $2.50\times10^8\,\text{m}^3$。

(3)随基质渗透率的增加,进入到基质里面的气体增加,导致溶解气增加,自由气减少,溶解了气体的原油膨胀,通过排液井采出部分原油,使累积产油量增加;不同渗透率情况下,油藏压力变化在 1MPa 以内,计算 9 年末,$K-1$ 比 $K-4$ 的自由气量多 $0.75\times10^8\,\text{m}^3$,占 $K-1$ 自由气量的 24.0%;溶解气量少 $0.8\times10^8\,\text{m}^3$,是 $K-1$ 溶解气量的 1.05 倍。

(4)随扩散系数的增加,气体更易与原油接触,溶解气量增加,地下储气库的自由气量减小;但扩散对油藏压力、气油界面和油水界面基本上没有影响,并且扩散的气体量占总注气量的很小部分,扩散对建地下的储气的影响较小,基本上可以忽略扩散对改建地下储气库的影响。

(5)变注入速度建库期末,储气库自由气体比均匀注入储气库内的自由气体少。变注入速度后期注入量增加,气体快速向下锥进,气体与油藏剩余油接触多,更多的气体溶解在原油中,使自由气减少。此外,由于气体的快速锥进,导致排液井过早见气而关井,使气驱采油量减小。因此建库过程匀速注入气体优于变速注入气体。

(6)随注气速度的增加,气体容易发生突破,气油界面和油水界面划分不是很清楚,并且井组模型压力增加,气体突破后,溶解气增加,储气库的库容反而减小。因此在注气过程中,应根据实际情况,在满足库容的条件下,尽量减小注气速度,避免注入气体发生突破而带来不利影响,通过对井组模型的分析,注气速度为 $28\times10^4\,\text{m}^3/\text{d}$ 较好。

(7)随建库时间的增加,自由气量减少,溶解气增加,油藏压力降低,累积产油量增加。考虑到陕京二线建库周期的要求,建库过程中在采气期,采出当年注入气体的 40% 较好,可以在 8 年内建库,并且采出更多的原油,保证油藏压力不会有较大的波动;同时考虑到其他山头在 2004 年底的山头压力在 25MPa 左右,经过一年多的开采,压力继续下降,为了保证其他山头的正常生产,气垫气的比例也应当保持在 60% 以上较好。

(8)在储气库运行期间,溶解气逐渐增加,使自由气体减少;注入气体要逐年增加才能保证储气库内达到最大有效工作气量,年注气量要每年增加 1% 才能保证储气库中的自由气量达到最大有效工作气量,在储气库运行 12 年时,年注气量达到最大值,并且开始降低,储气库工作 18 年,要额外补充 $1.12\times10^8\,\text{m}^3$ 的天然气来保证储气库维持在最佳的工作状态,最大可提高原油采收率 9.5%。

第十一章　对我国储气库建设的建议

随着我国国民经济的高速发展,优质、高效、洁净能源的需求比例将大幅度提高。为了促进我国天然气工业的大规模发展,实现经济的持续增长,国家已确定把开发利用天然气作为优化能源消费结构、改善大气环境的一项重要措施,并将天然气长输管道列为国家重点基础设施建设项目。随着"西部大开发"战略的全面实施和引进俄罗斯及中亚国家天然气以改善我国能源结构战略的实施,天然气大规模应用的时代已经到来。鉴于建设地下储气库对于长输管线的重要性,今后将会在我国东部地区包括东北、华北、长江中下游地区及西气东输沿线建设一批地下储气库,以保障这些地区的用气需求。

一、建议

我国地下储气库的研究和建设起步较晚,与发达国家相比有明显差距,且由于我国国民经济的高速发展,储气库的建设显得刻不容缓。为此,针对我国储气库的发展现状,提出以下几点建议:

(1)抓紧对我国城市天然气储配系统的研究和规划工作。由于使用燃气在节能、净化环境、改善人民生活条件等方面的效益显著,燃气化已成为许多城市现代化建设的一项重要内容。目前,发达国家大城市的气化率已达90%以上,而我国大中城市居民用气的普及率仅为18%。天然气是城市燃气发展的主要方向,因此,对于我国城市天然气储配系统的发展,应及早做出科学预测和可行性研究,在此基础上及时勘察和发现所需要的储气构造,规划所需地下储气库的容量和布局。

(2)研究和开发有关地下储气库的设计计算方法和程序。包括地下储气库在内的天然气储配系统在流体力学上是一个复杂的综合体;储气库本身的地上、地下各参数之间也存在着相互联系、相互制约的非线性关系。因此需要有一套科学的设计计算方法,才能优选参数,使整个输配气系统的总投资和总消耗相对最低。我们可以借鉴国外成功的经验,结合目前北京地下储气库的建设,探索和研究更具科学和先进的计算方法。

(3)加强设计中的协调与合作。在设计中必须强调储气库工程与天然气储配系统的紧密结合,储气库工程地上和地下的紧密结合。为此在整个输配气系统筹建人员中应有专人负责协调工作。国外的一些大型天然气储运设计院(如乌克兰天然气输送设计研究院)为便于地上和地下的协调,聘有专职的地质师或总地质师,我们在地下储气库的方案设计及调整中也应该有地质师参加。

(4)在储气库的库址比选前,应对储气库的用户市场进行调查,根据市场的要求来确定储气库的规模,规模上满足需要而又不过剩,避免不必要的投资,同时做好各地区储气库发展的中长期规划。

(5)应强化储气库建设前的评价和研究工作的力度,以便选择技术和经济上的最优方案,Washington10储气库虽然建库周期只有不到一年的时间,但从1994年进行初步方案研究开始到施工,其间经历了近4年的时间,加大储气库前期评价和研究工作的力度,可优化设计,减少工程投资。

(6)鉴于我国已建和在建的储气库均为废弃的油气藏,注采井在生产中将产出部分地层水,且注入的天然气中含有一定量的二氧化碳和硫化氢等腐蚀性气体,将对注采井的油管和套管产生一定的腐蚀作用。因此,在储气库运行过程中,应重视对注采井腐蚀状况的监测,以便及时了解注采井身质量和安全性能,保障储气库和注采井的安全。

(7)我们应该积极吸收国外储气库在观察井设立方面的经验,增加观察井的比例,这样对储气库的运行、管理和动态特征掌握是极为有利的。

(8)在利用废弃的油气藏改建储气库的建设过程中,应充分吸收老井封堵的经验,以确保储气库的安全。

(9)目前,我国已建和在建储气库主要是废弃的气藏及凝析气藏改建的储气库和盐穴储气库。我国大多数油田采用注水方式进行二次开发,在高含水期仍有大部分原油没被采出。目前注气提高原油采收率已是一项比较成熟的技术,因此,在高含水油藏上改建储气库既能达到储气的目的,又能起到提高原油采收率的作用。应加强对高含水后期油藏改建储气库的基础理论研究。

二、我国今后应开展的工作

针对我国储气库的发展要求、远景规划以及建库中的特点,在储气库建设之前应有步骤地开展前期工作。

(1)根据天然气输气管道的走向确定各城市近期和中远期调峰量以及战略储备库的规模。

(2)组织全国各油田开展天然气储气库的选址工作,确定各城市的储气库类型。

(3)开展天然气储气库的设计、施工以及各种储气库注、采工艺流程的优化工作。

(4)与国外大型的天然气储气库设计公司合作建设天然气地下储气库,学习他们的建库经验。

(5)对国外地下储气库的新技术和新工艺进行引进和消化吸收,逐步开展天然气地下储气库的模拟、事故诊断和监测技术的研究。

(6)积极开展储气库流动过程中的数值模拟分析。气体在储气库内流动的主要数理模型有四种:① 三维气流模型,可应用于确定干气储气库边界,使储气库储气压力达到最大,回采率最高,在连续储气运行中用做气垫的剩余气体在数量上达到最佳值,有效容积、生产率、井网布置和流动压降等参数达到最大值;② 三维气—水置换模型,可用于带水驱动作用下气田、含水层储气、井附近集水等的研究;③ 二维气体混合模型,可用于研究以残存气和储入气之差作储气库库容或改变储气类型的情况;④ 二维气—油溶混模型,用于在枯竭油田中改建储气库的研究。

(7)为提高储气库的供气能力,应积极开展水平井(尤其是缝洞型油藏或裂缝性油藏水平井)的研究、开发新工艺等技术的研究工作。

(8)加强油藏改建储气库的基础研究,如裂缝油藏改建储气库的物理模拟及相应原理、注气过程中油气非平衡与扩散研究、注采过程的渗流机理、应力敏感及注采速度、储气库建设与注气相结合提高原油采收率等研究,提高储气库运行效率与效益。

地下储气库研究队伍经过10年来的努力,已经在三种主要类型的储气库研究和建设中积累了一定的经验,有了相应的技术储备。我国今后的储气库建设重点将是与长输管网相配套的地下气库群和满足未来战略储备需要的大中型储气库系统。

附录　单位换算

1ft = 0. 3048m

1mile = 1609. 344m

1bbl = 158. 987dm³

1psi = 6894. 76Pa

$$℃ = \frac{5}{9}℃ - 491.67$$

参 考 文 献

[1] 展长虹,焦文玲,谭羽非,等. 含水岩层储气库建设与数值模拟研究[J]. 油气储运,2001,20(1):9-11.

[2] 陈家新,谭羽非,余其铮. 天然气地下储气库规划设计要点[J]. 油气储运,2001,20(7):13-16.

[3] 闫光灿. 世界地下储气库[J]. 天然气与石油,1997,15(3):4-9.

[4] 陈永武. 中国21世纪初期天然气工业发展展望[J]. 天然气工业,2000,20(1):1-4.

[5] 西尔维亚,康纳德-甘道菲. 世界地下储气库[M]. 北京:中国石油天然气总公司规划设计总院,1997.

[6] 苗承武,尹凯平,王岳,等. 含水层地下储气库工艺设计[M]. 北京:石油工业出版社,2000:1-16.

[7] 王希勇,熊继有,袁宗明,等. 国内外天然气地下储气库现状调研[J]. 天然气勘探与开发,2004,(1):49-51.

[8] 奥林·弗拉尼根著. 储气库的设计与实施[M]. 张守良,陈建军,等译. 北京:石油工业出版社,2004.

[9] 吴忠鹤,贺宇. 地下储气库的功能和作用. 天然气与石油,2004,22(2):1-4.

[10] 方亮. 地下储气库注采技术研究[D]. 大庆石油学院硕士学位论文,2003.

[11] 邓玉珍,吴素英,张广振,等. 注水开发过程中储集层物理特征变化规律研究[J]. 油气采收率技术,1996,3(4):44-52.

[12] 王洪光,蒋明,张继春,等. 高含水期油藏储集层物性变化特征模拟研究[J]. 石油学报,2004,25(6):53-58.

[13] 朱丽红,杜庆龙,李忠江,等. 高含水期油藏储集层物性和润湿性变化规律研究[J]. 石油勘探与开发,2004,31(增):82-84.

[14] 朱国华,徐建军,李琴,等. 砂岩气藏水锁效应实验研究[J]. 天然气勘探与开发,2003,26(1):29-36.

[15] 杨满平,李允,彭采珍. 气藏含束缚水储层岩石应力敏感性实验研究[J]. 天然气地球科学,2004,15(3):227-229.

[16] 张浩,康毅力,陈一健,等. 岩石组分和裂缝对致密砂岩应力敏感性影响[J]. 天然气工业,2004,24(7):55-57.

[17] 高永利,刘易非,何秋轩,等. 图像处理方法在微观驱替中的应用[J]. 西安石油学院学报,1998,13(2):50-52.

[18] 贾忠伟,杨清彦,兰玉波,等. 水驱油微观物理模拟实验研究[J]. 大庆石油地质与开发,2002,2(1):46-49.

[19] 方亮,高松,沙宗伦. 地下储气库注气系统节点分析方法研究[J]. 大庆石油地质与开发,2000,19(2):27-29.

[20] 李士伦,等. 天然气工程[M]. 第2版. 北京:石油工业出版社,2008.

[21] 王颂秋. 多孔性储气库储气压力的探讨[J]. 煤气与热力,1996,(5):18-21.

[22] 李铁,张永强,刘广文. 地下储气库的建设与发展[J]. 油气储运,2000,19(3):1-8.

[23] 廖运涛. 计算天然水侵量的回归公式[J]. 石油勘探与开发,1990,(1):71-75.

[24] 王彬,朱玉凤. 气顶油气田气顶气窜研究[J]. 天然气工业,2000,20(3):79-82.

[25] 王新裕,牟伟军,丁国发,等. 柯克亚凝析气田挥发性油藏开发实践[J]. 石油勘探与开发,2004,31(5):93-95.

[26] 李士伦,王鸣华,何江川. 气田及凝析气田开发[M]. 北京:石油工业出版社,2004.

[27] 汪周华,郭平,周道勇,等. 注采过程中岩石压缩系数、孔隙度及渗透率的变化规律[J]. 新疆石油地质,2006,27(2):191-193.

[28] 何睿,郭平,孙良田,等. 高含水油藏储气库建库微观模型可视化实验研究[J]. 特种油气藏,2006,13(2):82-84.

[29] 郭平,黄琴,杜建芬,王皆明. 枯竭油藏及含水构造改建储气库注采机理研究//申瑞臣,田中兰,袁光杰. 地下储气(油)库工程技术研究与实践[M]. 北京:石油工业出版社,2009:3-14.

［30］ 王皆明,郭平,姜凤光. 含水层储气库气驱多相渗流机理物理模拟研究［J］. 天然气地球科学,2006,17 (4):597－599.

［31］ 郭平,汪周华,沈平平,杜建芬. 高温高压气体—原油分子扩散系数研究［J］. 西南石油大学学报(自然科学版),2010,32(1):73－79.

［32］ 杜玉洪,李苗,杜建芬,罗玉琼. 油藏改建储气库注采速度敏感性实验研究［J］. 西南石油大学学报, 2007,29(2):27－30.

［33］ 郭平,邓垒,杨学峰,唐明龙,肖香姣,吕江毅. 低渗富含凝析油凝析气藏气井干气吞吐效果评价［J］. 石油勘探与开发,2010,37(3):354－357.

［34］ 曾顺鹏. 高含水后期油藏改建储气库渗流机理及应用研究［D］. 西南石油大学博士学位论文,2005.

［35］ 马小明. 凝析气藏改建地下储气库设计技术与实践［D］. 西南石油大学博士学位论文,2009.

［36］ 汪周华. CO_2－原油扩散理论与实验研究［D］. 西南石油大学博士学位论文,2007.

［37］ 王皆明. 京58气顶油藏改建地下储气库地质方案研究［D］. 西南石油大学硕士学位论文,2002.

［38］ 周道勇. 高含水后期油藏及含水构造改建储气库研究［D］. 西南石油大学硕士学位论文,2006.

［39］ 舒萍. 大庆油田建设地下储气库设计研究［D］. 西南石油大学硕士学位论文,2005.

［40］ 李士伦,等. 气田开发方案设计［M］. 北京:石油工业出版社,2006.

［41］ 李士伦,郭平,王仲林,等. 中低渗透油藏注气提高采收率理论及应用［M］. 北京:石油工业出版社,2007.

［42］ Wang Feng Jiang,Zhang Ying. Strategies coping with challenges of natural gas development［C］. SPE84435.

［43］ Evandro Correa Nacul. Underground gas storage in the world. Situation in the Republic of Argentina ［C］. SPE38243.

［44］ Hugout. B. Gaz De France Experience in Underground Gas Storage［C］. SPE38245－MS.

［45］ Mark Kuncir,Jincai Chang. Analysis and optimal design of gas storage reservoirs［C］. SPE84822.

［46］ Jian F X. Agenetic approach to the prediction of petrophysical properties［J］. Journal of Petroleum Geology, 1994,17(1):71－88.

［47］ Scott L. Montgomery,Sooner Unit,Denver Basin,Colorado:Improved waterflooding in a fluvial － estyarube reserviur (Upper Cretaceous D. Sandstone)［J］. AAPG Bullerin,1997,81(12):1957－1974.

［48］ Weber K J. How heterogeneity affects oil recovery. in LW Lake and HB Carroll,eds. ,Reservoir characterization ［M］. Orlando,Florida,Academic Press,p. 487－544.

［49］ Elizabeth Zuluaga. Modeling of experiments on water vaporization for gas injection［C］. SPE91393.

［50］ Billlotte J A. Experimental micromodeling and numerical simulation of gas/water injection/withdrawal as applied to underground gas storage［C］. SPE20765:133－139.

［51］ Jin M,Somerviue J,Smart B G D. Coupled reservoir simulation applied to the management of production induced stress － sensitivity［C］. SPE64790.

［52］ Davies J P. Stress － dependent permeability:characterization and modeling［C］. SPE56813.

［53］ Warplnskl N R. Determination of the effective stress law of permeability and deformation in low － permeability rocks［C］. SPE20572.

［54］ Newman G H. Pore volume compressibility of consolidated,friable,and unconsolidated reservoir rocks under hydrostatic loading［J］. Journal of Petroleum Technology. 1973,23(2):129－134.

［55］ Dastyari A,Bashukooh B,Shariatpanahi S F,Haghighi M,et al. Visualization of gravity drainage in a fractured system during gas injection using glass micromodel［C］. SPE93673.

［56］ Sohrabi M,Tehrani D H,Danesh A,Henderson G D,Heriot － Watt U. Visualization of oil recovery by water － alternating － gas injection using high － pressure micromodels［C］. SPE89000.

［57］ Larsen J K,Bech N,Winter A. Three － phase immiscible WAG injection:micromodel experiments and network models［C］. SPE59324.

［58］Kenntth G Brown，Walter K Sawyer. Assessment of remediation treatments in underground gas storage wells ［C］. SPE84393.

［59］Carter R D，Tracy G W. An improved method for calculating water influx. published in petroleum transaction ［J］. AIME，1960，219：415 - 417.

［60］Allard，Chen D R. Calculation of water influx for bottomwater drive reservoirs［C］. SPE13170.

［61］Dumore J M. Material balance for a bottom - water - drive gas reservoir［C］. SPE3724.

［62］Guo Ping，Wang Zhouhua，Shen Pingping，Du Jianfen. Molecular diffusion coefficients of the multi - component gas - crude oil systems under high temperature and pressure［J］. Industrial & Engineering Chemistry Research，2009，48(19)：9023 - 9027.

［63］ Guo Xiao，Du Zhimin，Guo Ping，Du Yuhong，Fu Yu，Liang Tao. Design and demonstration of creating underground gas storage in a fractured oil depleted carbonate reservoir［C］. SPE102397，2006.